方圆孪生谓天元

在方圆中融通元典，在开端处沉思未来。

—— 陈克恭

# 方圆统一论

## 【十二讲】

陈克恭 ◎ 著

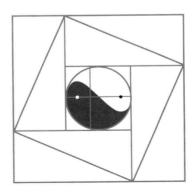

世界是个三角形

兰州大学出版社
LANZHOU UNIVERSITY PRESS

**图书在版编目（CIP）数据**

方圆统一论 / 陈克恭著. -- 兰州 ：兰州大学出版
社，2025. 1. -- ISBN 978-7-311-06884-4

Ⅰ．P183.5

中国国家版本馆 CIP 数据核字第 2025RY3287 号

责任编辑　张国梁
装帧设计　程潇慧

---

| | | |
|---|---|---|
| 书　　名 | 方圆统一论 | |
| 作　　者 | 陈克恭　著 | |
| 出版发行 | 兰州大学出版社　（地址:兰州市天水南路222号　730000） | |
| 电　　话 | 0931-8912613(总编办公室)　0931-8617156(营销中心) | |
| 网　　址 | http://press.lzu.edu.cn | |
| 电子信箱 | press@lzu.edu.cn | |
| 印　　刷 | 陕西龙山海天艺术印务有限公司 | |
| 开　　本 | 710 mm×1020 mm　1/16 | |
| 成品尺寸 | 170 mm×240 mm | |
| 印　　张 | 21.25 | |
| 字　　数 | 303千 | |
| 版　　次 | 2025年1月第1版 | |
| 印　　次 | 2025年1月第1次印刷 | |
| 书　　号 | ISBN 978-7-311-06884-4 | |
| 定　　价 | 45.00元 | |

# 序

◎ 廖名春<sup>*</sup>

陈克恭是我非常敬重的一位学者型领导，十年前我随友人到张掖，这种佩服之情就油然而生了。陈是自然科学研究出身，与我结缘却是在易学研究的会议上。听他用勾股定义、杠杆原理讲《周易》，别致新颖，言之成理、持之有据，遂引为知己。几年不见，他竟成《方圆统一论》一书，洋洋几十万字，蔚为大观。拜读之后，深感此书理论功底深厚，厚积薄发，打通了文理，自成一家，是中国传统文化研究难得的佳作，更是近年来易学研究呈现出来的最为靓丽的风景线。

此书最大的特点是以数理说人伦，突出数理在中国思想史上的作用，可谓把颠倒的历史颠倒过来，重新诠释评价了我们的文化传统。比如，我们惯用"'一阴一阳之谓道'定义事物存在的基本形式，形成了用'阴阳'相反相成的概念属性表征万事万物的话语体系"，陈书将这种"二元对待"的理论称之为"方圆统一论"，很有道理。"方圆"就是"阴阳"，"方圆统一"就是"一阴一阳之谓道"。"数之法，出于圆方"，而"方属地，圆属天，天圆地方"，《周髀》的"圆方"就是《周易》的阴阳。山东嘉祥武梁祠、沂南北寨汉代画像石及吐鲁番出土的伏羲女娲像，人称"伏羲女娲交尾图"，陈书称之为"伏羲女娲规矩方圆图"，实至名归。这些图像上伏羲皆居右，手持矩；女娲皆居左，手持规。因此，"伏羲女娲规矩

---

* 廖名春，清华大学历史系教授、博士生导师，我国著名的文史学者，在思想史、易学、荀学及出土文献研究等领域成就卓著。

方圆图"也就是"伏羲女娲规矩阴阳图"。"百姓日用而不知""方圆"之哲学意蕴，赖此书而发覆，是学界之大幸也。

针对近人《周易》影响中国科技发展的说法，陈书认为：影响中国科技发展的不是《周易》，而是对《易》理解的越级，即跨过了"数"这一层级。在今天"数"统天下的世界里，失去了"以数明理"的桥梁，"理"就会成为一种可望而不可即、只可意会不可言传的玄学。这一反思非常深刻，有悠久的历史原因，甚至可上溯至孔子。长沙马王堆出土的帛书《要》篇记载孔子说："《易》我后其祝卜矣，我观其德义耳也。幽赞而达乎数，明数而达乎德，又［仁守］者而义行之耳。赞而不达于数，则其为之巫。数而不达于德，则其为之史。史巫之筮，乡之而未也，始之而非也。后世之士疑丘者，或以《易》乎？吾求其德而已，吾与史巫同涂而殊归者也。君子德行焉求福，故祭祀而寡也；仁义焉求吉，故卜筮而希也。祝巫卜筮其后乎？"陈书指出：从这里看，孔子是好《易》的，但他之所好，既不是为求吉凶的筮占，也不是追求数学的实际运用，而是为了求其中的哲理"德义"。孔子对好《易》者的这种划分，实际上是将易学划出了三大功能，代表着三个层面的不同境界：最低级的是巫之占卜，第二是史之明数，第三是以孔子为代表的明德。这一理解是准确的，可谓为学界的主流认识、代表性认识。但应该注意的是，"数而不达于德，则其为之史"之论，实质是对"史"的批评，是对"明数"的轻视。孔子是君子的代表，君子的最高要求是"达乎德"而非"达乎数"，唯"明数"是不能成为君子的。《论语·为政》篇载，子曰"君子不器"；荀子说"官人守天而自为守道"，因而"唯圣人不求知天"（《荀子·天论》），也是这一逻辑。在这种"道器"观念下，"明数"自然得不到重视，抽象数学就难以得到发展。这才是阻碍我国科技进步的真正的思想原因。

在微观研究上，陈书也有不少有意义的新说。比如，《周易·系辞上》的"钩深致远"一词，孔颖达疏："物在深处，能钩取之；物在远方，能招致之。"谓能钩取深处之物和招致远处之物。作者认为这仅是字面意思。

他引用勾股定义做出了科学的解释：勾股定理中的"勾"字在《九章算术》里面就作"钩"。立竿为表，太阳照射之后竿在地面上会有投影，这个投影就是"钩"，通过观察测量这个投影的长度，就可以知道天有多高。故宫里面的日晷就是通过投影长度的变化来观象授时的。"深"是长的意思，有多深有多长，通过勾股推演可以"致远"。其说虽然别出心裁，但也言之成理。

又如，玉玦是一种特殊的佩玉，其状如环，却留有一个缺口，如《玉篇》所说："玦，玉佩，如环缺不连"；《白虎通》也说："玦，环之不周也"；三国韦昭注《国语·晋语》说："玦如环而缺"。作者提出，在生产力极度低下的时代，它绝不是被仅仅当作耳饰那么简单。我们可否大胆地猜想：古人虽然不一定知道无理数这一概念，但可能意识到圆方之间存在有无法算尽的极限问题，使算出的圆周长永远小于实际圆周 $\pi d$（圆周率乘以直径），因而人力永远无法打造出完美的理想圆环。为了直观地、形象化地表达这一认知而有意留下一个缺口，这个缺口就代表着人类的理性计算和实际圆周之间的差值。何其高妙！所谓君子配玦，除了身份的象征外，也代表着君子对天地无垠、自然奥妙的敬畏之心和深刻理解。一般说，"玦"有决断、诀别义，以本义"缺"为解，并说"代表着人类的理性计算和实际圆周之间的差值""代表着君子对天地无垠、自然奥妙的敬畏之心和深刻理解"，不能说没有道理。

如此胜义，陈书尚有不少。限于篇幅，不再烦举。

陈书也有一些地方有待加强，有一些说法值得斟酌。比如"以数明理"，《周易》经传本身就大有文章可做，但相较之下，陈书谈得不多，《易》外别传却谈了不少，可以说是受宋儒影响。《老子》常言"恒"，"恒"又作"常"，据说是避汉文帝刘恒讳。清末俞樾说当读为"上"。《老子》首章："名可名非常名，道可道非常道。"依此，可读为"名可名，非上名；道可道，非上道"。意思是"可名"之"名，非上名"，"可道"之"道，非上道"。也就是说，"上名"是不"可名"的，"上道"是不"可道"的。这一解释是有道理的。我们讲《老子》的"恒道"应该注意。

以数明理，挖掘传统文化的科学思想，将玄学变成实学，未来大有可为！

乙巳年仲春于北京清华园

# 引 言

◎ 陈克恭

如果说伏羲文化是中华民族的根文化，那么龙图腾和太极八卦图则是这一根文化的两大标识。关于龙图腾所标示的龙文化是大家所熟知的，具有较强的诗性文化属性;然太极八卦图所标示的道统文化并不被大家所熟知。若把附图1中伏羲女娲手中持有的矩和规，与我们所熟知的方圆之概念贯通起来看，方圆可说是中华民族根文化的天元基因，$\sqrt{2}$ 和 $\pi$ 这对方圆常数似乎早已沉浸于中国传统文化的历史长河中，叙说着中华民族的原始理性。抚今追昔，有一个感觉：进一步挖掘阐释弘扬中国传统文化中的理性要素，中国传统文化必将会因此而生生不息、浩浩汤汤；世界哲学的建构也必将因此而吸收中国智慧的营养。

一般认为，认识论、本体论、价值论是哲学视域下看待世界的三大维度，如同"三视图"一样，三者既可独立成章，又彼此依存、相互联系而构成一个统一体。本文尝试从自然科学之原点的杠杆处着手，既遵循科学研究的基本范式，又不拘文理分科，基于日地关系这一基本事实，以数学语言为主线，以中国科学院数学与系统科学研究院院徽弦方图中的方圆为主题，从认识论、本体论、价值论三大视角探视方圆，认为世界统一于方圆，世界是个三角形，而人类的价值判断则在于方圆之"度"。再者，本文既不"以西释中"，避免有肢解中国传统文化之嫌，也不"以中释中"，避免无意中为中国传统文化进入现代化设障；故而采取"以数释中""以数明理"之路径，尝试在日地关系之客体中，"与天地准""释人释物""人物互释"，以正吾心。

第一讲至第四讲属于认识论部分，第五讲至第九讲是本体论部分，第十讲至第十二讲则为价值论部分。

关于认识论，笔者认为方圆是人类理性的源起。其实人类一直都在疑惑自身认识世界的能力，抛硬币、掷骰子等行为便是其佐证。爱因斯坦曾惊叹地指出："这个世界最不可理解之处，就在于它居然是可以被理解的。"[1]追问人类的认识源于哪里，首先需要追寻人类源于哪里。现代宇宙学告诉我们，137亿年前的大爆炸生成了宇宙，46亿年前有了太阳系、有了日地系统，35亿年前地球上有了生命体，200万年前才有了人类。[2]可见，地球之生命图景皆源于日地系统中的日地关系。可以设想，如果地球与太阳的距离不是这样而是那样，或远或近，地球景观都会截然不同，甚至只要地球绕日运动的公转轨道面与地球自转的赤道面的夹角不在23°26′左右，即黄赤交角偏离了四分之一的直角，一切生命体以及他们所依赖的生存环境将会荡然无存。可见，是日地关系统摄着地球景观，其特定性是人类以及依附于人类思维之上的认知体系存在的根本依据。

人类现有的认知体系，是基于科学之上的认知，而科学是基于在度量自然的同时，又将度量结果与逻辑推演互证以求自洽的。正如诺贝尔物理学奖获得者李政道先生所言："没有实验物理学家，理论物理学家就要漂浮不定；没有理论物理学家，实验物理学家就会犹豫不决。"[3]日地系统既是人类视域下最大的自然物，又是天成的最精妙的大科学实验装置。日地系统中最基本的特征参数就是表征日地关系的黄赤交角，而数学逻辑体系中最基本的参数则是方圆常数$\sqrt{2}$和$\pi$。现实世界中的黄赤交角约为$\frac{\pi}{8}$，与数学理念世界中$\sqrt{2}$和$\pi$的一致与自洽，似乎是人类得以认识自然的根

---

[1]〔美〕爱因斯坦：《爱因斯坦文集增补本》第一卷，许良英编译，商务印书馆2009年版，第720页。

[2] 义务教育教科书：《科学》，华东师范大学出版社2013年版，第27、35、37页。

[3]〔美〕李政道著：《对称与不对称》，朱允伦、柳怀祖译，中信出版社2021版，第43页。

本依据，或是第一性原理。这既与中国传统文化中"道器合一""天人合一"的原始思想相契合，又与古希腊柏拉图的理念世界与现实世界一致的思想相契合，更与马克思主义主客认识一致的思想相契合。

可见，"尊重自然"就是对人类自身存在根据的敬畏，"顺应自然"就是对人类自身本质属性的顺应，"保护自然"就是对人类自身存在家园的呵护。特别是当人类已具有走向太空的能力时，一定要清醒，是日地系统赋予了人类这个能力。就像孙悟空逃不出如来佛祖的手掌心一样，人类逃不出日地系统的统摄。一言以蔽之，"人与自然是生命共同体"[1]的论断是与日地关系的客观性相自洽的。

关于本体论，笔者认为方圆接续无穷无尽是万物之本体，而勾股定理则为本体之标识。自"人之为人"始，人类就在追问：是什么构成了世界？又是如何构成的？古希腊有物质世界四元素说，认为土、气、水、火四种元素组成了物质世界。古代中国用"一阴一阳之谓道"定义事物存在的基本形式，形成了用"阴阳"相反相成的概念属性表征万事万物的话语体系，并用金、木、水、火、土将事物流变的过程划分为五个不同的阶段。马克思主义不仅认为世界是物质的，而且认为世界是普遍联系的、充满矛盾的，矛盾的对立统一是事物存在的基本属性，这一思想与中国传统文化中"一阴一阳之谓道"、阴阳对立互补的"中和"之道高度契合，这可能也是中国人较之西方人更容易接受马克思主义的缘由。现代科学以原子为基本单位，形成了元素周期表下的物质分类；近代物理则进一步在追问构成原子的基本单位是什么，形成了电子、原子核、夸克，以及与基本粒子相关的量子物理学。英文中，一般用源于拉丁语的"quantum"来表示量子物理，意指要追问的那个"最小量"是多少，这种追问既是对不确定性的确定追问，也是对无限概念的有限追问。时至今日，人类仍在用最

---

[1] 习近平：《决胜全面建成小康社会　夺取新时代中国特色社会主义伟大胜利——在中国共产党第十九次全国代表大会上的报告》，人民出版社2017年10月18日。

大算力的计算机，万世不竭地追问着 $\sqrt{2}$ 和 π 的精确值，或者说追问那个"最小量"的终极值。因 $\sqrt{2}$ 和 π 源于方圆接续，而方圆接续与勾股定理又是互补互证的。所以，这种追问究其本质而言，是在追问方圆接续的本质属性，是在追问勾股定理的本质属性。数学家袁亚湘院士称此追问为"圆方比"追问。[1]

　　大道至简。最本质的东西一定是极简的，世界之所以能联系起来，就是因为万事万物都有极简的共性。《周髀算经》说，"数之法，出于圆方。圆出于方，方出于矩"。[2]这一表述言简意赅地说明了数学之起源。当以某一单位长度的线段为边长作一正方形时，若以其边长和正方形的对角线 $\sqrt{2}$ 分别为直径，可得这个正方形的内切圆和外接圆，如附图2。《周髀算经》还说，"万物周事而圆方用焉，大匠造制而规矩设焉"。[3]这句话既说明了所有科学技术的成品物都离不开规矩方圆的成就，更是对华夏始祖伏羲女娲创世图景手持"规""矩"的最好诠释，如附图1。柏拉图在《蒂迈欧篇》中集中论述过几何在理念世界中的道统地位，他认为造物主通过几何创造了宇宙，并以几何定义了宇宙的秩序与和谐。[4]今天，我们自然都知道几何在宏观世界中的通达性，而"几何光学"这一专业名词的存在，也足以说明几何在微观世界同样具有通达性。总之，以今日之科学视角看，若没有方圆几何的互释互注，又怎会有 $\sqrt{2}$ 和 π；若没有 $\sqrt{2}$ 和 π，又怎会有数学体系；若没有数学体系，又怎会有今天的现代化呢！这也是中国科学院数学与系统科学研究院何以要取用三国东吴的数学家赵爽（约182—250年）证明勾股定理的弦方图为其院徽的理由，如附图3。图中大正方形面积 $(a+b)^2$ 为四个三角形面积 $\frac{1}{2}ab$ 和一个小正方形面积 $c^2$ 之和，

---

〔1〕袁亚湘：《数学漫谈》，科学出版社2021年版，第12页。

〔2〕程贞一、闻人军译注：《周髀算经译注》，上海古籍出版社2012年版，第2页。

〔3〕程贞一、闻人军译注：《周髀算经译注》，上海古籍出版社2012年版，第9页。

〔4〕〔古希腊〕柏拉图：《蒂迈欧篇》，谢文郁译，上海人民出版社2005年版，第22-23页。

如此便直观呈现了勾股定理：$a^2 + b^2 = c^2$。我国著名数学家吴文俊先生称这种"出入相补"的直观呈现法为机械证明方法。[1]

就勾股定理而言，引用德国天文学家、物理学家、数学家开普勒的话，"几何学有两大珍宝：一个是毕达哥拉斯定理（勾股定理），另一个是中末比。前者可比金子，后者可称宝玉"。中国著名数学家华罗庚曾建议用一幅反映勾股定理的数字形关系图来作为与"外星人"交谈的言语。可见，古今中外的数学家都将勾股定理居于道统地位，视为数学世界的底层逻辑，或者说视为表达理念世界结构的底层逻辑。

勾股定理有许多种证明方法，其中一种如附图3所示，无论 $a$、$b$ 如何取值，以 $a + b$ 为边长的大正方形面积始终等于两个小正方形的面积之和。三个正方形的面积直观呈现了勾股定理：$AC^2 + BC^2 = AB^2$。根据射影定理可知，附图3中直角三角形 $ABC$ 的高为 $\sqrt{ab}$。既然边长为 $(a + b)$ 的正方形的内切圆中直角三角形的高为 $\sqrt{ab}$，那么问题来了，附图3中，边长为 $(b-a)$ 正方形内切圆中与之对应相似的直角三角形的高 $S$ 应为多少呢？因两个直角三角形相似，其斜边之比应等于其高之比，故有 $\dfrac{b-a}{a+b} = \dfrac{S}{\sqrt{ab}}$（$S$ 曲线的函数表达式的推导见正文）。附图4中的 $S$ 曲线将圆一分为二，呈现为太极图式。故，我们称此式为太极定理。非常神奇的是，当 $\dfrac{b-a}{a+b} = \dfrac{1}{\sqrt{2}}$ 时，$S$ 曲线出现了拐点（驻点），而这个拐点恰是太极图中的"鱼眼"，这使中国科学院数学与系统科学研究院的院徽更具内涵，直抵方圆之本体。又因附图3弦方图中，$a^2 + b^2 = (a + b)^2 - 2ab = c^2$，说明"鱼眼"的出现是受控于勾股定理的。

关于价值论，笔者认为方圆之比是价值判断的"度"量标准。价值既是人之行为的准则，也是"人之为人"的意义。孟子曰："规矩，方员之至也；圣人，人伦之至也。"[2]国学大师黎锦熙先生为西北师范学院（西

---

〔1〕吴文俊：《九章算术与刘徽》，北京师范大学出版社1982版，第58页。

〔2〕方勇译注：《孟子》，中华书局2015年版，第130页。

北师范大学的前身）题写的校训"知术欲圆，行旨须直"，这一校训在方圆统一中，为天下学子深刻简明地定义了"士以弘道"的价值观。《礼记》说，"大道之行，天下为公"；《礼记》还说，"一张一弛，文武之道也"。[1]《论语》也说，"文质彬彬，然后君子"。可见，张弛有"度"恰是道之内涵。文质彬彬之"度"恰是君子之内涵。附图4中的S曲线源于方正、成于圆周，将圆"一分为二"，以太极图式直观呈现了中国传统文化的内涵，使其成为中国传统文化鲜明的文化标识；而且，弦方图以及勾股定理中 $a$ 与 $b$ 此消彼长的变化之"度"，楚楚动人地化玄学为显学，并理性且直观地呈现了中国人的价值观，中国检察日报社主办的《方圆》杂志也是以"方正法度，圆融情理"为其办刊宗旨的。

斯宾诺莎（1632—1677年）曾用理性命题的形式，著写了《伦理学》，开拓了近代理性主义哲学，S曲线的直观呈现恰恰证明了这一路径的可行性。太极定理是 $a + b = 1$ 与勾股定理 $a^2 + b^2 = c^2$ 两式的联立方程，由太极定理而得的S曲线是直线与曲线的联通，非黑即白与亦黑亦白的联通，形式逻辑与辩证逻辑的联通，"零和博弈"与协调博弈的联通，线性思维下 $a + b = 1$ 与平面思维下 $(a + b)^2 = 1$ 的联通，有限与无限的联通，这种联通理性地消解了历史公案"哈定悲剧"的悲情，如附图5所示。1968年，哈定教授在 Science 杂志上发表了一篇引用率极高的文章，文章展示了线性思维下非黑即白的博弈场景，即羊群的收益 $a$ 与牧场的收益 $b$ 相反相成，$a$ 与 $b$ 彼此都以对方的存在为自身存在的根据，但彼此又以对方的发展为自己的负效应，二者为典型线性思维下 $a + b = 1$ 的"零和博弈"。哈定认为，这一博弈没有科学技术路径上的解决方案，故后来人称此为"哈定悲剧"[2]。其实，类似悲剧如公平与效率、战争与和平、自由与秩序、民主与集中、发展与稳定、竞争与合作之间的博弈等都由来已久，尤其是今天的俄乌冲突、巴以冲突都直观呈现着线性思维下的悲剧。

---

[1] 王文锦译解：《礼记译解》，中华书局2016年版，第641页。
[2] Hardin G: "The Tragedy of the Commons," *Science*, 1968, 162: 1243–1248.

若将附图5中正方形的对角线接转为圆中的S曲线，就可大大消解"哈定悲剧"之悲情。S曲线中两个变异的突变点直指线性思维的局限性，用"过"或"不及"之"度"化解了"哈定悲剧"的悲情，又理性地说明了世界之所以是普遍联系的，并且是不断循环往复的根本原因，也是人们不断感叹"历史何以总是惊人的相似"以及黄炎培曾有历史周期率之说的缘由。

附图5中，当正方形的边长为1时，太极图中鱼眼之间距则为$\frac{\sqrt{2}}{2}$，方圆之比恒为$1:\sqrt{2}$。有许多学者称$1:\sqrt{2}$为东方的黄金分割，也有人称之为白银分割，以说明其神奇。这一分割，把S曲线分为三大段，中间逼近于直线$a+b=1$的部分和两个拐点外的突变部分，两个拐点恰恰是对"否定之否定"规律的直观呈现和理性证明，只有两次否定，循环才得以成立。同理，若欲走出循环之周期，就必须防止越过拐点，这就是《礼记·大学》中"知止为善""知止而后有定"的理性价值，也是《道德经》中"是以圣人去甚，去奢，去泰"的哲理，其要义就是要"知止"，防止极端。《周易》一语中的地说，"刚柔交错，天文也；文明以止，人文也"，正是以"知止"定义了文明。《论语》中则用"发乎情，止乎礼"精准地定义了何为"礼"。可见，"中庸之道"不是不作为，而是要有克服惯性的大作为，以防止步入极端，走向覆灭。$1:\sqrt{2}$就是"去甚"的量化，是警戒线、临界值，若按此理性研判时下美国的关税征收问题，可说超过$1:\sqrt{2}$就是恶作剧，必然会导致系统覆灭。贫富差距也是如此，若愈来愈少的人拥有愈来愈多的财富，则必将导致革命；成本与利润也是如此，若为追逐愈来愈高的利润而不断降低成本，企业必然会因质量下滑而破产；就其本质而言，都是逾过了$1:\sqrt{2}$这个"知止"之"度"。

"一根木杆秤，一页文明史"。太极定理表达了自然系统偶对平衡的本质属性，$1:\sqrt{2}$的理性也可在木杆秤中直观呈现。圆心处、对角线的中心处，就是天平秤，称出的是公平，这是人类的理想追求，但这只是历史长河中稍纵即逝的一个点，是可望而不可即的灯塔；$1:\sqrt{2}$的区间内是杆秤，称出的是平衡，述说的是"存在就是合理的"之协调；拐点之外，超

出 $1:\sqrt{2}$ 的区域，称出的就是失衡，是系统覆灭的开始，是杠杆作用追求极端的贪婪。"杠杆"是对资本本性的刻画，"杆秤"是对社会本性的刻画，"天平秤"是对人类心中理想追求的刻画，$S$ 曲线则表达了偶对平衡之过程，定义了过程之状态，$S$ 值表达了某一状态偏离理想状态的偏离程度，如附图6所示。

关于认识论、本体论和价值论何以能统一的问题，笔者认为日地关系的客观性、确定性是其统一的根据。通于一而万事毕[1]，大道一定是至简的。太极定理妙不可言，$S$ 曲线美不可言，与 $\sqrt{2}$ 和 $\pi$ 相关，与方圆相关，与黄赤交角相关，直观地呈现着日地关系。如附图7所示，黄赤交角所决定的南北回归线与南北极圈互为余角，以 $1:\sqrt{2}$ 的理性定义，述说着"我是谁，我从哪里来"。《周易》说："是故蓍之德圆而神，卦之德方以知。"[2]此一言说将易之象数统一于方圆，将易之义理统一于神知，并用"易与天地准"将易之象数义理统一于实事中的日地关系，会通于《周髀算经》的"数之法，出于圆方"。《周易》与《周髀算经》的互释互注，"方属地，圆属天，天圆地方"与 $\sqrt{2}$ 和 $\pi$ 的互释互注，可能会为中华优秀传统文化的现代化作出有益贡献。实际上，$S$ 曲线的函数表达与规矩方圆的互释互注，已为伏羲文化标识物太极图的科学化作出了贡献。"易与天地准"的昭示，与今日人类对日地系统可理解的事实，似乎不仅在陈述着"人之为人"的根据，也似乎在警示人类"基于规则的国际秩序"，理应从日地关系的天则中汲取智慧和神知，以"构建人类命运共同体"[3]。

乙巳年立春日于西北师范大学寓所

---

[1]〔清〕王先谦、刘武撰，沈啸寰点校：《庄子集解·庄子集解内篇补正》，中华书局1987年版，第99页。

[2]〔宋〕朱熹著，廖名春校：《周易本义》，中华书局2009年版，第239页。

[3] 习近平：《决胜全面建成小康社会 夺取新时代中国特色社会主义伟大胜利——在中国共产党第十九次全国代表大会上的报告》，人民出版社2017年10月18日。

附图

图1　伏羲女娲图

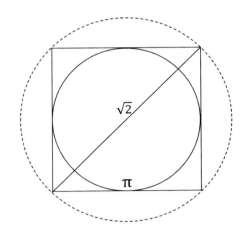

图2　$\sqrt{2}$和π方圆一体图

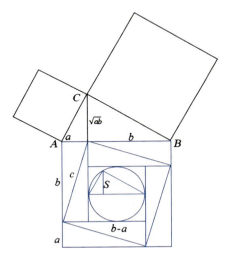

图3　中国科学院数学与系统科学研究院院徽及弦方图

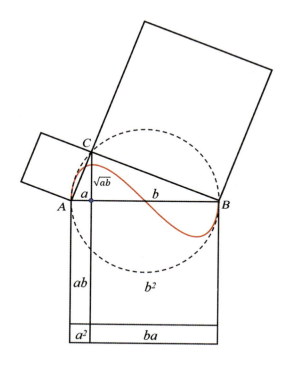

图4　太极定理 $S = \dfrac{b-a}{a+b}\sqrt{ab}$ 及太极 $S$ 曲线图示

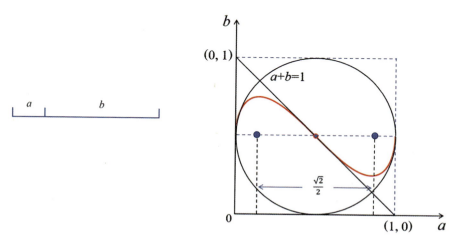

图5　$S$ 曲线消解直线思维下 "哈定悲剧" 图示

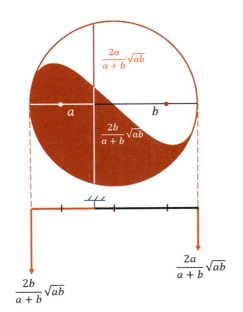

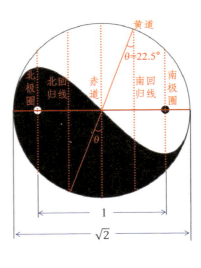

图6　偶对平衡原理图示　　　　　图7　南北回归线与南北极圈
　　　　　　　　　　　　　　　　　　　　　互为余角图示

# 目　录

方圆统一论
The Theory of Square-Circle Unity

第一讲
以数明理　追寻本根

- 科学与思维
- 数学与西方文化
- 数学与中国传统文化

今日之世界是科学统摄的世界，中国传统文化的现代化非经科学天衢是决难实现的。中国传统文化只有兼容并蓄科学技术之要素，体现现代化的基本特质，才能赓续发展。那么，科学是什么？科学就是用数学建构起来的体系，包括物理、化学、生物等学科，都是以数学为基底的。社会科学实质上也已开始遵从这一路径。罗素用数理逻辑来讲哲学，获得了诺贝尔文学奖；斯宾诺莎用几何学的方式写《伦理学》，在西方形成了一个用数学来演绎哲学的共识，进而成为哲学表达的一种基本范式。而阴阳之于文化、之于中国传统文化，就像数学之于科学、"2"之于偶数一样，是共性寓于个性之中的关系。科学之所以称之为科学，是因为有数学这个共性所支撑；偶数之所以称之为偶数，是因为都可以被"2"整除；中国传统文化之所以被称为中国的、传统的，就是因为"一阴一阳之谓道"这个道统思想贯穿于中国传统文化发展的全过程。"阴阳"始于群经之首的《周易》，成于儒家经典典籍之中，伴行于中国人日用而不觉的生活。数学是现代化的共性之共性，它与"阴阳"这个中国传统文化的根和魂能否嫁接，就在于它们有没有共同的属性，这正是我们将要探讨的主要内容。

本讲将以"阴阳"为主线，主要论述中国传统文化"源于易，成于礼，兴于数理"的逻辑关系。中国传统文化要实现现代化，也要通过数理嫁接的方式。具体路径是：如若证明了数学在寓于科学的同时，也寓于阴阳之中，则意味着实证了中国传统文化的现代化，其间的关系是 $A = B$，$B = C$，则 $A = C$。综上，中国传统文化"何以能现代化"这个命题，就演进成为如何在中国传统文化中嫁接上数学；或者说，如何让数学呈现于中国传统文化中。

一、科学与思维

我们经常听小孩说长大要做一名科学家，但是科学家是干什么的呢？是做科学工作的、搞科学研究的。实际上，这个答案并没有讲清楚科学到底是干什么的，于是就留下了一个看似熟知的认知盲区。

加拿大科学史学家伊安·哈金在给托马斯·库恩《科学革命的结构》一书写"导读"时说："正是科学这种活动使人类得以支配这一星球（这种支配是好是坏，这里暂且不论）。它的确做到了。"[1]可以设想，如果没有科学，人类能够"上天入地"吗？显然不能。今天所有的生活场景都是靠科学支撑的。人类的确改变了世界。人类之所以成为万物之灵，知晓万物之理，就是因为掌握了科学。"似乎人类戴着科学的皇冠，已把上帝拉下了马，取而代之了上帝，开始主宰着世界。"但越是如此，我们越感到困惑，以至于最伟大的科学家爱因斯坦在给M.索洛文的信中说："我认为人类对世界的可理解性（如果允许我们这样讲的话）是一个奇迹，或者是一个永恒的神秘。"[2]爱因斯坦虽然推导出了质能方程，但他仍然质疑：人类为什么具有这样一种描述自然界的能力，就如牛顿何以能认识并总结出物体运动的三大定律，同样令人费解。因此，上文的译者也流露出了深深的困惑，并为此专门添加了"客观世界的规律性和'奇迹'"的标题来强调这一不可思议性。

科学研究的常见做法有实验验证和数学推论。很多诺贝尔奖获得者正是通过实验验证和数学推论的一致性破解了某一领域的谜题。现代物理学家也被分成两种：一种是实验物理学家，一种是理论物理学家。李政道说："没有实验物理学家，理论物理学家就要漂浮不定；没有理论物理学

---

[1] 〔加〕伊安·哈金："导读"，〔美〕托马斯·库恩：《科学革命的结构》，北京大学出版社2022年版，第1页。

[2] 〔美〕爱因斯坦：《爱因斯坦文集》第一卷，商务印书馆1976年版，第343页。

家，实验物理学家就会犹豫不决。"[1]由此可见，理论物理和实验物理二者相反相成、相互印证，是科学研究的基本范式。

科学为何能如此精准地定义世界呢？对科学究竟是什么的追问，究其根本，是对人之思维的追问，是对人之思维为何能如此精准地定义世界的追问。数学从毕达哥拉斯算起已经两千多年了，从《周髀算经》算起已有三千多年。那么，数学所用方法本身源自哪里？方法本身可靠吗？可靠的依据是什么呢？如果我们预设科学是终极真理，追问下去便没有了依据。尽管心理学家做了许多心理测试，但其前提还是依靠科学、依靠通用的科学范式。这就好比站在地球上的人，自己拽自己的头发欲离开地面一样，难以成立。《论语·为政》说："知之为知之，不知为不知，是知也。"[2]这句话的伟大之处在于"不知为不知，是知也"，对已知的事实，知道事实之为事实的根据，是"知之为知之"；当不知道已知事实的根据时，是谓"不知为不知"，这是"知也"。

科学越发达，我们对"我是谁、我从哪里来、要到哪里去"的追问就会越迫切。我们今天对世界的理解，都是人域视野下构建的一种话语体系。AI（Artificial Intelligence）一词的解构——人工智能本身就说明了人域视野的本质。从这个角度讲，数学是人之思维的结果，它既是科学的基石，也是其他一切科学原理的终极抽象。人类将数学视为上帝的圭臬量度着世界万物，万物在数学的世界里有序运行。我们之所以相信科学，就其根源和本质而言，相信的是数学。正如我国著名哲学家金岳霖先生所说，似乎"自然齐一"于数学，"自然按数学公式规定的秩序那样有序运转"。[3]因此，国外有"宇宙的逻辑是数学""上帝是个数学家"之说。罗素更是直接说，"逻辑是数学的幼年，数学是逻辑的成年"。逻辑只是明确

---

〔1〕〔美〕李政道：《对称与不对称》，朱允伦、柳怀祖译，中信出版社2021年版，第43页。

〔2〕〔清〕程树德撰，程俊英、蒋见元点校：《论语集释》，中华书局1990年版，第110页。

〔3〕金岳霖：《论道》，商务印书馆2015年版，第70页。

了规则，而数学则是运用这些规则的一套系统的话语体系。学会逻辑学不见得能够使思维系统起来，但是学数学则能够取得这样的效果。华罗庚先生说过，中华民族是擅长数学的民族。[1]华先生对中国数学史有深刻见地。他主张，学习与研究数学，应该重视数学概念和思想的源与流，强调数学精神和数学文化的养成，做到贯通中西、博通古今，注重从中西、古今的角度思考问题。

细思极恐，万物、人之思维与数学相互之间究竟是怎么回事呢？科学的成就告诉我们，只能有一种可能，在万物、人之思维与数学三者之间一定存在着一种永恒的关系，或者说结构关系，使我们的思维能够生发出数学这一表达方式，并以此为母体和原点，衍生出科学体系，而这一体系又能够用以解读世界。

迷路时只有回到原点，困惑时只有回归初心。我们跨越时空、不论古今、不分东西，从可证可考的人类视域中梳理人之思维与物理世界和数学之间的关系，就会发现东西方都有确切的史料证明，早在公元前人们就已掌握了勾股定理和杠杆原理，如根据杠杆原理制作的"杆秤"，就是古代人类通用的称重计量工具。如果我们在现代科学思维的范式中能够找到勾股定理和杠杆原理之间的关系，则意味着找到了思维与物理世界及数学之间的关系。如图1-1所示，这个世界是由人和自然构成的，而人在观察自然的过程中，普遍使用了数学的方法，由此构成了人、数学、自然三者之间的关系。

柏拉图提出的现实世界或理念世界，是站在人的角度来划分世界的，由此我们就在理念世界和现实世界之间架起了一座跨越时空的桥梁，实现了人之思维与物和数学三者之间的统一，依此谱系，我们进而可以发现其统一的特征，即万物普遍联系的方式。

---

[1] 周向宇：《中国古代数学的贡献》，载《数学学报（中文版）》2022年第4期。

图 1-1　人之思维与物和数学的统一关系

当人出场后，面对自然时，从结绳计数开始，便会产生数学；面对现实世界时，"想入非非"就会产生理念世界，柏拉图《理想国》所描述的正是这样的一个理念世界。人、现实世界、理念世界三者之间自然构成了一个三角形关系。这个三角形是任意的三角形，而任意三角形都可以分为两个直角三角形。因此，当我们说世界是个三角形的时候，意味着是用直角三角形去解构三者之间的关系。

科学是研究"存在者"（beings）的学问，或者说是研究自然物的学问，而哲学是研究"存在"（to be）的学问，在"being"后面加了"s"，就将其变成了一个名词。在这里，"to be"是"一"，是根据和基础；"beings"是"多"，是事物和现象。"to be"与"beings"的关系，就如同"一"与"多"的关系。"to be"是形而上的"道"，是支撑形而下"beings"的"器"物后边的"道"。在西方，亚里士多德派认为，科学是研究物理的，而形而上学是研究物理后面那个东西的，故而也有人把"形而上学"翻译为"后物理学"。正是沿着这一路径，笛卡尔提出："形而上学是根，物理学是干，其他一切学科都是干上长出来的枝。"[1]因此，笛卡尔是现代哲学的奠基人物，也是现代科学的奠基人物。斯宾诺莎的《笛卡尔哲学原理》对笛卡尔的形而上学观点作了详细阐述。所谓"形而上者谓之道，形而下者谓之器"，道器是合一的。那么，什么是哲学呢？哲学就是"打破砂锅问到底"，是追问事实之所以成为事实之根据的学问。

---

[1]〔法〕笛卡尔：《哲学原理（全译本）》序言，商务印书馆2024年版，第1页。

笛卡尔在其《哲学原理》一书的"序言"中说："哲学既然包括了人心所能知道的一切，我们就应当相信，我们之所以有别于野人、牲畜，只是因为我们有哲学；而且应当相信，一国文化和文明的繁荣，全视该国的真正哲学繁荣与否而定。因此，一个国家如果诞生出真正的哲学家，那是它所能享受的最高特权……畜类因为只有身体可保存，所以它们只是不断地追求营养的物品；至于人类，他们的主要部分既然在乎心灵，他们就应该以探求学问为自己的主要职务，因为学问才是人心的真正营养品。"[1]这也是笛卡尔"我思故我在"这句名言的由来。"思"和"在"构成了一对概念范畴，二者之间的关系是主观和客观的关系。这一观点与两千多年前荀子认为人之为人的依据完全相同。荀子说："故人之所以为人者，非特以其二足而无毛也，以其有辨也。夫禽兽有父子而无父子之亲，有牝牡而无男女之别，故人道莫不有辨。"[2]恩格斯说："一个民族要想站在科学的最高峰，就一刻也不能没有理论思维。"[3]可见，哲学对一个国家、一个民族是何等重要。

提及这些，是希望每个人都能在自己的心灵世界构建起一个永居的精神家园。可以设想，一个人从本科、硕士到博士，在知识不断增长的同时，如果心灵家园没有构建起来，就极有可能走向一条痛苦之路。捍卫住"人之为人"这个根本，就是要找到属于自己的"一"，本根守得越好，副产品就越多，这便是"一"和"多"的关系。忽略"一"而单纯求"多"，则"多"也就不复存在。就像树一样，根扎得牢固，才能枝繁叶茂。苹果公司的创始人乔布斯有个观点很有哲理，他说他这一生很幸福，不因别的，只因他很早就找到了他喜欢的工作。乔布斯的人生经历是非常之曲折

---

[1]〔法〕笛卡尔：《哲学原理（全译本）》序言，商务印书馆2024年版，第2页。

[2]〔清〕王先谦撰，沈啸寰、王星贤点校：《荀子集解》，中华书局1988年版，第79页。

[3] 马克思、恩格斯：《马克思恩格斯选集》第三卷，人民出版社2012年版，第467页。

的，但他守住了本根，挫折在"乐以忘忧"中已非挫折。就像孔子说的那样："发愤忘食，乐以忘忧，不知老之将至。"[1]孔子还说，"君子谋道不谋食，忧道不忧贫"，[2]其实讲的也是"一"与"多"的关系。我们要处理好"谋道"与"谋食"的关系、"一"与"多"的关系，找到属于自己的本根，自然会在乐以忘忧中成就自己。我们身边就不乏这种乐以忘忧的鲜活人物，樊锦诗先生就是典型代表。

"形而上学"在西方叫做第一哲学。笛卡尔在给伊丽莎白公主的献词中感叹说："熟悉形而上学的人们，对几何学却完全不感兴趣；而在另一方面，研究几何学的人们，却又没有能力来研究第一哲学。"[3]时过四百年，笛卡尔的这一感言依然历久弥新。学哲学最好要学数学，反之亦然；理科生也要学哲学，学会追根溯源。同样，作为一个中国人，就要追中国之根。

海德格尔在《林中路》"世界图像的时代"一章中说：

> 形而上学沉思存在者之本质，并且决定真理之本质。形而上学……通过某种存在者解释和某种真理观点，为这个时代的本质形态奠定了基础。这个基础完全支配着构成这个时代的特色的所有现象。反过来，一种对这些现象的充分沉思，必定可以让人在这些现象中认识形而上学的基础。[4]

---

〔1〕〔清〕程树德撰，程俊英、蒋见元点校：《论语集释》，中华书局1990年版，第479页。

〔2〕〔清〕程树德撰，程俊英、蒋见元点校：《论语集释》，中华书局1990年版，第1119页。

〔3〕〔法〕笛卡尔：《笛卡尔哲学著作选集》，剑桥大学出版社1985年版，第179页。

〔4〕〔德〕马丁·海德格尔：《世界图像的时代》（选自《林中路》），孙周兴译，上海译文出版社2008年版，第58—59页。

海德格尔的这段话意味着形而上学是沉思存在者之本质的沉思，是高于存在者的真理。存在者是呈现出的具体器物，沉思就是沉思这个器物的本质。

海德格尔又说：

> 科学是现代的根本现象之一……现代物理学被叫做数学的物理学，因为，在一种优先的意义上，它应用一种完全确定的数学。不过，它之所以能够以这种方式数学地运行，只是因为，在一种更深层的意义上，它本身就已经是数学的……如果说现在物理学明确地构成为一种数学的物理学，那么这就意味着：通过物理学并且为了物理学，以一种强调的方式，预先就构成了某种已经知道的东西……但数学的自然研究之所以精确，并不是因为它准确的计算，而是因为它必须这样计算，原因在于，它对它的对象区域的维系具有精确性的特性。[1]

一言以蔽之，海德格尔的这段话可概括为：科学是数学的科学，科学的精确是数学的预设。

海德格尔还说：

> 与之相反，一切精神科学，甚至一切关于生命的科学，恰恰为了保持严格性才必然成为非精确的科学。……历史学、精神科学的非精确性并不是缺憾，而纯粹是对这种研究方式来说本质性的要求的实行。

海德格尔对于精神科学的非精确性的歌颂，就其本质而言，是对生命

---

[1]〔德〕马丁·海德格尔：《世界图像的时代》（选自《林中路》），孙周兴译，上海译文出版社2008年版，第76-77页。

意义的歌颂。就生命而论，生死是一对关于精确与非精确的概念范畴，有生就有死，我们可以精确地了解人的平均寿命，但每个人的寿命又是非精确的，如果出生时就精准地知道了生命终点的时刻表，生命就没有了意义。生命的意义又恰恰在于它的非精确性。所以，今天的观测实验已不是对物的观测，而是对预设的已知的印证。关于精神科学中精确性与非精确性的沉思更是沉思之沉思，是一种终极沉思、终极关怀。

## 二、数学与西方文化

说到西方文化，必定会溯源到古希腊文化和古希伯来文化，即"两希文化"。古希腊文化从毕达哥拉斯的"万物皆数"、亚里士多德的"三段论"，到欧几里得《几何原本》中的推理和演绎，都体现了理性精神的特点，这是西方文化的源头之一，我们可以把它简单地叫做自然哲学。反过来讲，古希伯来文化是什么呢？犹太教把耶路撒冷的哭墙看作第一圣地，教徒至该墙必须虔诚哀哭，以表达对上帝的敬畏和对本人以及对民族命运的祈祷。我曾在耶路撒冷遇见一个从事 IT 行业的德国年轻人，他每年都去耶路撒冷的哭墙，跟中国人春节回家团聚似的。看来，每年千里迢迢来"哭墙"，并不能简单地理解为愚昧和无知，这可能就是希伯来文化的宗教信仰。在希伯来文化中，摩西和耶稣是希伯来人的先知，他们创造了信仰唯一神的宗教和神学，创造了《圣经·旧约》。希腊最早的文化是在爱琴海最南部的克里特岛上逐渐发展起来的，后来亚历山大国王大规模拓疆扩土，希腊文化开始传播到亚洲和北非等广大地区。希腊文化的理性和希伯来文化的宗教信仰二者相互结合，构成了西方文化，形成了他们的思维方式。

希腊与希伯来两大文化体系至今对西方文化仍产生着十分深刻的影响。希腊文化中的自然理性与希伯来文化中的宗教信仰相互交织，一个崇尚理智，一个崇尚信仰，二者相互对立，使西方文化在自我肯定与自我否定的交互作用中像钟表一样摇摆不定。期间，失衡时便有漫长黑暗的中世纪，妥协调和时便有了文艺复兴的曙光。两千年来，它们交互作用、相互渗透，统摄着西方文化，特别是希伯来的《圣经》和希腊哲学的《几何原本》对西方社会影响深远，正如中国的《周易》和《周髀》对中国的影响一样。

《周易》是中国人对世界的理解，相当于西方人的《圣经》，《周易》和《圣经》在各自的文化传统中都具有统摄地位。《周髀》是纯粹理性的、数学的，相当于西方的《几何原本》，二者遵循的原理是一样的。西方做学问的人，最后大多崇奉《圣经》，牛顿晚年就试图去证明上帝的存在，证明宗教的理性和信仰的合理性。在中国，研究《周髀》大多托古于《周易》，比如赵爽、刘徽注《周髀》和《九章算术》时，都托古于解读《周易》而注解。

遗憾的是，"两周文化"的交互渗透远不如"两希文化"，至于何种原因，目前尚无共识，但有一点是清楚的：《周易》为经学之冠，《周髀》为算经之冠；前者是圣人则之的经学，后者是术数层面的算学。《唐六典》称："算学博士掌教文武官八品以下及庶人之子为生者，二分其经以为之业。习《九章》《海岛》《孙子》《五曹》《张邱建》《夏侯阳》《周髀》十有五人，习《缀术》《缉古》十有五人，其《记遗》《三等数》亦兼习之。"[1]可见，唐朝时，八品以上官员是不习《九章》和《周髀》的，《周髀》被画蛇添足地加了"算经"二字，已从"禹之所以治天下者，此数之所生也"的道统地位，降格成了算术层面的算经，成为《周髀算经》。其实，直到清政府编撰《四库全书》时，《周易》为"经"部，而《周髀》为"集"部，显然有主次之别，二者是不可同日而语的。

《周髀》和《几何原本》一样，都是数学专著，然而在东西方地位完全不同。此外，二者对待勾股定理的方式和态度也有区别，前者是直观呈现（机械证明），将其本身作为公理使用的；而后者是基于严格顺序性的公式推理演绎得出的定理。

---

[1]〔唐〕张九龄撰，袁文兴、潘寅生主编：《唐六典全译》，甘肃人民出版社1997年版，第562页。

可以说，西方文化中系统性的理性思维，尤其体现在欧几里得所著的《几何原本》。欧几里得是古希腊的著名数学家、欧氏几何学的开创者。他出生于雅典，当时雅典是古希腊文明的中心，浓郁的文化氛围深深地感染了欧几里得，当他还是个少年时，就迫不及待地想进入柏拉图学园学习。柏拉图学园门口挂着一块木牌，上面写着："不懂几何者，不得入内！"这是当年柏拉图亲自立下的规矩，为的是让学生们知道他对数学的重视。这种理性思维一直深刻地影响着西方的思想家，甚至许多科学家和哲学家一生都致力于用科学理性证明神的存在，包括牛顿、笛卡尔、爱因斯坦，无一例外。

《几何原本》大约成书于公元前300年，从成书时间来看，欧几里得（约前330—前275年）是站在毕达哥拉斯（约前580—约前500［490］年）、苏格拉底（前469—前399年）、柏拉图（前427—前347年）、亚里士多德（前384—前322年）等思想巨人的肩膀上完成这一著作的。《几何原本》中"五大公设"背后其实有一个"总公设"，那就是将毕达哥拉斯"万物皆数"的哲学思想预设为总公设而展开的证明体系。

1637年，笛卡尔发表了《更好地指导推理和寻求科学真理的方法论》，创立了解析几何学，打开了近代数学的大门，这在科学史上具有划时代的意义。当时，欧洲科学技术的发展向人们提出了许许多多用常量数学难以解决的问题，天体运动和物理运动也提出了用运动的观点来研究圆锥曲线和其他曲线的问题，为此，人们努力寻求解决变量问题的新方法。笛卡尔发明了直角坐标系，并在坐标系上将代数中的"数"与几何中的"形"统一了起来，按他的话讲，就是用两种不同的方法表达同一个量，正是这一方法创立了解析几何学。

众所周知，$a^2 + b^2 = c^2$ 是勾股定理，$x^2 + y^2 = R^2$ 是圆的方程式，但这两个公式有本质上的区别。第一个公式中的 $a$、$b$ 和 $c$ 是勾股数；第二个公式表示的是，直角坐标系中以原点（0，0）为圆心，半径为 $R$ 的圆，圆上任意点 $P(x，y)$ 到圆心的距离是 $R$，即 $x^2 + y^2 = R^2$。$P$ 点在圆周上移动时，$x$、$y$ 就随之变化，进而构建出了无穷且连续的勾股数。若没有直角坐标系，圆的精确轨迹是难以表达的。如图1-2所示。

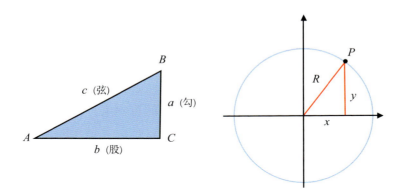

图1-2　勾股定理的几何表达

$a^2 + b^2 = c^2$ 所表征的勾股关系是静态的，$x^2 + y^2 = R^2$ 所表征的勾股关系是动态的。只有静没有动，呈现不出曲线。实际上，后面将要谈到的太极定理的表达式是 $S = \dfrac{b-a}{a+b}\sqrt{ab}$，它和勾股定理一样，只有借助直角坐标系，$S$ 曲线才可以绘制出来。如果没有直角坐标系，太极定理所表达的 $S$ 曲线，是无法做到可视化呈现的。正因如此，笛卡尔成为近代最伟大的数学家、科学家、哲学家，开启了现代数学，构建了解析几何。进一步讲，当设 $x = a$ 时，其实就已经预设了 $S = f(x)$ 中自变量 $x$ 与因变量 $S$ 具有垂直关系。而这种预设的根据是什么？这个问题将在杠杆原理一讲中作详解。

直角坐标系的确立，意味着笛卡尔有一个预设，无穷大与零是统一于"1"的，即 $1/\infty \approx 0$。显然，这里 0 与 ∞ 是互为倒数的，解析几何的精确性恰恰是在这个预设下展开的。正是这一预设克服了极限危机，极限危机在数学史上被称为第二次数学危机。这不仅把相对独立的"数"与"形"统一起来，而且把几何曲线与代数方程相结合，建立起曲线与方程的对应关系。这种对应关系的建立，不仅标志着函数概念的萌芽，而且表明变数进入了数学，使数学在思想方法上发生了伟大的转折。瑞士数学家欧拉说："世界上发生的任何事情，其意义无不在于某种最大或最小化（Nothing takes place in the world without meaning, and not that of some maximum or minimum.）."[1]其实，只要我们思考一下圆的方程（$x^2 + y^2 = R^2$）和勾股定理（$a^2 + b^2 = c^2$）的区别，就能很好地理解这一转折的里程碑意义。正如恩格斯所说："数学中的转折点是笛卡尔的变数。有了变数，运动进入了数学；有了变数，辩证法进入了数学；有了变数，微分和积分也就立刻成为必要了。"[2]

康德是启蒙运动时期最后一位影响后世的哲学家，他调和了笛卡尔的理性主义与培根的经验主义，被认为是继苏格拉底、柏拉图和亚里士多德后西方最具影响力的思想家之一。他一方面肯定认识是从感觉经验开始的；另一方面又认为，唯理论只看到数学在应用矛盾律，没有看到它们还需要另一些推理原则。康德把这两种观点调和起来，提出先验论哲学。这种观点在数学哲学中的反映就是"数学知识是先天综合判断"，包括数学是综合判断、数学判断是先天的判断、数学知识具有可靠性和客观实在性三个层面的内涵。因此，康德也被称为是数学哲学家，其著作《纯粹理性批判》中的"先验感性论"和"先验逻辑"两部分，可分别看作是康德的"数学哲学"和"物理学哲学"。[3]

19世纪最伟大、最有影响力的思想家马克思对数学的兴趣，与他希望把数学运用于经济学研究有关。马克思给恩格斯的信中谈到经济危机的研究时说："为了分析危机，我不止一次地想计算出这些作为不规则曲线的升和降，并曾想用数学公式从中得出危机的主要规律（而且现在我还认为，如有足够的经过检验的材料，这是可能的）。"[4]

在《资本论》逻辑严密的理论体系中，我们也能清晰地看到马克思对数学的熟练运用。比如我们熟知的剩余价值，就是通过数学公式推导出来

〔1〕〔瑞士〕莱昂哈德·欧拉：《欧拉全集：第一系列·数学著作》，〔希腊〕康斯坦丁·卡拉西奥多里编，Teubner Verlag，1952，第1页。

〔2〕恩格斯：《自然辩证法》，人民出版社2009年版，第467页。

〔3〕陈克艰：《从康德的观点看数学》，载《社会科学》2006年第3期。

〔4〕马克思、恩格斯：《马克思恩格斯全集》第三十三卷，人民出版社1973年版，第87页。

的，人们没有办法否定它，是因为没有办法否定其逻辑。因此，西方对马克思的东西既不认可又指不出逻辑错误，这就是一种纠结。据马克思的女婿拉法格回忆，马克思曾经强调："一门科学，只有当它达到了能够成功地运用数学时，才算真正发展了。"[1]马克思这里所说的运用数学，不仅仅是运用数学的计算方法，而且也要运用数学的思维方法和论证方法。

19世纪60年代以后，马克思陆续阅读了一大批关于微积分方面的书籍。1881年前后，他先后撰写了关于微分学的历史发展进程、论导函数概念、论微分以及关于泰勒定理等问题的研究草稿。马克思力图运用辩证法观点去分析微分学的困难。他认为，"理解微分运算时的全部困难"，"正像理解否定之否定本身"一样，要把"否定"理解为发展的环节，并且要从量和质的统一来看待"量"的变化。在研究微分过程中，关于量的否定，比如从量的消失中，他看到其间仍保存着特定的质的关系，即$y$对$x$的函数关系所制约的质的关系。马克思说，要把握其真正含义，"唯一的困难是在逐渐消失的量之间确定一个比的这种辩证的见解"。[2]

不难看出，无论是被称为"欧洲近代哲学奠基人之一"的笛卡尔，还是德国古典哲学的创始人康德，抑或是"无产阶级的精神领袖"马克思，这些西方的大思想家们都或多或少与数学有着难解之缘，都对数学给予了极高的评价。笛卡尔说："一切问题都可以转化为数学问题。"[3]康德说："我坚决认为，任何一门自然科学，只有当它数学化之后，才能称得上是真正的科学。"[4]这些论述与思想，作为他们对数学的深刻认识与总结，深深影响了整个西方社会的思维方式与科学发展。

若追根溯源、回归原点，西方的"理性文化"仍离不开欧几里得《几

[1]〔法〕拉法格：《回忆马克思》，人民出版社1954年版，第8页。

[2]李学思：《读马克思数学手稿》，载《北京大学学报（自然科学版）》1974年第1期。

[3]〔法〕笛卡尔：《谈谈方法》，王太庆译，商务印书馆2000年版，第69页。

[4]〔德〕康德：《自然科学的形而上学基础》，李秋零译，中国人民大学出版社2003年版，第43页。

何原本》以及毕达哥拉斯"万物皆数"思想的影响。说到毕达哥拉斯，就不得不提到毕达哥拉斯定理。毕达哥拉斯曾创立了一个综合政治、学术、宗教三位一体的神秘主义派别，"万物皆数"是该学派的哲学基石，"一切数均可表成整数或整数之比"则是这一学派的数学信仰。然而，具有戏剧性的是，由毕达哥拉斯创立的毕达哥拉斯定理却成了毕达哥拉斯学派数学信仰的"掘墓人"。毕达哥拉斯定理提出后，其学派中的成员希帕索斯考虑了一个问题：边长为1的正方形，其对角线长度是多少呢？他发现，这一长度既不能用整数也不能用分数表示，而只能用一个新数来表示。希帕索斯的发现，使得数学史上第一个无理数"$\sqrt{2}$"诞生了。

小小的"$\sqrt{2}$"的出现，在当时的数学界掀起了一场巨大风暴。它直接动摇了毕达哥拉斯学派的数学信仰，使毕达哥拉斯学派大为恐慌。实际上，这一伟大发现，不但是对毕达哥拉斯学派的致命打击，而且对当时所有古希腊人的观念也是一个极大的冲击，史称"第一次数学危机"。直到19世纪下半叶，现代意义上的实数理论建立起来后，无理数（irrational number）在数学园地中才真正扎下了根。无理数在数学中合法地位的确立，一方面使人类对数的认识从有理数拓展到实数，另一方面也真正彻底地、圆满地化解了第一次数学危机。由此可见，这种崇尚理性、注重演绎推理的数学传统有着深厚的文化背景，这不仅足以表明数学在西方文化中的宗教和哲学价值，而且也足以说明西方科学技术之所以领先，确与勾股定理变为圆的方程有关。这一方法上的小小变化，在数学思维逻辑上却有着质的飞跃的深刻意义。这一飞跃本身，突破了形式逻辑的藩篱，虽然它没有"大张旗鼓"地予以预设，但确实隐设了辩证法循环往复的辩证思维；$1/\infty \approx 0$这个表达式的预设，也是对《道德经》"大曰逝，逝曰远，远曰反"[1]最契合、最精准的注解。带着这个预设，重温"有物混成，先天地生。寂兮寥兮，独立而不改，周行而不殆，可以为天地母。吾不知其名，强字之曰：

---

〔1〕〔魏〕王弼注，楼宇烈校释：《老子道德经注校释》，中华书局2008年版，第63页。

道；强为之名曰：大。大曰逝，逝曰远，远曰反。故道大，天大，地大，人亦大。域中有四大，而人居其一焉。人法地，地法天，天法道，道法自然"[1]这段经典，一切疑惑涣然冰释，更对古人的智慧叹观止矣！

### 三、数学与中国传统文化

中国古代有"六艺"和"九数"之说。《周礼》中说："保氏掌谏王恶。而养国子以道。乃教之六艺：一曰五礼，二曰六乐，三曰五射，四曰五御，五曰六书，六曰九数。"[2]这就是古代教育必须学习的礼、乐、射、御、书、数六门功课，称"六艺"；"九数"，是指"数"学这门功课有九个细目。由此可见，早在周代，数学就已经被纳入"六艺"之中，就已经对数学非常重视了，但"六艺"之首为"礼"、之末为"数"，首末之别，其轻重、主次、先后，一目了然。在孔子以后的两千多年中，特别是自汉武帝实施董仲舒"罢黜百家、独尊儒术"的政策以后，儒家思想占据了中国传统文化的正统地位，故而古代数学家大都把自己的数学研究与《周易》以及《周礼》的"六艺""九数"联系在一起，这与赵爽注《周髀》、刘徽注《九章》必托古于《周易》是一脉相承的。

《周髀算经》和《九章算术》都成书极早。三国时期，东吴的赵爽和曹魏的刘徽都是影响后世极深的数学家。赵爽在江南注《周髀》，刘徽在江北注《九章算术》，两人大概相距两千公里之遥，却都以同样的方式证明过勾股定理，其基本方法都是出入相补、割补平衡，都是以直观可视的方式呈现了勾股定理。

赵爽注《周髀算经》时写序说：

夫高而大者，莫大于天；厚而广者，莫广于地。体恢洪而廓落，

---

[1] 〔魏〕王弼注，楼宇烈校释：《老子道德经注校释》，中华书局2008年版，第62-64页。

[2] 徐正英、常佩雨译注：《周礼》，中华书局2014年版，第294页。

形修广而幽清，可以玄象课其进退，然而宏远不可指掌也。可以晷仪验其长短，然其巨阔不可度量也。……爽以暗蔽，才学浅昧，邻高山之仰止，慕景行之轨辙，负薪馀日，聊观《周髀》。其旨约而远，其言曲而中，将恐废替，濡滞不通，使谈天者无所取则，辄依经为图，诚冀颓毁重仞之墙，披露堂室之奥，庶博物君子，时迴思焉。[1]

赵爽的这段序文蔚为精妙。他说，天大地厚，恢洪廓落，修广幽清，天地之象可进可退，晷之勾影可长可短，其变化无穷无尽，不能极其妙，不能尽其微，探赜索隐也还有不清楚、不尽意的地方，犹如天地之道一般。赵爽的这段叙说道出了勾股定理的神奇之处。同时，赵爽非常虔诚、谦虚地说："爽以暗蔽，才学浅昧，邻高山之仰止，慕景行之轨辙，负薪馀日，聊观《周髀》。"可见，赵爽的《周髀》注不仅包含着非常深刻的哲理，而且充分表达了他对《周髀》的"仰止"和敬畏，"其旨约而远，其言曲而中"，正是这种敬仰之情的生动写照。

刘徽注《九章算术》时说：

昔者包牺氏始画八卦，以通神明之德，以类万物之情，作九九之数，以合六爻之变。暨于黄帝，神而化之，引而伸之，于是建历纪、协律吕，用稽道原，然后两仪四象精微之气可得而效焉。

徽幼习《九章》，长再详览，观阴阳之割裂，总算术之根源。探赜之暇，遂悟其意。是以敢竭顽鲁，采其所见，为之作注。[2]

由刘徽注《九章算术》的这段话可知，包牺氏"画八卦"是为了"通神明之德""类万物之情"，由此而著成"九九之术"，其目的与过程的关

---

[1] 程贞一、闻人军译注：《周髀算经译注》，上海古籍出版社2012年版，第1页。

[2] 〔魏〕刘徽注，郭书春汇校：《九章算术》，辽宁教育出版社1990年版，第1—2页。

系一清二楚。刘徽说，他自幼喜欢《九章》，年岁稍大些后，进一步"观阴阳之割裂，总算术之根源"，追问数学何以是数学、何为其根源，于是"探赜之暇，遂悟其意"，探索得久了，把握了其中的真理奥妙。这就是他何以作注的旨趣所在。

通过二者的比较，不难发现，两书以天文、数学、方圆探赜索隐，集象、数、义、理为一体，其特点都是以数明理。赵爽说"天大地厚，其妙精微"，于是以"盖天周髀之法"弥纶天地之道；刘徽说"仰观天、俯察地，四象之气精微"，于是"总算术之根源"以求通神明、类万物。所以，二者所探究的东西都是极为深刻和根本的，虽然称"算经""算术"，但绝不只是"数术"层面的工具理性，而是事关道统层面天地之间的本体论。

显然，不管是赵爽注《周髀》，还是刘徽注《九章算术》，都与《周易》有着密切的联系，他们注解的落脚点都归结于《周易》中"易与天地准，故能弥纶天地之道"这个基本点；确切地讲，他们都没有走出托古《周易》作注的基本逻辑。

关于《周易》，这里转引高中二年级教材《中国传统文化》（北师大版）中的表述：

> 《周易》是一座包罗万象、取之不尽的奇妙宝藏，不同的人读它，自然就会有不同的理解和收获。自先秦至近代，至少涌现出六千多种易学著作，流传下来的约三千种。[1]

这段话对《周易》的概述，具有一定的权威性，指出了人们对《周易》认识的最大遗憾，就是"不同的人读它，自然就会有不同的理解和收获"，给人的感觉像"一千个读者就有一千个哈姆雷特"一样。我们知道，基于数学基础上的科学所追求的是准确性，如果不同的人读有不同的收获，那就难以称其为科学了。可见，当下人们对《周易》的理解，基本是

---

[1] 徐梓：《中国传统文化》，北京师范大学出版社2020年版，第80页。

囿于人文范畴的解读，至少是没有把两千年前赵爽和刘徽的注解理念和方法延展下来。其实，早在东汉末年"玄学"兴起时就有一个特征，即借助数学解读人文事理，当解读难以通达时，便谓之为"玄"，这个路径实际上是科学探索的路径。《说文解字》说，"玄，幽远也"。[1]《说文新证》说，"玄，像一根丝线的样子。一根丝线，状极细微，引申为幽远、黑色"。可见，"玄"是黎明前的暗夜，是科学之前夜。赵爽、刘徽就是这个时期的数学家，从《周髀算经》和《九章算术》的序中可以看出，他们也是哲学家、思想家。与赵爽、刘徽同时期的王弼，也是"玄"学的主要奠基人之一，他留有两本对后世有影响的著作，即《周易注》和《老子注》。他不仅是以《易》释《老》、以《老》释《易》的典范，也是以数明理的先驱。其中，《老子注》中说，"道不违自然，乃得其性，法自然也。法自然者，在方而法方，在圆而法圆，于自然无所违也"。[2]可见，王弼也是以数学中"方圆"这一辩证词组为喻，来释译《道德经》"道法自然""于自然无所违""乃得其性"的道理的。他们的这些路径似乎与一千多年之后笛卡尔著《数学原理》的路径基本是一致的。可惜，因为被冠以"玄"，"玄"被污名化，今天常被误认为封建迷信，其理念和方法没有被很好地延续下来。20世纪80年代，朱伯崑老先生倡导开启了周易文化与现代科学相结合的研究方向，并做了大量工作。著名冻土学家、中国科学院院士程国栋先生，著名数学家欧阳维诚先生，中国哲学史学家郑万耕先生、廖名春先生，楚辞学家、文献学家赵逵夫先生，以及梁枢先生、方铭教授，一直鼓励我和我的同事们朝着这个方向努力，让《周易》和《周髀算经》互注互解。

《周易》是一部由象数符号和语言符号共同构成的特殊文化典籍。伏羲画卦，文王演卦，孔子作传，《汉书·艺文志》中说："人更三圣，世历三古。"[3]《周易·系辞下》也说："古者包牺氏之王天下也，仰则观象于

---

〔1〕〔汉〕许慎：《说文解字》，中华书局2013年版，第78页。

〔2〕〔魏〕王弼注，楼宇烈校释：《老子道德经注校释》，中华书局2008年版，第64页。

〔3〕〔汉〕班固撰，〔唐〕颜师古注：《汉书》卷三十，中华书局1962年版，第1704页。

天，俯则观法于地，观鸟兽之文与地之宜，近取诸身，远取诸物，于是始作八卦，以通神明之德，以类万物之情。"[1]这些文献说明八卦是圣人通过仰观天象、俯察地理、近取诸身、远取诸物而创作的。

《周易·系辞上》中记载："河出图，洛出书，圣人则之。"[2]胡煦在《周易函书》中说："河图之数，五十有五，洛书之数，四十有五，合为一百，此天地之全数也。以一百之全数为斜界而中分之，则自一至十者，积数五十有五；自一至九者，积数四十有五。两者相交而成。《河》《洛》数之两三角形矣。"[3]如图1-3所示。

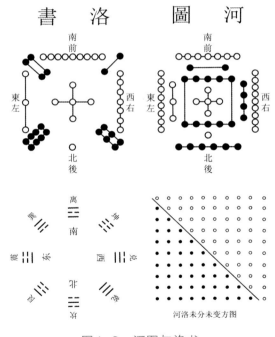

图1-3　河图与洛书

〔1〕黄寿祺、张善文译注：《周易译注》卷九，上海古籍出版社2007年版，第402页。

〔2〕黄寿祺、张善文译注：《周易译注》卷九，上海古籍出版社2007年版，第392页。

〔3〕〔清〕胡煦：《周易函书》卷十五，中华书局2008年版，第379-380页。

结合上文，将"河图"和"洛书"还原为"河洛未分未变方图"来观察，不难发现，横行、竖行每行各10个点，10×10构成一个正方形，将其沿着对角线两分，确保切分线不分裂各点，以保持二分后两边的点数仍为整数（这也是毕达哥拉斯学派求整数的主张），就会自然呈现出两个直角三角形。右上角的直角三角形为55个点，与河图之数相对应；左下角的直角三角形为45个点，与洛书之数相对应。

从这个角度来说，《河》《洛》与三角形、《周易》与八卦是以一种独特的形式来表现数学思维的，既有河图、洛书、八卦的象数符号，也有文本解读的语言符号。总而言之，是以直观符号为载体来呈象立意的，其思维的基点是三角形与阳爻、阴爻，或者可以说是三角形与"一阴一阳之谓道"。

事实上，中国古代对勾股定理的发现和应用，远比毕达哥拉斯早得多。《周髀算经》首先开宗明义提到了勾股定理，被记入商高与周公的一段对话之中。《史记》记载，文王"拘羑里而演《周易》"[1]，周公是周文王之子，是周武王的弟弟、周成王的叔叔。周公辅佐其兄武王之后，又来摄政侄子成王处理国事，"宅兹中国"所称之事即周公所为。周公也是儒学先驱，有先圣之称，《周礼》为他所著。儒家的代表人物孔子一生对周公非常崇敬，以至于几天梦不到周公就觉得退步了、离圣人远了。

"周公问商高"对话记载于《周髀算经》：

昔者周公问于商高曰："窃闻乎大夫善数也，请问古者包牺立周天历度，夫天不可阶而升，地不可得尺寸而度，请问数安从出？"[2]

商高曰："数之法出于圆方。圆出于方，方出于矩，矩出于九九八十一。故折矩，以为勾广三，股修四，径隅五。既方之，外半其一

---

[1] 〔汉〕司马迁：《史记》第十册，中华书局1982年版，第3300页。

[2] 程贞一、闻人军译注：《周髀算经译注》，上海古籍出版社2012年版，第1页。

矩。环而共盘，得成三、四、五。两矩共长二十有五，是谓积矩。故禹之所以治天下者，此数之所生也。"[1]

"万物周事而圆方用焉，大匠造制而规矩设焉。"[2]

这段话记载了包牺（伏羲）测量天地、立周天历度的史事。大意是说，将一四边形或长方形，沿对角线折叠后一分为二，形成两矩，即两个直角三角形（如图1-4所示）。"勾广三，股修四，径隅五"反映的是直角三角形中一组特殊的勾股数。"既方之，外半其一矩。环而共盘，得成三、四、五。两矩共长二十有五，是谓积矩"，就是通过数形结合的方式来证明这一组勾股数。

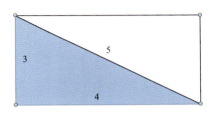

图1-4　勾三股四弦五

"故禹之所以治天下者，此数之所生也"，指出大禹并非把勾股定理简单地看作一个丈量事物的工具或数术层面的算式，而是视之为治理天下的思想武器，直接放在了道统的高位。这类似于柏拉图不仅仅把几何视为丈量的工具，而是赋予无上之"理念"的意义。无独有偶，康德也将几何置于突出的位置，认为其中包含着与生俱来的、人之为人的一些先验要素。"万物周事而圆方用焉，大匠造制而规矩设焉"，就是说，通过圆方可以知晓万事万物，技艺高超的工匠也必须依圆规、三角板来建造事物。

---

[1] 程贞一、闻人军译注：《周髀算经译注》，上海古籍出版社2012年版，第2页。

[2] 程贞一、闻人军译注：《周髀算经译注》，上海古籍出版社2012年版，第13页。

《周髀算经》还运用大量"问一类而万事达者，谓之知道"[1]的事例体现通类思维，将"知"和"道"分而论之，定义了"知道"二字，指出通过一类事而"知"万般事，才谓之知"道"。可见，《周髀算经》虽然是从天文历法的算法开始的，但它不仅事关大禹治天下的理念，还广泛涉及"通于一而万事毕"的普遍规律，阐释了"道"的内涵。《周髀算经》通过周公问商高之记载，间接证实了儒家先贤以数明理的哲思之路，而勾股定理则是这条道路的引导牌。

关于《周髀算经》在天文学方面的地位，这里引用著名天文学家陈遵妫先生在《中国天文学史》一书中的论述：[2]

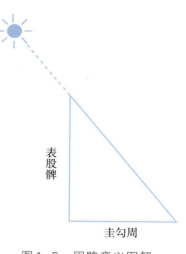

《周髀》是我国最古的天文算法的书。唐初把它作为《算经十书》的第一种，叫做《周髀算经》。《周髀》命名的意义，各家说法不同。有的认为"周公受之商高，周人志之，故曰周"。也有以周为环者，还有其他种种异说。实际上《周髀》经文对周髀的意义，已经说得很清楚，即"周的股"或"周的表"。又《晋书》载有："表，竿也。盖天之术曰周髀。髀，股也。用勾股重差，推晷影极游，以为远近之数，皆得于表股者也。"

图1-5　周髀意义图解

陈遵妫先生的这段话，清晰地说明了勾股定理至少在中国先秦时期就

---

〔1〕程贞一、闻人军译注：《周髀算经译注》，上海古籍出版社2012年版，第32页。

〔2〕陈遵妫：《中国天文学史（上）》，上海人民出版社2016年版，第142页。

已出现，并且是由"立仪观象、测地度数"而来的。《周髀算经》对图中的历度方法作了详细记载："髀者，股也。正晷者，勾也。""若求邪至日者，以日下为勾，日高为股，勾、股各自乘，并，而开方除之，得邪至日。"赵爽注曰："以髀为股，以影为勾，勾股定，然后可以度日之高远。"[1]意思是说，若求观测者至太阳的斜线距离，以观测者至日下髀无影处的距离为勾，以太阳高度为股，即以太阳照上的一边为股，照不上的一边为勾，勾、股分别自乘，其积相加后，再开方，就得到观测者至太阳的斜线距离。这正是"直角三角形两条直角边的平方和等于斜边的平方"即勾股定理 $a^2 + b^2 = c^2$ 的最早由来。初等数学是从勾股定理开始切入的，高等数学是从微积分切入的，实际上，微积分就是以直线代曲线，可说是"缩小版"的勾股定理，从这个角度讲，勾股定理是数学大厦的"元典定理"。

　　由此可见，《周髀算经》利用圭表原理，观测晷影极游；利用勾股方法推算日月行度，借以确定一年的日期、季节的早晚，乃至推测太阳的大小远近、宇宙的构造，等等。它实际包含算学、历法、天文测量和宇宙论等方面，因而《周髀》应称为我国最古的天文算学的书。《周髀算经》所述的算法，是我国勾股法的鼻祖。总之，《周髀算经》是用勾股弦方法，算出日月周天行度远近之数，可以看作是制作当时的天文算法的教科书。现今所传的《周髀算经》是汉赵爽所注，我们当然可以想象，在赵君卿以前已经有《周髀算经》前身的存在，因而李俨认为它是"约为战国前著作"，是有其道理的。

　　这里需要特别注意，勾股定理的奥妙就在于定常之 $c$ 值统摄着 $a$、$b$ 两个变量，$a$、$b$ 两个变量的变化规律又规定着 $c$ 值的不变。变在不变之中，不变在变之中，而"统一"二者的正是圆的方程（$x^2 + y^2 = R^2$），正可谓

---

〔1〕程贞一、闻人军译注：《周髀算经译注》，上海古籍出版社2012年版，第37页。

"道可道，非恒道；名可名，非恒名。……玄之又玄，众妙之门"。[1]可以说，勾股定理是"可道"与"非恒道"的统一者，也是打开"众妙之门"之密钥。这正是华罗庚先生缘何建议宇宙飞船到另一星球去交流时，最好带"勾股定理"去的原因。[2]

如果说大禹治水因年代久远而无法确切考证的话，周公与商高的对话则可以确定在公元前1100年左右的西周时期，比毕达哥拉斯早了500多年。在稍晚一点的《九章算术》（约公元50年至100年间）一书中，勾股定理得到了更加规范的表达。书中的"勾股章"说："勾股各自乘，并，而开方除之，即弦。"[3]即指勾和股分别自乘，然后把它们的积加起来，再进行开方，便可以得到弦。

过去一直认为，《周髀算经》《九章算术》原书都没有对勾股定理进行证明，其证明是赵爽在《周髀注》一书的"勾股圆方图注"中才给出的。"勾股圆方图注"仅530余字，但它囊括了《周髀算经》《九章算术》以来中国人关于勾股算术的全部成就，其证明方法已列入现行中学数学教科书。图1-6左图中，边长为 $c$ 的正方形面积是小正方形面积（黄实部分）与4个直角三角形面积（朱实部分）之和，即 $c^2 = (b-a)^2 + 4 \times \dfrac{1}{2} ab$，简化后则是 $c^2 = a^2 + b^2$，这就是勾股定理。

赵爽仅以割补法，采用弦图（也叫勾股圆方图）直观证明了勾股定理（勾三、股四、弦五），并以色图标注了勾、股、弦的相互关系。那么，这个色图的直观证明方式有什么意义呢？2002年国际数学家大会（图1-6右图）在中国召开，大会的会标就是根据弦图设计的，它具有鲜明的中国特

---

〔1〕〔魏〕王弼注，楼宇烈校释：《老子道德经注校释》，中华书局2008年版，第1-2页。

〔2〕韩雪涛：《数学悖论与三次数学危机》，湖南科学技术出版社2007年版，第86页。

〔3〕程贞一、闻人军译注：《周髀算经译注》，上海古籍出版社2012年版，第37页。

色，同时凝聚了世界各国数学家的基本共识。

图 1-6　弦图与国际数学家大会会标

周向宇院士在《中国古代数学的贡献》一文中指出：

　　《周髀算经》周公与商高对话中，"既方之，外半其一矩。环而共盘，得成三、四、五。"这句话其实给出了勾股定理的严格证明，并对此证明方式做了详尽推导。直角三角形的短边称为"勾"，长边称为"股"，斜边称为"弦"。"既"是全、都的意思，所谓"既方之"，就是以勾、股、弦为边，都作一个正方形［见图 1-7（1）和（2）］。接着，在"股方"中构造一个勾股矩形，而"外半其一矩"是指沿着对角线将矩形分为两半（《周髀算经》中的"折矩"），取外面那个勾股形［见图 1-7（2）］。再将所取的勾股形环绕起来，形成刚才以弦为边作成的方形盘，这就是"环而共盘"［见图 1-7（3）］。可知，这个图是 2002 年国际数学家大会（ICM 2002）的会标。方盘的面积就是"弦方"。显然，"弦方"由四个勾股三角形和中间的小正方形（勾股之差自相乘，称为中黄实）构成［见图 1-7（3）］。把中黄实的右边（"股方"右下角）着浅黑色的矩形割补到中黄实的下边（"勾方"的右侧）着点阵黑色的矩形［见图 1-7（4）］。图 1-7 中各步只画关键图形部分。一割一补，割前补后，面积不变。割前是"勾方"加"股方"，补后是中黄实加上四个勾股三角形（《周髀算经》中的积矩），即"勾方"加"股方"就等于中黄实（小正方形）的面积加上四个勾股三角形的面积；这一割补法顺带给出了完全平方差公式（勾股之差自相乘与两倍勾股积的和等于勾方加股方）。而"弦方"由中黄实加上四个勾股形构成，从而"勾方"加"股方"等于"弦方"。这就是商高对勾股定理的简洁美妙的证明。所以说，商高开定理证明之河，想想勾股定理的欧几里得证明，也是"既方之"，不过"弦方"是朝外，不与"勾方"和"股方"相交。[1]

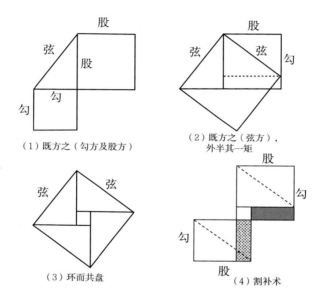

图1-7　勾股定理的商高证明

中国科学院数学与系统科学研究院的院徽也是源于弦图，如图1-8所示。周向宇院士说：

> 中国科学院数学与系统科学研究院的院徽就是商高证明的第三步"环而共盘"的两个解释的叠加图。

〔1〕周向宇：《中国古代数学的贡献》，载《数学学报（中文版）》2022年第4期。

图 1-8 中国科学院数学与系统科学研究院院徽

赵爽的证明别具匠心，极富创新意识。他用几何图形的截、割、拼、补来证明代数式之间的恒等关系，既具严密性，又具直观性，为中国古代以形证数、形数统一，代数和几何紧密结合、互不可分的独特风格树立了典范。之后的数学家大多继承了这一风格，并且代有发展。例如，稍晚一点的刘徽在证明勾股定理时用的也是以形证数的方法，只是具体图形的分合移补略有不同而已。

此外，《周髀算经》对"用矩之道"也有专门论述：

> 周公曰："大哉言数，请问用矩之道？"
>
> 商高曰："平矩以正绳，偃矩以望高，覆矩以测深，卧矩以知远。环矩以为圆，合矩以为方。方属地，圆属天，天圆地方。方数为典，以方出圆。笠以写天，天青黑，地黄赤。天数之为笠也，青黑为表，丹黄为里，以象天地之位。是故，知地者智，知天者圣。智出于勾，勾出于矩。夫矩之于数，其裁制万物，惟所为耳。"[1]

可见，读《周髀》不仅仅要懂勾股定理的勾股之术，且要体味"数、矩、勾、智、地方与天圆"之间的内在逻辑关系，以增"智"为目的。正如徐光启所说："似至晦实至明，似至繁实至简，似至难实至易。易生于

---

[1] 程贞一、闻人军译注：《周髀算经译注》，上海古籍出版社 2012 年版，第 8 页。

简，简生于明，综其妙在明而已……故学此者不止增才，亦德基也。"[1]

此外，从这段话也可以看出，中国传统文化中的《周易》和《周髀》，最终讲的都是直角三角形。两个直角三角形合起来是一个方，所以《周髀》讲圆出于方、方出于矩，矩则为直角三角形。大禹治天下用的就是"圆方之术"。在他看来，勾股定理不是一个简单的算式，而是治理天下具有道统地位的"道术"。

"圆方"在《周易·系辞》里也有提及：

> 古者包牺氏之王天下也，仰则观象于天，俯则观法于地，观鸟兽之文与地之宜，近取诸身，远取诸物，于是始作八卦，以通神明之德，以类万物之情。[2]
>
> 河出图，洛出书，圣人则之。[3]
>
> 是故蓍之德圆而神，卦之德方以知，六爻之义易以贡。[4]

这几段话讲的是伏羲治理天下的智慧和方法。伏羲为三皇之一，他"王天下"与大禹用勾股之数"治天下"相类似。前面所说的"河图""洛书"是两张象数图，是圣人所应遵循的原则图示，其象数可借助蓍草来计算。"蓍之德圆而神，卦之德方以知"，"德圆"是说圆的东西可代表德性，德性不可以用尺子量，因此很神奇；"德方"则意指具体的形象，如卦可成象，故而"方以知"，即可以被认知的。

由此可见，"两周"（《周易》《周髀算经》）之中，都提及了华夏民族的人文先祖伏羲和方圆之法，仅从文意来看，天文地理、自然万物、治理万民、大匠造制都难离圆方，而勾股定理本身就包含着统日地、通疏

---

[1]〔古希腊〕欧几里得：《几何原本》，张卜天译，商务印书馆2020年版，第931页。

[2]〔宋〕朱熹著，廖名春校：《周易本义》，中华书局2009年版，第246页。

[3]〔宋〕朱熹著，廖名春校：《周易本义》，中华书局2009年版，第241页。

[4]〔宋〕朱熹著，廖名春校：《周易本义》，中华书局2009年版，第239页。

堵、定高下、辨圆方的理念，足见其道统地位之高。

勾股数有很多，除了3、4、5外，还有如5、12、13，6、8、10，7、24、25，等等。正如图1-9所示，圆上任意一点与圆心和半径之间都会形成一个直角三角形，构成一组勾股数，即两直角边的平方和等于斜边的平方（$x^2 + y^2 = r^2$）。就其原初来说，目前查实的最早记载来自古巴比伦泥板，其中记载有120、119、169，3456、3367、4825等勾股数，距今已有6000多年时间，说明勾股数有很多，这已是古代人类的共识。

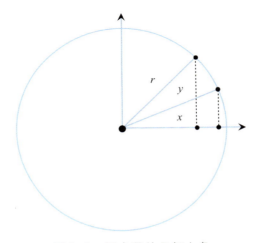

图1-9  圆方程的几何立象

《周髀算经》中勾、股、弦为什么是3、4、5这组特殊的勾股数？对于这个问题，许多人认为这是古人早期对勾股定理的初步认识。实际上，"勾三股四弦五"这组特殊的勾股数背后另有原委，深邃而致远，后文我们将通过"两周"的互释互注和方圆之法来说明这组勾股数的特殊性。

综上，无论是《周髀算经》《九章算术》还是《周易》，都与天文、数学息息相关，并对天文、数学有极深刻的见解。在天文上，以时空一体来观象授时，通过观察空间星球的位置变化来厘定实际的时间，其方法就是将天投影于地，以地标示于天。比如，太阳照射标杆而在地面上形成投影，再观测投影的长度而获知标杆的长短，又依此来确定时间，此即时空一体互注互证。正如看钟表，通过观察指针的位置确定时间。指针的位置本是个空间概念，而它又能反映时间，时间和空间二者是互为根据而彼此定义的；在数学上，以方圆一体、动静一体为根基定义了数学。方离不开圆，圆离不开方，这个理念在"两周"中是相通的。就动、静而言，以圆的直径为斜边的直角三角形是静的，但通过直角三角形直角边的不断变化便构成了圆。按照"圆出于方、方出于矩"的逻辑关系，世界就可理解为是由三角形来呈现的。

总之，《周髀》以勾股定理观天测地，所用圆方之法属于象数层面，而在《周易》中，"圆通神明""方类万物"所阐明的则是天地（乾坤）之中的义理。由此可见，"两周"本是一体，不外乎天地之间、方圆之内，二者蕴含着相互鉴赏、相互注解、相互成就的关系，体现着以数明理的内涵。今天我们所要做的和正在做的，就是通过以数明理，实现中国传统文化的现代化，进而让现代化了的中国传统文化照亮我们的前行之路。

方圆统一论
The Theory of Square-Circle Unity

第二讲
疏浚连理　方圆阐幽

- ⊙ "幽""赜""玄"之辨
- ⊙ 古籍文献中的方圆规矩
- ⊙ 方圆一体是数学之基石
- ⊙ 文物考古中的方圆一体

学海无涯，其源有自。谈到数学，离不开方圆，绕不开勾股定理：没有方圆和勾股定理，整个数学大厦则难以建立；论及中国传统文化，"一阴一阳之谓道"一语破的："阴阳"既是数学上的方和圆，也是传统文化的根和魂。《周易》和《周髀》原本相通，依方圆而联接，正所谓"疏浚连理、方圆阐幽"。

## 一、"幽""赜""玄"之辨

幽，隐也（《说文解字》）；[1]
赜，谓幽深难见（《康熙字典》）；[2]
玄，幽远也（《说文解字》）。[3]

以上是辞书对"幽""赜""玄"最直接的解释，它们的本质含义是"未知""不可见"。"玄"是未知，而科学是已知，是对"玄"的说明。难怪有人说，"科学的尽头是玄学"。遗憾的是，许多人对"玄"的本真含义确有曲解，甚至将"玄"污名化，将一些不科学的和封建迷信的东西视为"玄学"，这与"幽""赜""玄"的本义南辕北辙。

"幽""赜""玄"在古文中经常会遇到，《周易》和《周髀》中也多次出现。

---

[1]〔汉〕许慎：《说文解字》，中华书局2013年版，第78页。
[2]《康熙字典》，汉语大字典出版社2017年版，第156页。
[3]〔汉〕许慎：《说文解字》，中华书局2013年版，第78页。

昔者圣人之作《易》也，幽赞于神明而生蓍，参天两地而倚数，观变于阴阳而立卦，发挥于刚柔而生爻，和顺于道德而理于义，穷理尽性以至于命。[1]

——《周易·说卦》

《易》与天地准，故能弥纶天地之道。仰以观于天文，俯以察于地理，是故知幽明之故。[2]

——《周易·系辞》

夫《易》，彰往而察来，而微显阐幽，开而当名，辨物正言断辞，则备矣。[3]

——《周易·系辞》

探赜索隐，钩深致远。[4]

——《周易·系辞》

和故百物不失，节故祀天祭地，明则有礼乐，幽则有鬼神。[5]

《礼记·乐记》

祭日于坛，祭月于坎，以别幽明，以制上下。[6]

——《礼记·祭义》

先民有言：明出乎幽，著生乎微。[7]

——《中论·修本》

春秋记天下之得失，而见所以然之故。甚幽而明，无传而著，不

---

[1]〔宋〕朱熹著，廖名春校：《周易本义》，中华书局2009年版，第261页。

[2]〔宋〕朱熹著，廖名春校：《周易本义》，中华书局2009年版，第226页。

[3]〔宋〕朱熹著，廖名春校：《周易本义》，中华书局2009年版，第253页。

[4]〔宋〕朱熹著，廖名春校：《周易本义》，中华书局2009年版，第241页。

[5] 王文锦译解：《礼记译解》，中华书局2016年版，第550页。

[6] 王文锦译解：《礼记译解》，中华书局2016年版，第709页。

[7]〔魏〕徐干撰，孙启治解诂：《中论解诂》，中华书局2014年版，第53页。

可不察也。[1]

—— 《春秋繁露》

抽演微言，启发道真。探幽穷赜，温故知新。[2]

—— 《晋书·潘尼传》

通过以上古文献可以看出，古时把高深莫测的、难以探究的东西都表示成"幽"，"探幽"即探究真理。"幽"与"明"相反相成，所谓"明出乎幽，著生乎微"。方圆阐幽就是用"方圆"这对相反相成的数学概念，使幽暗之物得以显现、明了。被誉为"晚清奇才"的数学家、天文学家李善兰曾著有《方圆阐幽》一书，元代李冶根据勾股容圆在宋金的发展，撰写了《测海圆镜》，探讨勾股形与圆的十种关系，丰富了中国古代几何学。今天，我们通过方圆一体的勾股之法探赜索隐，旨在以几何的真理性和确定性使中国传统文化中的未知之"幽"得以显现并大放异彩。

### 二、古籍文献中的方圆规矩

"天球之圆，地平之方"，早在远古即有此说。规矩方圆的论述，在中国传统文化中更是源远流长，其内涵博大精深。

是故著之德圆而神，卦之德方以知，六爻之义易以贡。圣人以此洗心，退藏于密，吉凶与民同患。神以知来，知以藏往，其孰能与于此哉！古之聪明睿知，神武而不杀者夫。[3]

—— 《周易·系辞》

这段话再次谈到了方圆之间的关系。可以看出，《周易》给予方圆很

---

[1]〔清〕苏舆撰，钟哲点校：《春秋繁露义证》，中华书局1992年版，第56页。

[2]〔唐〕房玄龄等：《晋书》，中华书局1974年版，第1511页。

[3]〔宋〕朱熹著，廖名春校：《周易本义》，中华书局2009年版，第239页。

高的地位。国学大师黎锦熙老先生给西北师范大学毕业生的题词"知术欲圆，行旨须直"（如图2-1），其中的"圆"和"直"也与方圆有关。

图2-1　时任西北师范学院院长黎锦熙先生题词

是故阖户谓之坤，辟户谓之乾，一阖一辟谓之变，往来不穷谓之通，见乃谓之象，形乃谓之器，制而用之谓之法，利用出入，民咸用之谓之神。[1]

——《周易·系辞》

乾坤变化就是"阖"和"辟"的变通。如图2-2，斜边长不变的直角三角形，其两条直角边是不断变化的，这就是"阖"和"辟"的过程。比如，甘肃"张掖"这个地名就非常好，本义虽是断匈奴之臂、张大汉之掖，却

---

[1] 〔宋〕朱熹著，廖名春校：《周易本义》，中华书局2009年版，第240页。

同时蕴含了"一张一弛，文武之道"的深义。更为显见的，如一呼一吸的生命之息和一昼一夜的一日之时；还有风箱和气缸的原理，也是如此。

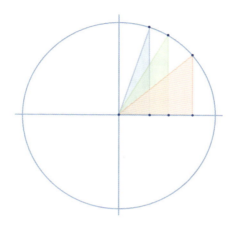

图2-2　变化中的直角三角形

参照图2-2，图文互释，借之于规矩方圆之象，极有助于领悟中国传统文化的内涵。

　　是故《易》有太极，是生两仪。两仪生四象，四象生八卦。八卦定吉凶，吉凶生大业。是故法象莫大乎天地；变通莫大乎四时；悬象著明莫大乎日月；崇高莫大乎富贵；备物致用，立成器以为天下利，莫大乎圣人探赜索隐，钩深致远，以定天下之吉凶，成天下之亹亹者，莫大乎蓍龟。

　　是故天生神物，圣人则之；天地变化，圣人效之；天垂象，见吉凶，圣人象之；河出图，洛出书，圣人则之。《易》有四象，所以示也。系辞焉，所以告也；定之以吉凶，所以断也。[1]

——《周易·系辞》

　　故绳者，直之至；衡者，平之至；规矩者，方圆之至；礼者，人

---

〔1〕〔宋〕朱熹著，廖名春校：《周易本义》，中华书局2009年版，第240-241页。

道之极也。[1]

——《荀子·礼论》

礼之于正国也，规矩之于方圆也。故衡诚县，不可欺以轻重；绳墨诚陈，不可欺以曲直；规矩诚设，不可欺以方圆；君子审礼，不可诬以奸诈。[2]

——《礼记》

禹乃遂与益、后稷奉帝命，命诸侯百姓兴人徒以傅土，行山表木，定高山大川……左准绳，右规矩，载四时，以开九州，通九道，陂九泽，度九山。[3]

——《史记·夏本纪》

病名多相类，不可知，故古圣人为之脉法，立规矩，县权衡，案绳墨，调阴阳，别人之脉各名之，与天地相应，参合于人，故乃别百病以异之，有数者能异之，无数者同之。[4]

——《史记·扁鹊仓公列传》

天道圆，地道方，圣人所以立天下。天圆谓精气圆通，周复无杂，故曰圆。地方谓万物殊形，故曰方。主执圆，臣处方，方圆不易，国乃昌。[5]

——《吕氏春秋》

文之为德也大矣，与天地并生者何哉？夫玄黄色杂，方圆体分，日月叠璧，以垂丽天之象；山川焕绮，以铺理地之形。[6]

——《文心雕龙·原道》

---

[1]〔清〕王先谦撰，沈啸寰、王星贤点校：《荀子集解》，中华书局1988年版，第356页。

[2] 王文锦译解：《礼记译解》，中华书局2016年版，第752页。

[3]〔汉〕司马迁著，韩兆琦译注：《史记》，中华书局2010年版，第85页。

[4]〔汉〕司马迁著，韩兆琦译注：《史记》，中华书局2010年版，第6335页。

[5] 许维遹撰，梁运华点校：《吕氏春秋集释》，中华书局2009年版，第78-79页。

[6]〔南朝梁〕刘勰著，范文澜注：《文心雕龙注》，人民文学出版社1962版，第1页。

凡有数则有象，象不离乎数也，万象起于方圆，而测方圆者以三角，此勾股所以为算之宗也。圆者天象，方者地象，三角形者人象，何则？[1]

任方圆以成像，体圣贤之屈伸。[2]

——《晋祠铭序》

以上古文献讲的都是"方圆"之间的关系。方圆乃规矩所致，没有规矩，则无以成方圆。治国之理也好比规矩之于方圆。"规矩诚设，不可欺以方圆"，说明方圆要用规矩画，它并不是一个随意存在的范畴概念。"天道圆，地道方，圣人所以立天下"，也是把方圆作为第一哲学范畴去考虑，圣人"探赜索隐、钩深致远"追求的也是第一哲学，是形而上的。

《周髀算经》中，继"周公问商高"篇"圆出于方、方出于矩"之后，紧接着有"勾股圆方图"篇（如图2-3所示），专述此方圆之法，有曰："万物周事而圆方用焉，大匠造制而规矩设焉。或毁方而为圆，或破圆而为方。圆中为方者谓之方圆，方中为圆者谓之圆方也。"[3]此处的"万物周事而圆方用焉，大匠造制而规矩设焉"，与"周公问商高"篇中"故禹之所以治天下者，此数之所生也"一脉相承，把勾股圆方置于极高的道统地位，用其统摄万物。这相较于今天我们对数学之于科学重要性的认识而言，古人对勾股圆方之于世界的认识有过之而无不及。

---

[1]〔清〕李光地等：《周易折中》，巴蜀书社2018年版，第587页。

[2]〔清〕董诰等：《全唐文》，中华书局1983年版，第125页。

[3] 程贞一、闻人军译注：《周髀算经译注》，上海古籍出版社2012年版，第13页。

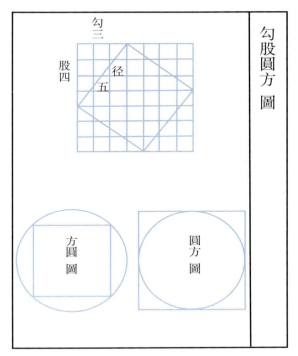

图2-3　《周髀算经》勾股圆方图

## 三、方圆一体是数学之基石

视频1　勾股定理动画一

视频2　勾股定理动画二

　　让我们再进一步探讨圆方之间的关系。如图2-4所示，若把一线段分为 $a$、$b$ 两段，以此为边长则有一个正方形，以此为直径则有一个圆；若再以此正方形的对角线分别为直径或边长，则又有一个圆或正方形。方圆交互作用、交相辉映、相生相伴，可以永续下去。这期间首先产生了圆周率 $\pi$（$\dfrac{\pi}{4} = \dfrac{C_圆}{C_方}$，$C_圆$ 和 $C_方$ 分别为圆和正方形的周长）。

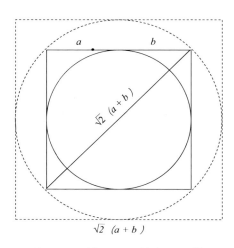

图2-4　触不可及的方圆一体

　　$\pi$ 的无限不循环属性说明了方圆触不可及的极限属性，呈现了一种无限接近而永不抵达的境遇，数学的美妙便自此开始了。方和圆之间触不可及的极限，完全取决于我们所预设的主观精度，但在客观上它只能是无限接近，却又触不可及。这就是无理数的奥秘，也是难以用理性算清楚的"幽"。我们所做的只能是探赜索隐，以哲学的思辨追问它如此存在的根据是什么，并形成原始的创新。这既是"第一哲学"之说的来历，也是追问"第一原理"之说的缘由。

　　除了 $\pi$ 的表达式外，图2-4中对角线的长为 $\sqrt{2}\,(a+b)$，如此，便产生了 $\sqrt{2}$。$\pi$ 和 $\sqrt{2}$ 的永续属性既构成了无理数的无限不循环属性，又建构起了数学的自然逻辑体系；有了 $\pi$ 和 $\sqrt{2}$ 的永续属性，才有了微积分、三角函数、欧拉公式、复变函数等的有效性，以及它们用以描述自然的确定性。毕达哥拉斯学派认为"万物皆数"，据说毕达哥拉斯的学生希帕索斯通过直角三角形发现了无理数，进而动摇了毕达哥拉斯学派的理论根基，毕达哥拉斯学派为了维护其权威，将希帕索斯投海处死。然而，恰是这种触不可及的方圆关系，似乎掀起了自然奥秘之面纱的一角，但触而不可及的"玄"可能正是人类认知的盲区。

$\pi$ 和 $\sqrt{2}$ 显然是从规矩圆方中演绎推理而来，其实质正是圆与方之间深刻关系的数学表达。圆方是统一的，$\pi$ 和 $\sqrt{2}$ 也是统一的，维埃特公式恰恰说明了这种统一性。如下式：

$$\frac{2}{\pi} = \frac{\sqrt{2}}{2} \cdot \frac{\sqrt{2+\sqrt{2}}}{2} \cdot \frac{\sqrt{2+\sqrt{2+\sqrt{2}}}}{2} \cdots = \prod_{n=1}^{\infty} \cos\frac{\pi}{2^{n+1}}$$

这个公式统一了 $\pi$ 和 $\sqrt{2}$，而巴塞尔级数又统一了 $\pi$ 和自然数。如下式：

$$\frac{\pi^2}{6} = \sum_{n=1}^{\infty} \frac{1}{n^2}$$

以上二式联通了几何与代数、有理数和无理数、有限和无限，充分说明不管是东方的商高说"万物周事而圆方用焉，大匠造制而规矩设焉"，还是西方的毕达哥拉斯说"万物皆数"，都反映了人之为人思维理念的通一性。海德格尔曾区分了"精确性"与"严格性"这两个概念，他认为现代科学追求的是精确性，侧重于对事物的量化和数学化处理，而严格性则涉及哲学思考的深度和彻底性。此外，还有"确定性"，确定性是对不确定的确定，不确定是通过确定来确定的，概率论便是如此产生的。三者都反映了人类对极限概念在不同场域中的体验。

### 四、文物考古中的方圆一体

"方"与"圆"相反相成、相伴相生，既是一个数学概念，又是一种哲学范畴，体现于人类的各类文化遗产中。

在数学领域，从欧几里得的《几何原本》到古代中国的《周髀算经》，方圆的结合贯穿几何学发展的始末。人类在圆与方的内在联系中洞察了无限与有限的辩证关系，通过方圆的几何嵌套，掌握了自然规则的协调之道，并以此延伸出了科学体系。在哲学层面，方圆亦作为一种理想模型，超越了单纯的形状概念，被置于形而上的高位。它让人类在宇宙的无限奥秘中得以定位，在纷纭复杂的现象中找到秩序。在这个意义上，方圆不仅是数学与哲学的交集，更是人类智慧与自然齐一的符号。因此，在原点处找到方圆统一这把金钥匙，就如同揭示了一种普遍的基本原理，为我们认知和理解古代文化宝藏提供了指引。

### （一）方圆中的伏羲女娲

从1928年吐鲁番阿斯塔那墓出土的第一幅伏羲女娲交尾画像起，考古工作者已在吐鲁番多地陆续发掘出土上百幅伏羲女娲画像（约成画于618—907年）。伏羲女娲上身相拥，下身蛇尾相交，伏羲手持矩、女娲手持规，代表着天地方圆。山东嘉祥的武梁祠古画以及山东沂南北寨汉墓画像石也有类似画作。如图2-5所示。

吐鲁番出土的伏羲女娲交尾图　　山东嘉祥的武梁祠古画　　　山东沂南北寨汉墓画像石

图2-5　伏羲女娲规矩方圆图

吐鲁番出土的伏羲女娲交尾图，将手持规矩的伏羲和女娲置于天象星宿图之中，不仅仅指代种族的繁衍和人伦的确立，更象征规矩之中天地的法则和宇宙的秩序。这幅图画是融入了神话、宗教与艺术的综合表达，尤其是规矩方圆的几何符号承载着创世与治世的双重象征。因此，一直以来，我更倾向于将伏羲女娲交尾图叫做"伏羲女娲规矩方圆图"，人们俗称此图为"交尾图"，实在是舍本逐末，至少是有些片面。

（二）方圆中的玉琮和玉玦

中国人把玉看作是天地精气的结晶，赋予玉不同寻常的参通天地之意义和功能。在汉字演进过程中，"玉"和"王"共用一个字。《说文解字》段玉裁注解"王"字时，认为"王"即"天下归往也"。[1]董仲舒也说："三者，天地人也。而参通之者，王也。"[2]古文中"王"与"玉"字形相同，绝非偶然的巧合，"天地人参通"与"王"之连贯使用，可见二者关系奥妙、意味深长。

"玉可载道"，《周礼》中就记载"以玉作六器，以礼天地四方：以苍璧礼天，以黄琮礼地"。[3]玉器被古代先民当作敬天祭地的礼器，被视作可以参通天地的器物。玉琮独特的方圆几何形状，反映出先民对宇宙、自然和社会秩序的理解，圆象征天，方象征地，寓天圆地方之义。在各种文化遗址中，包括玉琮在内的方圆形态的器物屡见不鲜、极其丰富，如甘肃齐家文化和马家窑文化都有方圆形态的玉琮（如图2-6）。在生产力水平远没有如今这么发达的四五千年前，玉器的加工是靠麻绳、水和沙子共同作用琢磨而成，制作过程漫长而艰辛，没有虔诚之心和充足耐力是难以想象

甘肃临夏齐家文化博物馆藏

甘肃省博物馆藏

甘肃定西市博物馆藏

图2-6　玉琮

---

〔1〕〔清〕段玉裁：《说文解字注》，上海古籍出版社1981年版，第9页。

〔2〕〔清〕段玉裁：《说文解字注》，上海古籍出版社1981年版，第9页。

〔3〕徐正英、常佩雨译注：《周礼》，中华书局2014年版，第411页。

的。因此，现在有人将玉琮简单地看作古代戒指之类的装饰品，这一点我是存疑的。

玉玦是一种特殊的佩玉，其状如环，却留有一个缺口，如《玉篇》所说，"玦，玉佩，如环缺不连"；[1]《白虎通》也说，"玦，环之不周也"；三国东吴韦昭注《国语·晋语》说，"玦如环而缺"。玉玦是一个有缺口的圆环，可以说在生产力极度低下的时代，它绝不是被仅仅当作耳饰那么简单。我们可否大胆地猜想：古人虽然不一定知道无理数这一概念，但可能意识到圆方之间存在有无法算尽的极限问题，使算出的圆周长永远小于实际圆周 $\pi d$（圆周率乘以直径），因而人力永远无法打造出完美的理想圆环。为了直观地、形象化地表达这一认知而有意留下一个缺口，这个缺口就代表着人类的理性计算和实际圆周之间的差值。何其高妙！所谓君子配玦，除了身份的象征外，也代表着君子对天地无垠、自然奥妙的敬畏之心和深刻理解。如图2-7所示。

图2-7　玉玦

---

〔1〕〔南朝梁〕顾野王，吕浩校：《珍本玉篇音义集成》，上海出版社2020年版，第10页。

## （三）1：$\sqrt{2}$ ——"东方的黄金比例"

以图 2-4 的方式延续圆方，便得到图 2-8 左图。经过三次重复，小、中、大三个正方形的边长，也就是三个圆的直径，分别为 $a+b$，$\sqrt{2}\,(a+b)$，$2(a+b)$，其间的比值均为 $\sqrt{2}$，这与"道生一，一生二，二生三，三生万物"恰相呼应。$\sqrt{2}$ 的两次出现，正如否定之否定，又回到了原点，这不是简单的返回，而是由 $a+b$ 变为 $2(a+b)$。从这个意义上来讲，3 是数之极限，其余都是它的循环往复。"大匠造制而规矩设焉"，是规矩方圆统摄着一切造制，执规矩就可以如大禹一样"治天下"了。著名考古学家冯时在《中国天文考古学》中记载了红山文化三环的直径分别是 11 m，15.6 m，22 m（图 2-8 右图）[1]，每个圆直径之间的比值均以 $\sqrt{2}$ 为基准值扩大，这恰恰符合图 2-8 左图所示的几何结构，由此实证了先民对于圆方嵌套结构的运用。图 2-8 左图中正方形的内切圆和外接圆可直观呈现出三圆与两方之间的比例关系，这与《周易》中"参天两地而倚数"的说法高度契合。图 2-8 左图是理论推导，右图是实际呈现。

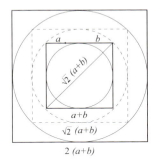 

图 2-8　方圆一体（左）与红山文化三环石坛（右）

类似的古迹遗存还有很多。清华大学建筑学院王南教授《规矩方圆浮图万千——中国古代佛塔构图比例探析》一文，通过对六大类型共计 41 座佛塔实例进行几何作图与实测数据分析，发现并指出中国历代佛塔的平、立、剖面设计广泛运用了基于方圆作图的 $\sqrt{2}$ 构图比例，而佛塔各项

---

[1] 冯时：《中国天文考古学》，中国社会科学出版社 2001 年版，第 252 页。

基本长度间则大多存在清晰而简洁的比例。[1]

　　1∶$\sqrt{2}$ 是方圆之间最基本的比例关系，古人虽不知"无理数"概念，但仍匠心独运，精准把握了这一精妙的比例，并作为建筑实践的设计原则。"方五斜七"和"方七斜十"是古代东亚建筑行业人尽皆知的古谚，意思是说，等腰直角三角形两条直角边的边长为5，则斜边为7；直角边为7，则斜边为10（如图2-9）。如此，便直观呈现了直角边与斜边之比约为1∶$\sqrt{2}$（7∶5 = 1.4，10∶7 ≈ 1.4286）。也许古人不一定能意识到$\sqrt{2}$具有无理数无限不循环的特征，但已清楚地认识到圆周率和等腰直角三角形的斜边都难以有精确值，故认为这是"人之知力"的盲区，是"理势之自然"的神妙。北宋大儒朱熹对此专有释说，下文将结合"大衍之数"专门介绍。

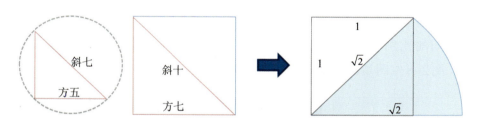

图2-9　"方五斜七"与"方七斜十"

　　在实际建造中，等腰直角三角形的使用几乎无处不在，这不仅仅是为了建筑的协调和美观，更从物理上提升了建筑的抗震性和承载力，是建筑物具有稳定性的关键。比如，房屋大梁的"人"字型构造就是其生动体现。王南教授通过几何作图与实测数据相结合的方法，分析了大量的东亚古建筑，提出1∶$\sqrt{2}$可称为"东方的黄金比例"。[2]由于这一特殊比例以规矩方圆而确定，厚植中国天圆地方、天地和谐的哲学底蕴，故而他又进

〔1〕王南：《规矩方圆　浮图万千——中国古代佛塔构图比例探析（下）》，载《中国建筑史论汇刊》2018年第1期。

〔2〕王南：《规矩方圆　天地之和——中国古代都城、建筑群与单体建筑之构图比例研究》，中国建筑工业出版社2020年版，第163-165页。

一步把 $1:\sqrt{2}$ 称为"天地之和比"。

　　其实，中国传统文化自古讲究"中和之道"，而 $1:\sqrt{2}$ 正是在方与圆之间找到的完美平衡点，隐含了先民对于天地宇宙的独特认识。这种来自方圆规矩的独特认识和审美比例与我们并不遥远，像中国传统服饰中的长衫和旗袍，正是通过 $\sqrt{2}$ 实现了整体结构的协调美（如图 2–10）。当衣长为 1 个单位时，身高则为 $1\times\sqrt{2}$；反之，若身高为 1.7 m 时，衣长则约为 1.2 m（$\dfrac{1.7}{\sqrt{2}}$）。再比如，我们常用纸张的大小，像 A4 纸，它的宽为 21 cm，长为 29.7 cm，宽与长的比值也约为 $1:\sqrt{2}$。事实证明，这个比例在实际办公中非常美观和便捷，是全球通用范式，可见将 $1:\sqrt{2}$ 称为"东方黄金比例"名副其实。

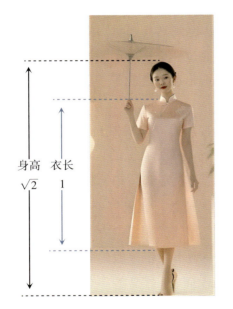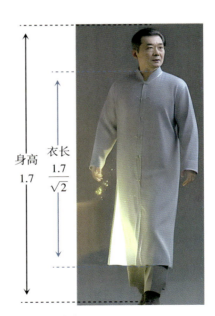

图 2–10　中国传统服饰中的"东方黄金比例"

### （四）大衍之数——千年公案

《周易·系辞传》记载："大衍之数五十，其用四十有九。"[1]自东汉开始，学界始终有人认为，大衍之数是五十有五，因"有五"二字脱落而成五十，这一争论一直延续至今，如著名的易学家金景芳、廖名春先生仍持此观点。我们认为，大衍之数的"衍"是推演的意思，不应与天地之数相混。《周易》讲，"天数二十有五，地数三十，凡天地之数五十有五"。[2]此处足可见，"大衍之数"和"天地之数"根本就是两个不同的数。朱熹在《周易本义》中也对此解释说，"河图之数，五十有五；洛书之数，四十有五，合为一百，此天地之全数也。"[3]可见，天地之数五十有五是源于10×10的天地未分未变方图，是直观呈现、清晰可见的。而大衍之数是推演之数，朱熹对此的解释是人力不可为之数，以说明大衍之数的诡异，这如同人们今天仍困惑于无理数的属性一样。

《周髀算经》中记载了一组勾股数，也就是我们熟知的"勾广三，股修四，径隅五"。如图2-11左图所示，通过三个正方形的面积，便可以清晰证明该组勾股数，即两直角边所成正方形面积之和等于斜边所成正方形面积（$3^2 + 4^2 = 5^2$）。

若再以斜边5作为直角三角形两个直角边（如图2-11右图），此时该直角三角形斜边对应的正方形面积则为50，即25+25。

在图2-11右图中，我们只知斜边的平方为50，却无法得出斜边的准确值，因为50开方后所得$5\sqrt{2}$是一个无理数，大概等于7，这也就是上文中提到的整个东亚建筑中广泛用到的"方五斜七""方七斜十"口诀的由来。可见，"勾三、股四、弦五"是一组不同于一般勾股数的特殊勾股数，它是产生$\sqrt{2}$和π两个无理数的始作俑者。7又是一个非常特殊的数字，在中国古代典籍中，"七"这个数字最早出现在《周易·复卦》"复。

---

[1]〔宋〕朱熹著，廖名春校：《周易本义》，中华书局2009年版，第234页。

[2]〔宋〕朱熹著，廖名春校：《周易本义》，中华书局2009年版，第123页。

[3]〔宋〕朱熹著，廖名春校：《周易本义》，中华书局2009年版，第156页。

亨。出入无疾，朋来无咎。反复其道。七日来复，利有攸往"。[1]可见，早在《周易》中就已经将七天视为一个周期，这与源于西方《圣经》中的"七天一周制"相巧合。《汉书·律历志上》也曾提到"七"是人的开始："七者，天地，四时，人之始也。"[2]"大衍之数五十，其用四十有九。"[3]也就是说，占卜前往往要从五十根蓍草中抽出一根不用，那一根被视为永恒无穷的太极，其余四十九则正好是七七四十九之数，被视为万物衍生变化的基本法则。

图2-11　勾三股四弦五与无理数的衍生

图2-12是李光地为阐发朱熹《易学启蒙》大意所作的"大衍圆方之原"图。取用该正方形边长为7（径七），周长为4×7=28（周二十八），内切圆周长为π×7≈22（周二十二），方周与圆周的和恰为50，大衍之数由方圆一体而来；且合理地说明：因为无理数的存在，只有将该数字取用为

〔1〕〔宋〕朱熹著，廖名春校：《周易本义》，中华书局2009年版，第109页。

〔2〕〔汉〕班固撰，〔唐〕颜师古注：《汉书》卷二十一，中华书局1962年版，第972页。

〔3〕〔宋〕朱熹著，廖名春校：《周易本义》，中华书局2009年版，第234页。

49，才能将人类理性之数的50用于现实世界的计数之内，即"其用四十有九"。

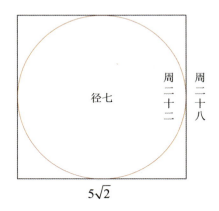

$$C_方=4\times5\sqrt{2}\;;\quad C_圆=\pi\times5\sqrt{2}$$

$$(\sqrt{2}=1.414213\dots,\quad 5\sqrt{2}\approx7;\quad \pi\approx3)$$

$$C_方\approx4\times7=28$$

$$C_圆\approx3\times7=21$$

图2-12　大衍圆方之原

所谓大衍之数，就是推演天地自然、万事万物发展变化的方圆统一之数。王弼《道德经注》说："法自然者，在方而法方，在圆而法圆，于自然无所违也。自然者，无称之言，穷极之辞也……道〔法〕自然，天故资焉。天法于道，地故则焉。地法于天，人故象焉。"[1]意指自然就是圆方，自然之法在于圆方，不可违背。"人法地，地法天，天法道，道法自然"，归根到底是法方圆。但因方圆之中涉及无理数的存在，其精确性只能取决于人类的主观要求。在50与49之间，不仅是占卜时被剔出的一根蓍草，也是人类理性的极限和边界，正如朱熹所说"盖出于理势之自然，而非人

---

〔1〕〔魏〕王弼注，楼宇烈校释：《老子道德经注校释》，中华书局2008年版，第64页。

之知力所能损益也"。[1]这就是"大衍之数"成为千年公案，直至今日仍然是个谜、还处于"玄"之状态的原因，相信人类对π和$\sqrt{2}$的追问还会继续下去。再者，民间很多习俗也与这些数字相关，比如正月初七是中国传统文化中的"人日"，可能是有其根据的。但因根据不清，对崇尚"科学"的现代人而言，常常认为这些习俗是迷信。因此，"姥姥"的那些老话可能仅是传承之箴言，不能轻信，但也不要轻易否定，不理解只是暂时不知而已。

可见，勾股数虽有无数组，但"勾广三，股修四，径隅五"是一组非常特殊的存在，这组勾股数不仅衍生出了大衍之数，而且也触碰了无理数的神秘面纱，进而有了"大衍之数五十，其用四十有九"的千年公案，以及赵爽注《周髀》时"圆径一而周三，方径一而匝四"的描述。当圆方之径均为7时，按赵爽"圆径一而周三，方径一而匝四"说法，可有以下数学表达式：

$$\frac{C_圆}{C_方} = \frac{\pi}{4} \approx \frac{3 \times 7}{4 \times 7} = \frac{21}{28}$$

赵爽当时称此为"圆方斜径相通之率"，这个"率"就是圆周率，但他当时只意识到圆周率约为3；到祖冲之之后，圆周率才精确到3.1415926。另外，在图2-12中，当$5\sqrt{2}$约等于7，π约等于3时，可得$C_圆 = 3 \times 7 = 21$。这个算式，对两个无理数都作了主观裁定，但我们清楚，用3和7并不能精确地表达π和$5\sqrt{2}$，也永远无法精确下来，所以才有了"算了，不管三七二十一！"的说法。日常生活中时不时说"算了，不管三七二十一，就这样定了""不管三七二十一，走吧！""Just do it！"，从数学上来看，这确是人力不可为的无奈之举；但从另一方面来说，将π指定为3，$5\sqrt{2}$指定为7，也只有人类才会这么做。

〔1〕〔宋〕朱熹著，廖名春校：《周易本义》，中华书局2009年版，第234页。

总之，方圆统一的本质属性决定了数学的规定性和有效性，若没有几何学上的方圆统一，就没有勾股定理；若没有勾股定理，就没有 $\pi$ 和 $\sqrt{2}$ ，也没有微积分、三角函数以及复变函数等，人类的科学大厦亦无从构建。在各类文献和实例中，方圆一体的人类智慧无处不在。面对未知世界，人类需乘方圆之舟，方能驶向"幽"深彼岸。

方圆统一论
The Theory of Square-Circle Unity

第三讲
天地位焉　万物育焉

- ◎ 天地位焉下的阴阳世界
- ◎ 天地位焉下的世界景观特点
- ◎ "天人合一"的世界认知基点
- ◎ 感悟习近平生态文明思想

日地系统是一切科学活动的基本平台，也是科学实验的第一实验场；日地关系的配置是最大、最精妙的大科学装置。在这一实验场中，万物有位有为、井井有序，多姿多彩、生生不息，但异彩纷呈的背后却离不开日地关系的影子，因为地球上所有的存在都是日地关系大背景下影射出的存在。本讲将围绕日地关系这一根本场域，观世界、察阴阳，探悟人与自然和谐共生之道。

## 一、天地位焉下的阴阳世界

"天地位焉，万物育焉"[1]出自《礼记·中庸》，《周易·序卦传》也说"有天地，然后万物生焉"。可见，天地之间的关键在于"位"，因为"位"所以"育"，没有"天地位"，就没有"万物育"。万物的和生消长是日地关系的位置所生、所育。因此，日地关系是万物生灵之父母，是人类一切文明之摇篮。

### （一）"静"的日地关系

"静"的日地关系是指太阳和地球的时间、空间及其他物理量在相对静止状态下所呈现出的对应关系。如日地平均距离为1.496亿千米，意味着太阳光需要8.3分钟才能传播到地球上。此外，太阳质量约是地球的33.3万倍，体积约是地球的130万倍。太阳是能自行发光发热的恒星，地球是环绕着太阳运转的行星，绕日公转轨道是一个近似于正圆的椭圆轨道，在模型建构时一般将其视为正圆。

"万物生长靠太阳"。太阳辐射能是地球上生物生存和人类社会发展的

---

[1] 王文锦译解：《礼记译解》，中华书局2016年版，第692页。

主要能源，[1]但受太阳高度角、日地关系、日地距离、日照时间等因素影响，太阳辐射强度在地球上的分布是不均匀的。如图3-1所示，因为地球是个球面体，太阳光照射到地球上就会有一个太阳高度角[2]，而且，太阳高度角由赤道向两极逐步减小，单位面积上的辐射强度也随之减弱。因此，地球上的热量分布由低纬到高纬呈现出由高到低的带状分布，五带便依据各地获得太阳光热的多少而划分。

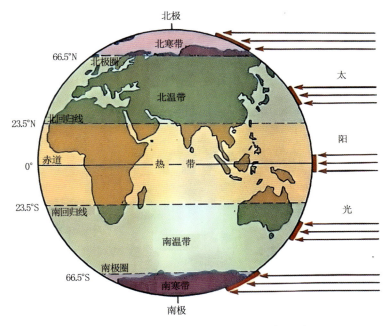

图3-1　同一时刻不同地点太阳辐射示意图

**（二）"动"的日地关系**

关于"动"的日地关系，主要有两方面："一是地球自转，产生昼夜交替，周期约24小时。在人们的感知中，太阳的视运动轨迹每日东升西

〔1〕虽然地球所接受到的太阳辐射能量仅为太阳向宇宙空间放射的总辐射能量的22亿分之一，但是这些能量依然是地球表面大气运动、水循环、生命活动、人类生产生活的主要能量来源。

〔2〕太阳高度角指地球上的某个地点太阳光入射方向和地平面的夹角。

落，日复一日，循环往复。二是地球的绕日公转。因地球的赤道与公转轨道之间有一个夹角，即黄赤交角，其变化范围在22°00′～24°30′之间，变化周期约为4.1×10⁴年。目前这个交角约为23°26′，略大于直角的四分之一"。[1]"因黄赤交角的存在，导致太阳在地球上的直射点也相应地在南北回归线之间近乎匀速地往返渐进变化"，[2]这一变化导致了四季的更替和昼夜长短的变化。

在图3-2中，太阳直射点的变化、昼夜长短的变化、一年四季的变化都可以在图中找到规律，具体为：春分、秋分日，太阳光直射赤道，全球各地昼夜等长；夏至日，太阳光直射北回归线，北半球各地昼最长、夜最短，南半球各地昼最短、夜最长；冬至日，太阳光直射南回归线，南半球各地昼最长、夜最短，北半球各地昼最短、夜最长。

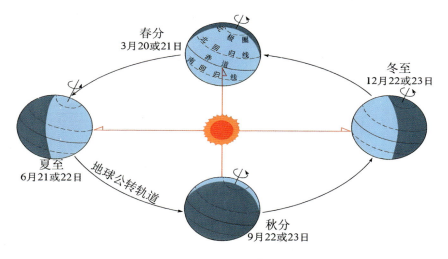

图3-2　地球绕日公转示意图

从当年春分日到次年春分日完成一个地球绕日公转周期，所需时长为

〔1〕刘学富：《基础天文学》，高等教育出版社2004年版，第99页。

〔2〕陈克恭：《论阴阳概念的科学属性及其对人类的终极关怀》，载《西北师大学报（社会科学版）》2022年第4期。

365日5时48分46秒，就是一个回归年[1]。恒星年则与之不同，它是以一颗遥远的恒星为参照物，在地球上观测时，以某一颗恒星如北极星同一位置为起点和终点，当观测到太阳再回到这个位置所需的时间就是一个恒星年，具体为365日6时9分10秒。恒星年与回归年因参照物不同，所观测出的时间也不同，其差异原因为岁差[2]。

在日常生活中，回归年的计时方式更加普遍广泛。值得思考的是，回归年是从春分日开始的，而春分日古人又是如何确定的呢？方法是立竿测影、观象授时，即通过"天投影于地，地标示于天"的形式，将空间的变化与时间的变化紧密相连，以空间的变化定义时间、以时间的变化定义空间，在天地一体、时空一体中完成对自然的认知。

可以设想，在图3-3地面所在的位置，古人立竿观影，当太阳从正东升起、正西落下，这一天一定是二分日中的春分日或秋分日；当太阳从最东北升起、最西北落下，一定是太阳光直射北回归线的夏至日；当太阳从最东南升起、最西南落下，则是太阳光直射南回归线的冬至日。

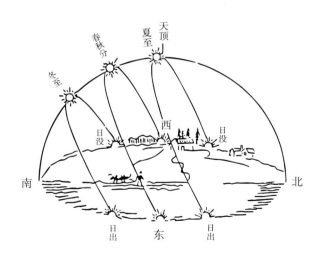

图3-3　太阳视运动路线图

[1] 回归年，也称太阳年，是指太阳连续两次通过春分点的时间间隔。

[2] 岁差是一种天文学现象，是指地球自转轴长期进动，引起春分点沿黄道西移，致使回归年短于恒星年的现象。

换个角度，在一整年的时间里，如果每天在同一时间拍摄太阳在天空中的位置，太阳的轨迹表现出来的形状看起来就像一个被拉长的数字"8"，"8"的最高点对应夏至，最低点对应冬至，也就是太阳直射点全年最高和最低的位置（如图3-4）。可见，古人对时间的定义就是依靠太阳位置的空间变化来确定的，而视运动的呈像正是人类认知世界的开端，同时也是感悟和理解世界的根本。

图3-4　北半球某地正午时刻太阳位置年变化图

实质上，视运动的本质是参照物的变化。图3-2中，以太阳为参照物，太阳不动，地球绕日逆时针公转；而图3-3和图3-4则是以地球为参照物，地球不动，太阳相对于地球顺时针运动，二者相反相成，互为各自存在之依据。在图3-5中，若把太阳和地球都视为质点，那么，太阳视运动过程中，二者之间就会构成一个直角三角形，直角边此消彼长，斜边始终不变。经过一天，太阳视运动轨迹就会构成一个圆，其间两个质点的视点相反相成，就像我们坐火车，看到车窗外的树在飞速往后移动，其实是火车在向前行进，坐过山车也一样，这也是相对论的基本理念。因此，太阳视运动轨迹正好体现出阴阳消长之势、勾股偶合之变，说明"天地位焉"的本质是天地一体、天地互证，"天投影于地，地标示于天"。

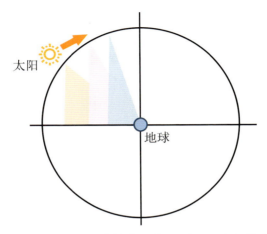

图3-5  太阳视运动轨迹示意图（阴阳消长轨迹）

关于太阳视运动，我们在中学地理学习期间，一定遇到过很多试图通过太阳视运动路线来分析判断观测者所在纬度的问题。如图3-6所示，三个视运动路线图分别代表三个不同的观测位置。从左向右，第一幅图，太阳有时在天顶，有时在天顶以北，有时在天顶以南，说明观测点在南北回归线之间，影子可南可北；第二幅图，太阳终年在天顶北侧，说明观测点在南回归线以南，影子只能朝南；第三幅图，太阳终年在天顶南侧，说明观测点在北回归线以北，影子只能朝北。可见，我们和古人凝视的是同一片天空，不变是因为日地关系从未改变，而变化的只不过是日地空间位置的循环往复以及时间脉络的律动延展。

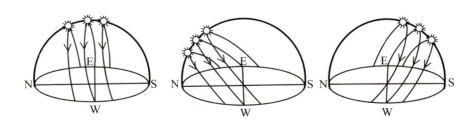

图3-6  不同区域太阳视运动路线图

因此，古往今来，人们通过观星辰、测物影的方式来仰观天文、俯察地理，在星起辰落、寒来暑往、冬去春来中把观世界，但目光所及之处，与观察者所在的观测点有关。试想，有两个人分别站在南北极圈上观测同一个太阳时，结果会如何？即如图3-7所示，如何才能倒立观天，把虚线部分的视运动情况以及天地景象进行科学描述呢？

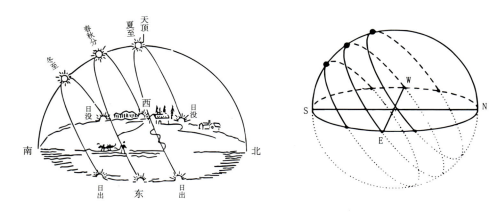

图3-7　相反视角下的太阳视运动路线图

建筑透视图中的灭点[1]（图3-8）与小孔成像原理（图3-9）中的"小孔"异曲同工，从这方面出发，可以启发我们更好地想象和理解另外半个天球的太阳视运动情况以及在日地关系作用下形成的天地景观。

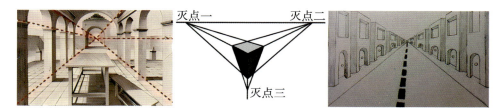

图3-8　建筑透视图中的灭点

---

〔1〕灭点，是线性透视中的一个概念，指的是两条或多条代表平行线的线条向远处地平线伸展直至聚合的那一点。在画面中，灭点可以是地平线上的一点，也可以是画平面外的延伸线上的一点。

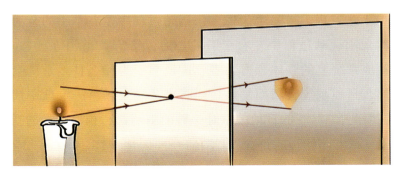

图3-9 小孔成像原理

图3-8展示的是建筑透视图中的灭点，离灭点越近，形体越小；离灭点越远，形体越大。灭点就像黑洞一样，把所有的景象浓缩成了一个点，如果在这个点的位置钻出一个小孔，就会像小孔成像展示的原理一样，我们看到的景象就会相反相成地投射到另外半个天球上（图3-10）。

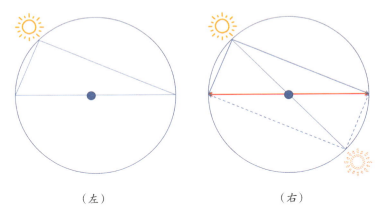

（左）　　　　　　　　　　（右）

图3-10 南北半球不同视域下太阳的位置图示

在图3-10中，可将地球和太阳视为质点，圆心为地球，圆为地球上的人们看到的太阳视运动路线，左图为上半个天球看到的景象，右图为另外半个天球看到的景象。可以肯定，无论地球上的人们身处何地，看到的太阳在一天中都有东升西落，在一年中都有二分二至。而结合小孔成像原理，就可以清楚地想象到南北半球的人看同一个太阳时，太阳的视运动轨迹恰如小孔成像原理，是相反相成的。更为重要的是，在图3-

10右图中不难发现，上半个天球太阳运动过程中左右牵引的合力与另外半个天球太阳运动过程中左右牵引的合力，恰恰大小相等、方向相反，作用于日地系统上的整体合力为零，这说明了为什么日地系统会如此稳定、为什么日地系统会周而复始；同时也是对牛顿第一定理中惯性属性的实证。因此，"动"的日地关系是一种阴阳消长、相反相成的变化，是一种偶对平衡、协同并行的变化，是一种天地一体、时空一体的协同变化。

在地球绕太阳运行一周的日地关系中，若不考虑地球公转速度差异，太阳直射点在南北回归线之间的运动轨迹则如图3-11所示：太阳直射点纬度随时间变化的整个图像为正弦曲线，其振幅为23°26′，周期为365日。[1]如此，一年中太阳直射点两次过赤道，我们分别称之为春分和秋分；各有一次分别抵至南北回归线，我们分别称之为冬至和夏至。[2]视频3亦可清晰展现太阳直射点的回归运动。

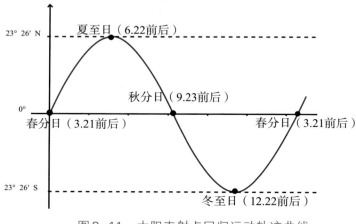

图3-11　太阳直射点回归运动轨迹曲线

〔1〕蒋洪力：《太阳直射点纬度的数学推导和分析》，载《数学通报》2007年第9期。

〔2〕陈克恭：《论阴阳概念的科学属性及其对人类的终极关怀》，载《西北师大学报（社会科学版）》2022年第4期。

视频3　太阳直射点回归运动动态示意图

通过视频3的动态展示，可以更好地理解在地球公转过程中，太阳直射点的回归变化、昼夜长短的交替变化，以及四季的轮回更替和五带的地理呈现。同时，我们也会发现，太阳直射点向北止于北回归线，向南止于南回归线，"止"的关键就在于南北回归线，而南北回归线的位置是由黄赤交角的大小所决定的。因此，日地关系的控扼之要是黄赤交角，黄赤交角是日地关系"知止而后有定"的定力所在。

黄赤交角是地球公转轨道面（黄道面）与赤道面的交角，约为直角的四分之一，它的存在具有重要的天文和地理意义，是地球上四季更替和五带划分的根本动因。黄赤交角的变化会对地球上五带的范围产生决定性影响。如图3-12所示。

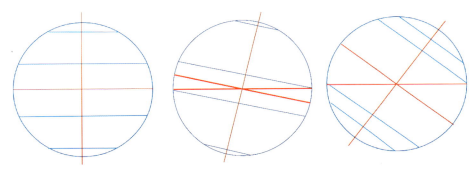

图3-12　黄赤交角变化示意图

图3-12中，左图为假设黄赤交角为0°时的情景，因为黄赤交角为0°，太阳光始终直射赤道，地球各地的太阳高度角固定不变，就不存在太阳直射点的回归运动，更不会有四季的循环更替；中图为假设黄赤交角变小时

的情景，热带和寒带的范围会缩小，温带的范围会扩大，带来的后果将是大气环流动力不足，全球气候状态随之改变；右图为假设黄赤交角变大时的情景，热带和寒带的范围会扩大，而温带的范围会缩小，其后果将是极端天气加剧，生存环境将会受到严峻挑战。可见，黄赤交角多一点或少一点不行，显著地变大或变小更不行，犹如杆秤上的秤星一样，"差之毫厘，谬以千里""道心惟微，惟精惟一"，它的微小变化对日地系统的影响是系统性、颠覆性的。

　　太阳系八大行星的黄赤交角各有不同，水星的黄赤交角基本等于0°，金星的黄赤交角为177.4°，基本上是倒立公转，与水星各自走上了两个极端，其他行星的黄赤交角也是大小有异，或太大、或太小（见图3-13），只有地球的黄赤交角约为直角的四分之一，地球因此而拥有了无限生机、孕育了生命与文明。总之，八大行星各循其道、各行其是、各成其态。地球作为八大行星之一，在日地关系的"天地位"中，实现了"万物育"，其呈现出的万事万物都是日地关系条件下的产物，都是日地空间位置的产物；是日地关系赋予了地球蓬勃的生机，是日地关系赋予了地球更多的可能。

图3-13　太阳系八大行星及其黄赤交角[1]

---

〔1〕 引自网站"我们的星球"，https://ourplnt.com/sidereal-days-axial-tilts-planets/

### （三）"位焉"差异下阴阳的"育焉"差异

"天地位焉，万物育焉"，从空间上讲，日地关系就是"天地位"中的"位"，就地球上不同区域而言，"位焉"有差异，"育焉"随之有差异，具体表现为不同的气候类型、不同的陆地自然带以及呈现出的地域分异规律。正因"育焉"有差异，才产生了丰富多彩的地理环境、造就了五彩斑斓的世界图景。

关于"育焉"差异中的自然地理环境差异，可以从地理学中地域分异规律的角度进行认识和思考。譬如，地域分异规律有纬向地带性和经向地带性。纬向地带性，是指由于太阳辐射在地球表面的分布不均匀，从赤道向两极递减，导致不同纬度地区获得的热量不同，从而形成不同的气候带，进而影响自然要素分布；表现在自然带上，就是从赤道到两极，依次分布着热带雨林/季雨林带、亚热带常绿阔叶林带、温带落叶阔叶林带、亚寒带针叶林带、苔原带和冰原带等。经向地带性，是指由于海陆位置不同，导致水分从沿海向内陆逐渐减少，中纬度地区尤为明显；表现在自然带上，就是从沿海到内陆，依次会出现温带森林带、温带草原带、温带荒漠带等。如图3-14所示。

"育焉"差异不仅体现在大尺度、大区域的宏观自然地理格局中，也蕴藏于我们身边的山川河流之中。如图3-15所示，喜马拉雅山的北坡与南坡植被覆盖明显不同，存在显著的"育焉"差异，而这种"育焉"差异不仅仅与南北两坡是否是迎风坡有关，更重要的是与"位焉"差异密切相关。这种小环境中的"位焉"差异，实质上指的是山的阴坡与阳坡之间的差异，存在这种差异的根本原因是阴坡与阳坡的太阳辐射不同，进而导致热量、蒸发量等生境要素发生变化，最终呈现在我们眼前的则是阴坡与阳坡的"育焉"差异。

其实，关于山川河流的阴阳"位焉"差异，以及在其作用下的"育焉"差异，古人早有深刻认知。《说文解字》说："阴，暗也；水之南，山之北也。"[1]

---

[1]〔汉〕许慎：《说文解字》，中华书局2013年版，第306页。

图 3-14　地域分异规律示意图

《穀梁传·僖公廿八年》说:"水北为阳,山南为阳。"[1]《元和郡县志》说:"山南曰阳,山北曰阴;水北曰阳,水南曰阴。"这些关于山水阴阳特征的表述,用大家熟知的一句古语来说,就是"山南水北为阳,山北水南

---

[1]〔清〕钟文烝撰,骈宇骞、郝淑慧点校:《春秋·穀梁传补注》,中华书局1996年版,第340页。

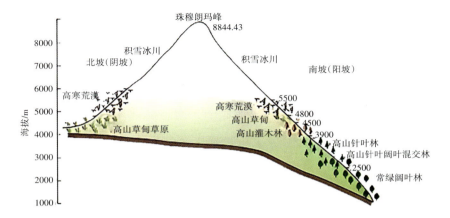

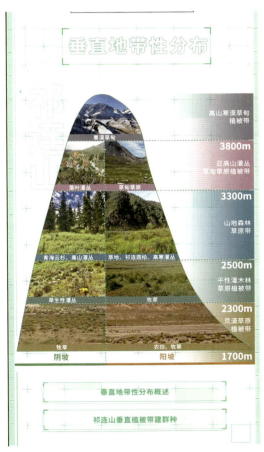

图3-15　山的南北坡（阴阳坡）差异图

为阴"。这样说的原因是，我国大部分地区位于北回归线以北，阳光主要从南方照向北方，因此山的南坡，即向南的坡为阳坡，能够得到更多太阳辐射，获取更多热量；向北的坡为阴坡，太阳辐射相对较少，与之相伴随，蒸发量也相对较少。此外，又因为我国地势西高东低，河流大多东西流向，与山脉凸起不同，河道凹于地平，河道的南岸日照少、北岸日照多，故称水北为阳、水南为阴。"山南水北为阳，山北水南为阴"，其本质是古人对"位焉"差异下的"育焉"差异的朴素认知与自然表达。我们建房子要坐北向南，因为坐北向南才是向阳，即所谓的"阳宅"，阳光充沛、适宜居住；反之，墓地就要找向北的阴坡，即所谓的"阴宅"。我们常常见到的对联"向阳门第春常在，积善人家庆有馀"表达的就是这个意思。还有，我国带有"阴"或"阳"的地名，如"华阴"在华山之北，"衡阳"在衡山之南，"江阴"在长江之南，"淮阴"在淮水之南，"汉阳"在汉水之北，"洛阳"在洛水之北，等等，不仅体现的是地理方位，更反映了不同区域阴阳"位焉"差异下的"育焉"差异。

图3-16是张掖康乐草原的著名景点"九排松"，山的阴坡长有整齐的松林，阳坡却是草原绿毯。这是典型的阴阳"位焉"差异下的"育焉"差异。生长松林的阴坡蒸发量小，生长草原的阳坡蒸发量大，在降水量相对

图3-16　张掖康乐草原九排松景观

差异不大的情况下，"阴阳"两坡的蒸发量成为决定土壤含水量、影响植被特征和反映"阴阳"两坡"育焉"差异的核心关键。

可见，"位焉"差异决定着"阴阳"，而"阴阳"反映着"育焉"差异，这正是"天地位焉，万物育焉"至理之中蕴含的阴阳之道。

"育焉"差异除自然地理环境差异之外，还有与之相伴的人文环境差异。比如，在自然地理环境差异下，有了不同的肤色、不同的语言、不同的信仰，还有不同的聚落特征[1]等（如图3-17所示），无论是自然地理环

▦黄色人种 ▓白色人种 ▨黑色人种
▦白色与黄色人种混居 ▨白色与黑色人种混居

图3-17  人种、聚落等人文环境差异

---

[1]  如黄土高原上的窑洞和南方水乡的青瓦石桥不同，广阔草原上的蒙古包与南方客家的土楼不同，等等。

境差异，还是人文环境差异，都是日地关系"位焉"差异下的"育焉"差异。这种差异体现在自然界，是气候、物候、生物多样性以及生存区间的不同，如南生橘北生枳、农产品地理标志的认证冠名等，都说明了区域差异的重要性；体现在人类社会，则是适应气候、顺应物候，呈现出种族多样性、文化多样性，如非洲人的卷发易于隔热，是人类进化过程中适应气候的结果；体现在人群外貌特征上，北方湿度小，人的皮肤相对干燥，南方湿润，人的肤质相对较好、长得水灵。我们常说"天水白娃娃"，是因为天水算是甘肃的"江南"，气候温暖，降水丰沛。还有，米多的地方吃米、面多的地方吃面，靠山吃山、靠水吃水，五里不同风、十里不同俗、百里不同语，一方水土养一方人等等，都说明了环境差异的影响。

当发现并切身感受到这些差异后，我们不禁会发问：南方人会不会自发地去考虑沙尘暴？北方人会不会自发地去考虑回南天？因为北方人没有切身感受过回南天的烦恼，在房屋装修时就不会考虑回南天带来的影响；南方人没有切身感受过沙尘暴带来的遮天蔽日的吃土天，在房屋装修时就不会考虑沙尘暴带来的影响，所以南方住宅的阳台大多数不是封闭的。深层次地理解和回答这个问题，就是人类的思维和认知离不开"位"的影响、离不开环境的作用，正如之前所讲："所有物质和思想的呈现，都是日地关系大背景下影射出的存在。"

回到"天地位焉，万物育焉"，其内在义理在于万物的和生消亡都是其在日地关系中所处的位置所生、所育。如果没有太阳，或者说地球与太阳之间的关系不是这样而是那样，或远一点、或近一点，我们今天都不可能站在这里。

总而言之，"位焉"影响下的"育焉"，呈现出了缤纷多彩的世界景观，孕生了多元丰富的人文思想，而所有物质与思想的呈现，都是日地关系大背景下投射出的存在，是日地空间位置决定下的产物。可以说，我们面对的这个世界，是一个日地关系条件下呈现出来的世界，是一个物质与精神互动的世界，是一个在日地之间、乾坤之间变化延展的世界。

日地关系有两个基本关系，"第一个基本关系决定了昼夜并生的基本事实，即地球向阳与背阴的并生；第二个基本关系决定了四季五带的基本事实，是这两个基本关系决定了地球上的生机图景和季节循环更替的自然变化，而这两个基本事实是世界之所以成为世界、人类之所以成为人类、人类之所以能够认知世界上的这些事实为其事实的根本依据。追寻这一根据，既是人类为生存而不断迁徙的根据，也是人类为人生之意义而沉思的根据"。[1]这个结论不仅是对日地关系作出的辩证思考，更是对存在本质作出的终极追问。

## 二、天地位焉下的世界景观特点

体悟了"天地位焉，万物育焉"下的世界，再来尝试归纳总结这个世界有哪些特点。我们知道，自然秩序中的任何一处都是特定日地时空关系下的"位焉"，与其相对应，"育焉"环境下万物孕生，它们在各自的"位"中，年复一年、寒暑往来、循环往复，形成了各自螺旋式、渐进式发展的生命轨迹，正是这种"位"与"育"的"规定性"，使世界景观呈现如下特点：

一是运动的周期性。地球运动是物体的空间位移过程，也是时间流变的过程。地球的自转使得黑白昼夜日复一日，亘古不变；地球的公转带来春夏秋冬年复一年，亘古不变。其本质都是向阳背阴的周期性变化，或者说是接受太阳辐射强度的周期性变化。

二是图景的偶对性。在日地关系中，运动呈现出南北倒置、阴阳互补、相反相成的特点，表现在：北半球为冬时，则南半球为夏；北半球热时，则南半球冷。此外，面对同一个太阳，南北半球的人观察时，会有小孔成像般相反相成的偶对图景。

三是变化的渐进性。无论是昼夜黑白的变化，还是春夏秋冬的变化，表达的都是一个概念范畴下的变化过程，是一个渐进变化的过程，不存在

---

〔1〕 陈克恭：《论阴阳概念的科学属性及其对人类的终极关怀》，载《西北师大学报（社会科学版）》2022年第4期。

"绝对的定义"，包括"晨昏线"等。这种变化并不像电路的"开关"那样，非此即彼、非黑即白，而是"亦黑亦白"，存在于黑白占比不同、灰度不同的过渡空间内。

四是协同并行性。当北半球往夏天走时，南半球则同时往冬天走；当北半球往冬天走时，南半球则同时往夏天走。当北极圈以北有极昼现象时，南极圈以南则同时有极夜现象；当北极圈以北有极夜现象时，南极圈以南则同时有极昼现象。

五是时空一体性。"天投影于地，地标示于天"，在立竿测影中观象授时，以空间定义时间，以时间定义空间，古往今来皆是如此。因为天地是一体的，时空是一体的，我们所在的世界是"天地位"下的阴阳偶合体、协调平衡的统一体。

总之，日地系统就是在这样一个相反相成、偶对平衡的系统中周行不殆，人类是日地关系特定条件下的产物；而"科学"是人类出场后的产物，它自然也是日地关系下的产物。尊重科学，一定要知道科学是什么、科学源于哪里，绝不可以让科学凌驾于自然之上，高悬于"日地关系"之上。无论科学多么伟大、多么高妙，都是"日地关系"统摄之下的呈现，人类的一切文明，不分古今中外，如同孙悟空跳不出如来佛的手掌心一样，永远跳不出日地关系的统摄，而一切存在都是在相反相成概念属性中偶对平衡而存在的存在物。正如《道德经》所说："有无相生，难易相成，长短相形，高下相倾，音声相和，前后相随，恒也。"[1]

## 三、"天人合一"的世界认知基点

2016年4月，我国发布了《中国公民科学素质基准》，在基准内容的第二部分"知道用系统的方法分析问题、解决问题"中，列出了"知道阴阳五行、天人合一、格物致知等中国传统哲学思想观念，是中国古代朴素

---

[1] 陈鼓应：《老子注译及评介》，中华书局2009年版，第60页。

的唯物论和整体系统的方法论，并具有现实意义"的基准点。[1]前文讲了"天地位焉，万物育焉"下的世界及其景观特点，其中的昼与夜、明与暗、向阳与背阴都是"日地关系"条件下的客观存在，是人类已知的事实，古今中外，概莫能外。但提及"阴阳"，并将之称为"科学"，常常会受到一些人的质疑。实质上，通过前面所述，我们能清楚地认识到，"阴阳"就是一个在"日地关系"科学装置中的实证结果，是众所周知的基本事实。因为"天地位焉，万物育焉"的本质就是地球上的一切存在物都是日地关系条件下的存在，人自然也不例外。这是"人与自然是生命共同体"的存在依据，也是"天人合一"的本质。

　　"天人合一"是中国传统哲学思想中的一个重要概念，蕴含着丰富的哲学内涵和深远的文化意义。它强调人与自然和谐统一，认为人应该顺应自然规律，与自然相互协调，才能达到人与自然的和谐共生。《周易》中说："观乎天文，以察时变；观乎人文，以化成天下"；"易与天地准"；"财成天地之道，辅相天地之宜"。[2]《老子》中说："人法地，地法天，天法道，道法自然。"《庄子》中说："天地与我并生，而万物与我为一。"[3]《孟子》中说："不违农时，谷不可胜食也；数罟不入洿池，鱼鳖不可胜食也；斧斤以时入山林，材木不可胜用也。"[4]《荀子》中说："草木荣华滋硕之时，则斧斤不入山林，不夭其生，不绝其长也"；[5]

---

〔1〕林国标：《中华文明的"结合"叙事：从"天人合一"到"两个结合"》，载《海南师范大学学报（社会科学版）》2024年第2期。

〔2〕黄寿祺、张善文译注：《周易译注》卷九，上海古籍出版社2007年版，第74页。

〔3〕〔清〕王先谦、刘武撰，沈啸寰点校：《庄子集解·庄子集解内篇补正》，中华书局1987年版，第19页。

〔4〕〔清〕焦循撰，沈文倬点校：《孟子正义》，中华书局1987年版，第54-55页。

〔5〕〔清〕王先谦撰，沈啸寰、王星贤点校：《荀子集解》，中华书局1988年版，第165页。

"万物各得其和以生，各得其养以成"。[1]《齐民要术》中说："顺天时，量地利，则用力少而成功多。"[2]李白在《上安州裴长史书》中写道："天不言而四时行，地不语而百物生。"从这些关于人与自然的经典佳句中不难看出，中国传统文化中始终贯穿着天、地、人是一个生命共同体的理念，强调要遵守自然节律、"知止而后有定"[3]，要尊重自然、顺应自然，按照大自然的规律活动，取之有时、用之有度，不可反客为主；否则，"用之不觉，失之难存"，人类对大自然的伤害最终会伤及人类自身。

实质上，人与自然的关系不同于万物与自然的关系，人类源于自然、依存于自然，却又是万物的尺度。因为人类有灵魂、有思维、有思辨，会从自然中跳出来，衍生成为一个"第三者"，思想、意识、理念以及文化就是这个"第三者"的特有存在，科学是这个"第三者"，"阴阳"也是这个"第三者"（如图3-18）。我们读唐诗，李白花间独酌，邀月解忧，却说"对影成三人"，李白和明月之外出现了一个"第三者"，这个"第三者"

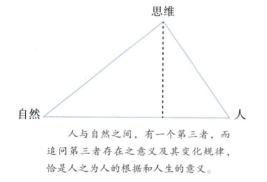

人与自然之间，有一个第三者，而追问第三者存在之意义及其变化规律，恰是人之为人的根据和人生的意义。

图3-18　李白月下独酌图

〔1〕〔清〕王先谦撰，沈啸寰、王星贤点校：《荀子集解》，中华书局1988年版，第309页。

〔2〕〔北魏〕贾思勰撰，石声汉译注：《齐民要术》，中华书局2015年版，第81页。

〔3〕〔清〕王文锦译解：《礼记译解》，中华书局2016年版，第805页。

是影子，但同样寄托着人之思维。正是因为人类与自然之间有了"第三者"，因此，追问"第三者"存在的意义，就成了人类独有的"诗与远方"，而这正是人之为人的根据，是人类存在的终极价值，更是人与自然之间对话交流的希声大音。

2010年7月，在黑河湿地国家级自然保护区，张掖国家湿地公园的石壁上，题写有一段寄语：

> 湿地星球，孕育万千物种，催生人类文明。然人类文明的演进和冲突，已与人类生存的本源渐行渐远。回望处，道法自然昭示着文明的基准；黑河边，祁连墨玉寄语着自然的情怀。
>
> ——人类亦是生态之元素

图3-19　黑河湿地国家级自然保护区石壁

这段寄语主要表达了人类亦是生态之元素，是自然的一部分。尽管人类学家对人类存在之过程有很多的研究成果和观点，对不同人种、不同区域、不同文明的认识千差万别，但无论怎么变，我们不难发现，在生命没有出现之前，或者说在人类没有出现之前，世界本身是客观存在的。人类出现之后，则以自然界为客观对象，逐渐发挥自身主观能动性，开始有组织、有目的、有计划地去认识和改造客观世界，自然界从此打上了人类的烙印，并在人类活动影响下呈现出纷繁复杂的景象。著名学者穆光宗认为："自然是人类的生存之源，衣食之母，道德之父。没有自然的存在、自然的恩泽和自然的完美，人类的一切都无从谈起。"可见，人类的生存发展依赖于大自然，自然的存在是人类存在的前提，没有自然就不会有人类的诞生；与此同时，也印证了人类活动是和大自然紧密相连的，人类在改造大自然的同时，也在改造着自身，自然环境的有序演变推动着人类的进化和发展。恩格斯说："人本身是自然界的产物，是在他们的环境中并且和这个环境一起发展而来的。"[1]因此，人类仅是自然系统中的一个元素而已，而这正是"天人合一"的认知基点，更是"人与自然是生命共同体"的底色选择，所以，人类一定要敬畏自然，敬畏"日地关系"。

## 四、感悟习近平生态文明思想

生态文明是人类遵循人、自然、社会和谐发展的客观规律而取得的物质与精神成果的总和，是以人与自然、人与人、人与社会共生共融、良性循环、全面发展、持续繁荣为最终追求的文化伦理形态。

党的十八大报告指出："面对资源约束趋紧、环境污染严重、生态系统退化的严峻形势，必须树立尊重自然、顺应自然、保护自然的生态文明理念，把生态文明建设放在突出地位，融入经济建设、政治建设、文化建设、社会建设各方面和全过程，努力建设美丽中国，实现中华民族永续发展。"[2]自此，中国特色社会主义事业总体布局由经济建设、政治建设、文化建设、社会建设"四位一体"拓展为包括生态文明建设的"五位一体"。而具有"突出地位"的生态文明建设犹如数学中多项式的最大公因式一样，可通过乘法分配律融入经济、政治、文化、社会的各方面和全过

---

〔1〕 马克思、恩格斯：《马克思恩格斯全集》第二十卷，人民出版社1956年版，第38-39页。

〔2〕 胡锦涛：《坚定不移沿着中国特色社会主义道路前进　为全面建成小康社会而奋斗——在中国共产党第十八次全国代表大会上的报告》，人民出版社2012年版。

程，在催生动力、融合发展、优化调整中，可实现中国特色社会主义事业发展的最优格局。因此，"把生态文明建设放在突出地位"所得到的不是1+1=2的简单结果，而是会以乘数之增长形式，使中国特色社会主义事业在不同层次和方面取得质的跃升，这与宏观经济学中的乘数效应实质上是异曲同工的。

党的十九大报告指出："坚持人与自然和谐共生。建设生态文明是中华民族永续发展的千年大计。"[1]在时隔半年召开的全国生态环境保护大会上，习近平强调指出："生态文明建设是关系中华民族永续发展的根本大计。"[2]"千年大计"已经阐明了生态文明建设的重要性、艰巨性以及持续性特征，深刻揭示了生态文明建设重大而深远的历史意义。而从"千年大计"到"根本大计"，生态文明建设的高度再次提升。"根本大计"这一提法，是审视人类文明演进历史、遵循"生态兴则文明兴，生态衰则文明衰"的历史发展规律，把生态文明建设始终作为中华民族永续发展本根与命脉的深远思考，这既是对生态文明建设地位与高度的新宣示，也是党中央对新时代历史方位与时代定位的准确把握。在全国生态环境保护大会上，习近平进一步强调指出，"党的十八大以来，我们把生态文明建设作为统筹推进'五位一体'总体布局和协调推进'四个全面'战略布局的重要内容"，"推动生态环境保护发生历史性、转折性、全局性变化"。[3]这是对生态文明建设在"五位一体"总体布局和"四个全面"战略布局中的重要地位，以及在建设实践中引发的深刻变化所作出的高度肯定。由此不难看出，生态文明建设在新时代中国特色社会主义事业发展中具有统领性地位，它是固本培元之基础、民生福祉之根本、永续发展之源泉，而这一时代判断既是习近平生态文明思想的核心内容，更是其思想体系的逻辑起点。

　　党的十八大以来，习近平讲了许多关于生态文明建设的重要论断与金句，在全国生态环境保护大会上的讲话所引用的经典佳句，既赓续传统，也契合当下，更指向未来，不仅折射出五千多年中华文明所孕育的丰富的生态文明哲学思想，更彰显了习近平生态文明思想跨越时空的思想张力。"人与自然是生命共同体""山水林田湖草是生命共同体""人类命运共同体""生态兴则文明兴，生态衰则文明衰。生态环境是人类生存和发展的根基，生态环境变化直接影响文明兴衰演替""环境就是民生，青山就是美丽，蓝天也是幸福""让群众望得见山、看得见水、记得住乡愁，让自然生态美景永驻人间，还自然以宁静、和谐、美丽""坚决打赢蓝天保卫战，还老百姓蓝天白云、繁星闪烁""要像保护眼睛一样保护生态环境，要像对待生命一样对待生态环境""绝不以牺牲生态环境为代价换取经济的一时发展"，等等。这些论述平实晓畅、深入浅出，已经成为人们耳熟能详的名言警句。可以说，正是因为以马克思主义的理论与方法为指导，以深厚的中国传统文化力量为支撑，以人民群众广泛的探索与实践为基础，才能使习近平生态文明思想成为推动人类文明新形态的重要思想。

　　"我们既要绿水青山，也要金山银山。宁要绿水青山，不要金山银山，而且绿水青山就是金山银山"的科学论断高屋建瓴、饱含哲理、独具魅力，可谓大道至简的"金句"。它不仅凝练概述了习近平生态文明思想的精髓，而且蕴含着新时代马克思主义的世界观、价值观和发展观，是将"两山"辩证统一、将生态与生命等量齐观的深邃思想，是对人与自然关系的高度觉醒和高瞻远瞩，更是继原始文明、农业文明、工业文明之后，为人类文明开拓的新的发展方向。其中，"既要绿水青山，也要金山银山"为我们呈现了一幅物质与精神、自然与社会有机统一的世界观图景，"宁要绿水青山，不要金山银山"体现了一种自然生态优先、坚守生态底线的价值观，"绿水青山就是金山银山"阐释了生态文明时代的新发展观。如果说"既要绿水青山，也要金山银山"是实现人与自然之间和谐共生的基本要求，那么"宁要绿水青山，不要金山银山"便是取舍之间的底线思维和价值追求，但它又不是权宜之计，因为"绿水青山就是金山银山"，而这是更高层次上的人与自然之间的和谐共生，是对"人与自然生命共同体"的义理诠释。所以说，"我们既要绿水青山，也要金山银山。宁要绿水青山，不要金山银山，而且绿水青山就是金山银山"，既是一个逻辑缜密的理论体系的框架，又是一个实践层面上逻辑层次明晰的路线图；它不仅是当代中国和世界生态文明建设的自然辩证法，是从根本上认知生态文明、践行生态文明观的价值判断和实践范式，更是"人与自然生命共同体"的可持续发展之路。

2021年世界地球日，习近平在领导人气候峰会上用"六个坚持"全面系统阐释了"人与自然生命共同体"理念，即坚持人与自然和谐共生，坚持绿色发展，坚持系统治理，坚持以人为本，坚持多边主义，坚持共同但有区别的责任原则，至此，"人与自然生命共同体"理念的丰富内涵和核心要义得以进一步深化明晰。由此可见，从"人类命运共同体"到"人与自然生命共同体"，再到"共建地球生命共同体"，在人类命运共同体理念不断丰富发展的历史进程中，中国为人类文明永续发展进步提供了中国方案、贡献了中国智慧。

知昔明鉴，观古知今。"人与自然是生命共同体"的理念根植于中华文明的沃土之中，尊重自然、顺应自然、保护自然是生态文明建设的必由之路，更是"天地位焉，万物育焉"下"天人合一"世界的文明赓续之路。

当下，我们所讲的新质生产力，本质上就是在尊重自然、顺应自然、保护自然的前提下，从自然中适度汲取动力，形成人与自然和谐共生的生命共同体。生态经济是贯彻落实五大发展理念，化绿水青山为金山银山、化生态优势为经济优势，实现生态产业化、产业生态化，使区域经济特征、产业特征与区域资源禀赋相适应的绿色发展方式；是以不破坏、最少干预、最大程度地保护生态系统，顺应生态系统内各类自然资源的本质属性，彰显其时代特色，创造其价值的经济形态；也是生态文明理念引领下的人与自然和谐共生的，实现经济腾飞与环境保护、物质文明与精神文明、自然生态与人文生态高度统一的可持续发展的经济发展形态。

　　"天地位焉，万物育焉"，对个人而言，正如辛弃疾所说，"我见青山多妩媚，料青山见我应如是"，人类如何呵护自然，自然就一定会如何呵护人类。又如苏轼所说，"此心安处是吾乡"，我们要顺应本心，向外学习乔布斯、向内学习樊锦诗，按照自己的自然属性，找到适合自己热爱的事业，发挥好自身的特色禀赋，唤醒自己的精神世界，让自己心安、让特色彰显，做一个最好的自己，这也可以看作是生态经济理念在人生层面的延展与延续，我们不妨称此为"生态人生"。

第四讲
## 阴阳合道　文化根魂

- 考古实证中的"阴阳"
- 文献考据中的"阴阳"
- 《周礼》："阴阳"之礼
- 《周易》："乾坤阴阳"之学
- 李学勤谈《周易》与中国传统文化的关系

追寻中国传统文化的根和魂，是追问和探寻中国传统文化背后的终极意义。之前曾有一个预设：认为"阴阳"就是中国传统文化的"根"和"魂"，本讲将通过考古实证和文献考据的"二重证据法"，论证这一预设的确定性。

## 一、考古实证中的"阴阳"

中国古典学术的研究方法，大体来说，无非两种：一是文献考据，二是考古实证。我们写文章引用文献，比如"孔子曰""老子曰"等等，都是文献考据；而考古实证讲究眼见为实，考古发现什么就说什么。研究古典学术，最好是能将二者结合起来，这恰是王国维先生所说的"二重证据法"。

单纯用文献考据往往容易引起人们的质疑。纵观中国历史，"疑古之风"由来已久，如先秦时期就有人质疑《尚书》中所说的"夔一足也"，夔怎么会只有一只脚呢？后来孔子强行解释这句话："夔，一足也"，夔这样的人，有一个就够了。再比如，《周易·系辞上》记载"大衍之数五十"，也有人讲"大衍之数五十有五"，疑"有五"二字脱落，就成了"五十"。凡此种种，不一而足。

"五四"新文化运动时期，中国兴起了近代学术史上的"疑古思潮"，形成了以胡适、傅斯年、顾颉刚等为代表的"疑古学派"。在这种思潮影响之下，很多人开始怀疑中国上古历史，甚至认为夏代、商代根本不存在。疑古之说大体分两种：一种认为某个历史事件、历史人物、文献典籍根本不存在，大家因此而争论不休；一种认为历史事件、历史人物、文献典籍本来就有，但呈现形态与名称叫法与后世不一样而已，也就是说，有这个东西，但不是这般叫法。疑古学派曾认为先秦时期诸如《周易》等书完全是出于后人的杜撰，也曾认为像《论语》《孔子家语》等也是孔门弟子因崇拜先师而杜撰出来的，而像屈原这样的人物更是秦汉以后人们塑造出来的偶像，等等。

考古实证研究也渊源久远。最早晋代汲郡的盗墓分子从战国魏襄王的墓中发掘出来一大批竹简，后来被史官整理出来，就是《汲冢竹书》；其中有一本叫《竹书纪年》，这本《纪年》当中记载的很多先秦历史与此前的传世文献很不一样，从而丰富了我们对中国上古史的认识。

再比如甲骨文的发现。最初河南安阳一带的老百姓从田间地头挖出一些兽骨碎片，当时人们不认识，把它叫"龙骨"，当作一种入药治病的药材碾碎后冲水服用。后来，有人拿给当时的一位官员王懿荣看，他发现这些兽骨碎片上居然有文字，于是重视起来并组织人专门挖掘，从清光绪末年至1991年，在安阳殷墟共出土甲骨文10万至15万片。经过当时著名的四位学者——"甲骨四堂"（雪堂罗振玉、观堂王国维、鼎堂郭沫若、彦堂董作宾）的深入研究发现，这些甲骨本来是商代帝王用于占卜祭祀的用具，但上面的文字记载了从盘庚到纣王整个商代后期包括纪年、帝王世系、祭祀、战争、畋猎、农牧、灾害、天象、方国等在内的重要历史信息。甲骨文比金文更早，是中国最早成熟的文字系统。

还有简牍。简是在竹片上写字，因此也叫"竹简"；牍是在木板上写字，所以叫"木牍"。甘肃是简牍大省，20世纪以来甘肃共出土简牍6万多枚，其中以汉简居多，占全国出土汉简一半以上，因此，甘肃建有"简牍博物馆"是实至名归。

此外还有帛书。中国丝织业发端很早，因此帛书起源也很早。在甲骨文中多次出现"丝""帛"二字，多处殷商与西周早期墓葬发现玉蚕和丝帛。文字书之于丝帛，古已有之。《墨子·明鬼》说："书之竹帛，镂之金石，传遗后世子孙。"[1]1973年，长沙马王堆汉墓出土大量帛书，黑墨书

---

〔1〕 吴毓江撰，孙启治点校：《墨子校注》，中华书局2006年版，第687页。

写，字体在篆隶之间，其中图书30余种，有《老子》甲乙本、《战国纵横家书》《相马经》等，还有不少帛画。马王堆汉墓出土的帛书文献大多数为先秦时期的典籍，有些不见于传世文献，有些文献见于传世典籍但有一定出入。比如《老子》，传世本《老子》中《道经》在前而《德经》在后，马王堆帛书本《老子》则是《德经》在前《道经》在后。二者文字也有较大差异，比如传世本《老子》第一章"道可道，非常道"一句，帛书本则写作"道可道，非恒道"，可见帛书本《老子》写定于汉景帝之前，后来传世本为避文帝刘恒之名讳，才把"恒"改作"常"；再比如，传世本第四十一章"大器晚成"，帛书本则写作"大器免成"。因此，我们今天读到的《老子》有两个版本：一个为传世本《老子》，也叫《道德经》；一个为帛书本《老子》，应该叫《德道经》。

"阴""阳"二字形成很早，殷商甲骨文中已见其字形，其观念应更早。许慎《说文解字》"序"中说："仓颉之初作书，盖以类象形，故谓之文；其后形声相益，即谓之字。文者，物象之本；字者，言孳乳而浸多也。"[1] 从"以类象形"的角度看，殷商甲骨文和西周金文中的"阴""阳"二字均从"阝（阜）"，"阝（阜）"为土山，"阴""阳"与山之南北朝向有关，"阳"为向日，"阴"为背日。这是考古和出土文献所见最早的"阴阳"。另外，需要说明的是，其他考古实证的相关内容在第二讲中已有阐述，此不累叙。

表4-1 "阴""阳"字形源流表[2]

| | 殷商甲骨文 | 西周金文 | 战国楚简帛文 | 秦朝陶文 | 西汉小篆文 | 东汉楷书 |
|---|---|---|---|---|---|---|
| 阳 | | | | | | |
| 阴 | | | | | | |

[1]〔汉〕许慎：《说文解字》，中华书局2013年版，第316页。

[2] 王毓红、冯少波：《甲骨文"立中"与阴阳观念的起源》，载《宁夏师范学院学报》2015年第2期。

## 二、文献考据中的"阴阳"

除考古实证外，还可从文献考据的角度来理解"阴阳"二字。"阴阳"二字广泛见诸于"六经"文献：

> 一阴一阳之谓道，继之者善也，成之者性也。[1]
>
> ——《周易·系辞上》
>
> 生生之谓易，成象之谓乾，效法之谓坤，极数知来之谓占，通变之谓事，阴阳不测之谓神。广大配天地，变通配四时，阴阳之义配日月，易简之善配至德。[2]
>
> ——《周易·系辞上》
>
> 子曰："乾坤，其《易》之门耶？"乾，阳物也；坤，阴物也。阴阳合德，而刚柔有体。以体天地之撰，以通神明之德。[3]
>
> ——《周易·系辞下》
>
> 昔者圣人之作《易》也，幽赞于神明而生蓍，参天两地而倚数，观变于阴阳而立卦，发挥于刚柔而生爻，和顺于道德而理于义，穷理尽性以至于命。[4]
>
> ——《周易·说卦传》

---

[1] 黄寿祺、张善文译注：《周易译注》卷九，上海古籍出版社2007年版，第381页。

[2] 黄寿祺、张善文译注：《周易译注》卷九，上海古籍出版社2007年版，第381页。

[3] 黄寿祺、张善文译注：《周易译注》卷九，上海古籍出版社2007年版，第412页。

[4]〔宋〕朱熹著，廖名春校：《周易本义》，中华书局2009年版，第261页。

立天之道曰阴与阳，立地之道曰柔与刚，立人之道曰仁与义。[1]

——《周易·说卦传》

笃公刘，既溥既长。既景乃冈，相其阴阳，观其流泉。[2]

——《诗经·大雅·公刘》

立太师、太傅、太保，兹惟三公。论道经邦，燮理阴阳。[3]

——《尚书·周官》

以土圭之法测土深，正日景，以求地中……日至之景，尺有五寸，谓之地中，天地之所合也，四时之所交也，风雨之所会也，阴阳之所和也。[4]

——《周礼·地官司徒》

占梦：掌其岁时，观天地之会，辨阴阳之气。[5]

——《周礼·春官宗伯》

凡斩毂之道，必矩其阴阳。[6]

——《周礼·冬官考工记》

道生一，一生二，二生三，三生万物。万物负阴而抱阳，冲气以为和。[7]

——《道德经》

凡回于天地之间，包于四海之内，天壤之情，阴阳之和，莫不

〔1〕黄寿祺、张善文译注：《周易译注》卷十，上海古籍出版社2007年版，第428页。

〔2〕程俊英、蒋见元著：《诗经注析》，中华书局1991年版，第828页。

〔3〕王世舜、王翠叶译注：《尚书》，中华书局2012年版，第467页。

〔4〕徐正英、常佩雨译注：《周礼》，中华书局2014年版，第219-220页。

〔5〕徐正英、常佩雨译注：《周礼》，中华书局2014年版，第524页。

〔6〕徐正英、常佩雨译注：《周礼》，中华书局2014年版，第879页。

〔7〕〔魏〕王弼注，楼宇烈校释：《老子道德经注校释》，中华书局2008年版，第117页。

有也。[1]

——《墨子·辞过》

阴阳长短，终始相巡，以致天下之和。[2]

——《礼记·祭义》

昔者，圣人建阴阳天地之情，立以为《易》。易抱龟南面，天子卷冕北面，虽有明知之心，必进断其志焉。示不敢专，以尊天也。[3]

——《礼记·祭义》

凡礼之大体，体天地，法四时，则阴阳，顺人情，故谓之礼。訾之者，是不知礼之所由生也。夫礼，吉凶异道，不得相干，取之阴阳也。[4]

——《礼记·丧服四制》

列星随旋，日月递照，四时代御，阴阳大化，风雨博施，万物各得其和以生，各得其养以成，不见其事，而见其功，夫是之谓神。皆知其所以成，莫知其无形，夫是之谓天功。唯圣人为不求知天……星队木鸣，国人皆恐。曰：是何也？曰：无何也！是天地之变，阴阳之化，物之罕至者也。怪之，可也；而畏之，非也。[5]

——《荀子·天论》

阴阳错行，则天见其怪，地出其妖。[6]

——《庄子·外物》

---

〔1〕吴毓江撰，孙启治点校：《墨子校注》，中华书局2006年版，第48页。

〔2〕王文锦译解：《礼记译解》，中华书局2016年版，第615页。

〔3〕王文锦译解：《礼记译解》，中华书局2016年版，第629页。

〔4〕王文锦译解：《礼记译解》，中华书局2016年版，第853页。

〔5〕〔清〕王先谦撰，沈啸寰、王星贤点校：《荀子集解》，中华书局1988年版，第308-309页。

〔6〕〔清〕王先谦、刘武撰，沈啸寰点校：《庄子集解·庄子集解内篇补正》，中华书局1987年版，第237页。

夫阴阳者，承天地之和，形万殊之体。[1]

——《淮南子·天文训》

阴阳者，天地之道也，万物之纲纪，变化之父母，生杀之本始，神明之府也。[2]

——《黄帝内经·素问·阴阳应象大论》

以上列举的中国古代典籍文献尤其在"六经"中都有"阴阳"二字，特别是"六经"之首的《周易》中居多，如《系辞上》中说"一阴一阳之谓道""阴阳不测之谓神""阴阳之义配日月"，《系辞下》中说"乾，阳物也；坤，阴物也。阴阳合德，而刚柔有体"，《说卦传》中说"观变于阴阳而立卦""立天之道曰阴与阳"，足以说明"阴阳"在中国古代具有极为重要的意义。

除了易学，《诗经》《尚书》以及礼书中也有对"阴阳"的记载。《诗经·公刘》中的"相其阴阳"，《尚书·周官》中的"燮理阴阳"，《周礼·地官司徒》中的"阴阳之所和也"，《周礼·冬官考工记》中的"矩其阴阳"，《礼记·祭义》中的"阴阳长短，终始相巡，以致天下之和""圣人建阴阳天地之情，立以为《易》"，《礼记·丧服四制》中的"凡礼之大体，体天地，法四时，则阴阳""夫礼，吉凶异道，不得相干，取之阴阳也"。

此外，对"阴阳"的关注也见载于先秦诸子（及汉代）的著作中。例如，老子《道德经》中有"万物负阴而抱阳"，《墨子·辞过》中有"阴阳之和，莫不有也"，《荀子·天论》中有"日月递照，四时代御，阴阳大化，风雨博施，万物各得其和以生，各得其养以成""天地之变，阴阳之化"，《荀子·礼论》中有"天地合而万物生，阴阳接而变化起，性伪合而天下治"，《庄子·外物》中有"阴阳错行，则天见其怪，地出其

---

〔1〕何宁撰：《淮南子集释》，中华书局1998年版，第583页。

〔2〕〔清〕张志聪著：《黄帝内经集注》，中医古籍出版社2015年版，第17页。

妖"，《淮南子·天文训》中有"夫阴阳者，承天地之和，形万殊之体"，《黄帝内经》中有"阴阳者，天地之道也，万物之纲纪，变化之父母，生杀之本始，神明之府也"，等等，都是对于"阴阳"概念范畴不同视角的阐述，这些文献内涵丰富、言辞简约、阐理幽深，使相反相成之哲理跃然眼前。

考古与考据二重互证，不仅使中国传统文化的科学体系渐臻至善，而且也成为中国传统文化独具魅力的特色。

### 三、《周礼》："阴阳"之礼

《周礼》（即《周官》）是周文王之子周公所作。周公有元圣之称，他在周初制礼作乐，辅佐成王。孔子在《周礼》的基础上整理形成了《礼记》一书。孔子一直主张克己复礼，他所要复的"礼"，就是周公制定的周礼。孔子一生对周公非常崇敬，以至于几天梦不见周公就觉得自己远离了圣人。《论语·述而》载："子曰：'甚矣吾衰也！久矣！吾不复梦见周公。'"[1]同样，《论语·八佾》"周监于二代，郁郁乎文哉！吾从周"表达的也是孔子对周礼的无限向往。以下是《史记·周本纪》中与周公相关的记载：

> 西伯盖即位五十年。其囚羑里，盖益《易》之八卦为六十四卦。诗人道西伯，盖受命之年称王而断虞芮之讼。后十年而崩，谥为文王（经纬天地曰文）。改法度，制正朔矣。
>
> 武王即位，太公望为师，周公旦为辅，召公、毕公之徒左右王，师修文王绪业。武王已克殷，后二年，问箕子殷所以亡。箕子不忍言殷恶，以存亡国宜告。武王亦丑，故问以天道。
>
> 武王病。天下未集，群公惧，穆卜，周公乃祓斋，自为质，欲代

---

[1]〔清〕程树德撰，程俊英、蒋见元点校：《论语集释》，中华书局1990年版，第441页。

武王，武王有瘳。后而崩，太子诵代立，是为成王。

　　成王少，周初定天下，周公恐诸侯畔周，公乃摄行政当国……周公行政七年，成王长，周公反政成王，北面就群臣之位。

　　成王在丰，使召公复营洛邑，如武王之意。周公复卜申视，卒营筑，居九鼎焉。曰："此天下之中，四方入贡道里均。"作《召诰》《洛诰》。成王既迁殷遗民，周公以王命告，作《多士》《无佚》。召公为保，周公为师，东伐淮夷，残奄，迁其君薄姑。[1]

——《史记·周本纪》

　　这段史料中的"西伯"，即周文王。他在位大概有五十年，曾被囚禁在羑里。在羑里，周文王对《易》做了推演，将伏羲的八卦推演为六十四卦。《史记》用"改法度，制正朔"歌颂周文王。"改法度"，是指废除殷历，改用周历；"制正朔"，是指继位帝王的年号要改变，纪年也要改变。周文王去世之后，他的儿子武王继位。此时，太公望担任太师，周公旦作为辅佐，召公、毕公等人也在武王身边辅助，他们接续着文王的事业继续发展周王朝。在武王患病之后，群臣恭敬地卜问吉凶，周公"自为质，欲代武王"，即周公自愿做替身，想代替武王去死。周公虽有这一壮举，但武王病愈后不久还是去世了。武王之子成王在继位之时年纪尚小，周公担心诸侯背叛周朝，于是摄政主持国家大事。周公摄政七年，成王长大，周公还政于成王，重新"北面就群臣之位"，这也是"北面称臣"的来历。周公没有像后世的鳌拜那样，而是辅佐了自己的侄子，并确立了嫡长子继承制度。在此之前，殷商时期的继承方式并非如此，而是在哥哥去世后由弟弟继位。自周以来，确立了男尊女卑。如今社会生活中的男女排序，一般把男性放在前面，这种惯例概源于此。

　　周公辅佐其兄武王之后，又来摄政侄子成王处理国事，由当时的臣子"何"做了何尊，何尊铭文所记之事即与此相关（"何尊铭文"有关内容

---

[1]〔汉〕司马迁著，韩兆琦译注：《史记》，中华书局2010年版，第218-245页。

详见第十二讲）。有了这些出土文物作为考古证据，加上典籍文献，二者对应考证，就可以确定周公其人和《周礼》一书的历史真实性。那么，《周礼》与"阴阳"是什么关系呢？

钱穆先生在《周官著作时代考》中说：

> 书中用"阴阳"字凡十二见。除《山虞》《卜师》《柞氏》诸条意义较为常见外，《周官》书中所用"阴阳"二字之涵义，实非常广泛。要言之，气有阴阳，声有阴阳，礼乐有阴阳，祭祀有阴阳，狱讼有阴阳，德惠有阴阳，一切政事法令莫不有阴阳。事事物物，均属阴阳之两面。故曰"太阳""太阴"，余可类推。于是把整个宇宙、全部人生，都阴阳配偶化了。此等思想，自当发生在战国晚年阴阳学盛行之后，此殊无可疑者。[1]

通过这段话可知，阴阳就是配偶化的范畴概念，就是中国古代最根本、最重要的哲学思想。研究西方哲学的人常说中国没有哲学，其实中国古代并不是没有哲学，只是没有将它称之为哲学。

纵观中国古代文化史，阴阳于政令、礼仪、祭祀、王城、朝堂、祖庙、社稷等礼制和场所无处不在，实际上已经融入了政治、文化、礼俗等各个方面，天下万物"亦阴亦阳"，已成为中国人生活当中"日用而不觉"的文化现象。以北京天安门广场为例，其布局正符合《周礼》中"左祖右社"的礼制，其左右是以"圣人南面而听天下"取向的，即以坐北向南为正位而取向。天安门城楼右边是人民大会堂，左边是历史博物馆，充分体现了《周礼》中的阴阳思想。"北为阴，故王后北面治市"，今日来看，后宫、什刹海的方位均与此阴阳思想相关，这些都是有根据的。习近平在韩国首尔演讲时讲到："中国太极文化由来已久，韩国国旗是太极旗，我们

---

[1] 钱穆：《周官著作时代考·两汉经学今古文评议》，商务印书馆2001年版，第369页。

最能领会阴阳相生、刚柔并济的古老哲理。如果说政治、经济、安全合作是推动国家关系发展的刚力，那么人文交流则是民众加强感情、沟通心灵的柔力。只有使两种力量交汇融通，才能更好推动各国以诚相待、相即相容。"[1]这也说明了中国古代阴阳思想在人文交流中的重要地位和核心价值。以上列举的实例都是对《周礼》"天下万物，非阴即阳"这句话的生动诠释，有力地证明了周礼是"阴阳之礼"这一观点。

### 四、《周易》："乾坤阴阳"之学

被奉为群经之首的《周易》，实际上是一部"阴阳"话语下的学说。西安碑林博物馆珍藏的《熹平石经·周易》残石，是现存《熹平石经》中体量较大的一块，主要内容是《周易》的卦爻辞，残石两面刻字，约存437字。《熹平石经》是中国最早的官方石刻教科书，因于东汉熹平四年刊刻而得名，经文全部由隶书书写，故又称为"一体石经"。两汉时期独尊儒术，天下读书人均以研习儒家经典为要义。东汉后期，各种儒学经典版本众多，依靠手抄来传播，难免出现讹误与曲解。为此，熹平四年至光和六年（175—183年），为规范儒学经典版本，蔡邕等人奉诏以隶书一体写成《熹平石经》。据载，石经共刻碑46座，全部碑文约20万字，历时9年完工。目前已发现的《熹平石经》残石共有9000余字，分别由上海博物馆、河南省博物院、西安碑林博物馆等收藏。可见，《周易》群经之首的地位由来已久。

> 《虞书》曰"乃同律度量衡"，所以齐远近、立民信也。自伏羲画八卦，由数起，至黄帝、尧、舜而大备……夫推历生律制器，规圆矩方，权重衡平，准绳嘉量，探赜索隐，钩深致远，莫不用焉。度长短

---

〔1〕习近平：《共创中韩合作未来 同襄亚洲振兴繁荣——在韩国国立首尔大学的演讲》，载《经济日报》2014年07月05日。

者不失毫氂，量多少者不失圭撮，权轻重者不失黍累。[1]

——《汉书·律历志》

《易经》十二篇，施、孟、梁丘三家。易传周氏二篇。服氏二篇。杨氏二篇。蔡公二篇。韩氏二篇。王氏二篇。丁氏八篇。古五子十八篇。淮南道训二篇。古杂八十篇，杂灾异三十五篇，神输五篇，图一。孟氏京房十一篇，灾异孟氏京房六十六篇，五鹿充宗略说三篇，京氏段嘉十二篇。章句施、孟、梁丘氏各二篇。凡易十三家，二百九十四篇。[2]

——《汉书·艺文志》

《易》曰："古者包牺氏之王天下也，仰则观象于天，俯则观法于地，观鸟兽之文，与地之宜，近取诸身，远取诸物，于是始作八卦，以通神明之德，以类万物之情。"

——《周易·系辞上》

《汉书·律历志》中的"推历"指推算时历，"制器"即制作器物，"规圆矩方"说的是圆规和矩尺。其中的"探赜索隐，钩深致远，莫不用焉"，离不开方圆这一概念范畴，《周易》就是在这一概念范畴中展开的"乾坤阴阳"学说。

《汉书·艺文志》中对《周易》作了说明，凡易十三家，二百九十四篇。这是东汉班固所记的内容，距今近两千年，可见在那时便有许多与《周易》相关的著述。清华大学廖名春教授讲到《周易》时说，现在注《周易》的著作已有三千多种，其中的经典注本达二百多种。这一局面生动地展现了"六经注我，我注六经"的文化景象。同时，《汉书·艺文志》提到《易经》十二篇，包括施、孟、梁丘三家的版本。这三家的《易经》

---

[1]〔汉〕班固撰，〔唐〕颜师古注：《汉书》卷二十一，中华书局1962年版，第955页。

[2]〔汉〕班固撰，〔唐〕颜师古注：《汉书》卷三十，中华书局1962年版，第1703页。

解释可能各有侧重，但都基于《周易》的阴阳理论。《周易》的核心思想是阴阳的对立统一。《周易》中的阴阳不仅仅是抽象的概念，还运用于卦象的具体解释中，即用阴阳两爻的不断交互作用去代演万事万物的变化。因此，从这个角度更加说明《周易》是一部"乾坤阴阳"的学说。

《汉书·艺文志》称《周易》为"人更三圣，世历三古"的元典。其中的"三圣"，即伏羲、周文王、孔子三位圣人；"三古"是指古代的三个不同时期，即远古、中古、下古。古代典籍中提到伏羲，仰观天象、俯察地理，近取诸身、远取诸物，于是始作八卦，"以通神明之德，以类万物之情"，即力图通过阴阳的范畴概念和八卦的推演来演示宇宙中万物的生成及秩序。今天，我们对伏羲的事迹难以考证，但伏羲之后周文王的事迹则是可考的。商周之际，纣王无道，文王顺命行道，"于是重易六爻，作上下篇"。周文王之后，孔子又作了"彖、象、系辞、文言、序卦之属十篇"，此之所谓"十翼"。由此可见，《周易》的影响是非常深远的，《周易》的阴阳思想一直被传承和发展。

视频4　"阴阳"是中国传统文化的根和魂

通过二重证据法梳理可知，"六经皆周书之旧典"，故而阴阳的时空原点是清晰的。因此，我在2023年公祭伏羲大典暨第五届华人国学大典甘肃论坛上提出："中国传统文化就是阴阳概念所统摄的一个世界，如果在我们的传统文化之中，把阴阳二字抽去了，就像把人的筋和魂抽去了，中华文化也就坍塌了。"

### 五、李学勤谈《周易》与中国传统文化的关系

李学勤先生曾论述《周易》与中国传统文化的关系，主要谈了易学在中国传统文化领域的地位、易学对中国传统文化的影响、孔子对易学的贡献三个问题。

第一个问题，易学在中国文化中到底处于一个什么样的地位？

1990年，在纪念英国专门研究中国科技史的专家李约瑟博士九十诞辰的研讨会上，时任李约瑟研究所所长的何丙郁先生谈了中国科学史研究的问题。何先生明确讲到中国科技史的研究将来还可以深入拓展，那就是摆脱西方科学话语体系的束缚，用中国科学本身的发展来研究中国科学史。

很长时期以来，研究中国科学技术的发展不是按照中国科学技术本身的发展来研究，而是按照西方科学技术的传统，在西方科学的话语之下来研究，因此造成这样的一个结果，比如说研究中国物理学，中国古代没有物理学，没有physics这个词，那么怎么办呢？于是到中国古书中去找那些和今天我们叫做物理学的可以对得上的东西，就把它抽出来写成一本书叫"中国物理学史"；研究中国力学史，就在中国古书中找那些跟力学有关系的，就是"中国力学史"。

中国科技整个的研究都是在西方的传统的话语之下来进行的，因此，我们总是觉得中国科学发展的历史不像西方那样。我们是不是也可以问这样一个问题，对中国整个的文化和学术是不是除了用西方今天的学科的分类、研究来看以外，还可以有一种办法就是从中国本身的情况来看，是怎么样就是怎么样，在这样的条件之下，我们再看这个易、《周易》、易学，它的位置到底应该是怎样的？

中国有没有哲学？其实这个问题在世界上已经争论了不知多少年。外国的一些学者说中国没有哲学只有思想，因为他们所说的哲学是从希腊、罗马移来的哲学，是那个爱智的哲学，那和中国的哲学确

实不太一样。如果一定要按照西方的哲学这个词的定义来讲中国的什么东西，那就是没有。

如果完全套用一种传统、一种文化理念的话语来看另外一种不同的文化，总是有不合适的地方。所以，我认为，要真正理解易学在中国传统文化中的地位，很重要的一点就是要按照中国文化本身的结构、途径和方法来看易学带给它的作用。从这个观点来看，其结果应该是更进一步地认识到易学在整个中国文化里面的地位，也更进一步地体会到易学在中国整个的学术里面起着核心领导和一切密切相关的重要的作用。[1]

如何理解要按照中国科学本身的发展来研究中国科学史这个问题呢？前文讲过，"勾股定理"（"毕达哥拉斯定理"）在《几何原本》中是第47命题，也就是说，如果没有前46个命题，就没有第47个命题。《几何原本》强调逻辑推理，是从"五大公设"开始的，顺序非常清楚，而《周髀算经》中的"勾股定理"却是直观呈现的（如1-6弦图）。过去我们一直认为，这种直观呈现的证明方式，是完全不同于欧几里得公设体系下的演绎证明，后面将会论证公设体系实际上也是直观呈现下的公设。

但把勾股定理写成圆的方程式 $x^2 + y^2 = R^2$，是笛卡尔创建直角坐标系之后才用数形结合方式表达出来的。"勾股定理"与圆的方程表达式虽然相似，但如果没有直角坐标系，仅有"勾股定理"还无法作出圆的方程。进而言之，尽管可以找出无数个勾股数，但仍画不出圆的曲线，只有通过解析几何的表达方式才能呈现函数曲线。笛卡尔是近代西方著名的哲学家、数学家，是解析几何的创造者，中西方的真正差距就是从笛卡尔创建直角坐标系开始的。笛卡尔生活的时代是1596年至1650年，正是明末清初之时，近代在西方高歌猛进之时，中国却一落千丈，所谓"失之毫厘，

---

〔1〕李学勤：《〈周易〉与中国文化》，载《周易研究》2005年第5期。

谬以千里"。

　　第二个问题，易学对中国文化到底起一个什么样的影响？

　　2004年9月3日，物理学家杨振宁先生在人民大会堂做了一场题为《〈易经〉对中国文化的影响》的报告。在报告中，杨振宁先生将《易经》对中国文化的影响归纳为三个大的方面：

　　一、《易经》影响了中国文化的思维方式；

　　二、《易经》是汉语成为单音语言的原因之一；

　　三、《易经》影响了中国文化的审美观念。

　　一本书《易经》，形成了一种专门的学问——"易学"，从此影响了整个中国文化的思维方式，这一影响是其他任何学问都不能与之相比的。《易经》不仅影响了中国文化的思维方式，它还影响了整个中国语言文字的发展。汉语是世界上极为罕见的单音语言之一，汉字是极为特殊的非拼音文字，这与《易经》的影响是分不开的。《易经》还影响了整个中国古代的艺术审美观念，这同样是了不起的。

　　杨先生在报告里也明确地指出有五种道理妨碍了近代科学在中国的产生，这五种道理当然和《易经》有一定的关系，值得我们深入思考：

　　1.中国文化是入世的，注重实际应用，不太注重抽象的理论架构；

　　2.科举制度的影响，它偏向于文科考试，导致科学技术方面的研究没有得到足够的重视；

　　3.传统观念中技术被认为是"奇技淫巧"，不被看重；

　　4.中国传统思维中缺乏推演式的思维方法；

　　5."天人合一"的观念，即认为自然界的规律和人类社会的规律是相同的，这与近代科学的要求不符。

　　任何一个民族、国家的科学发展总是和其思维方式有关。中国有中国的科学，西方有西方的科学，中国的科学在很大程度上是和我们的思维方式有关的。正因为我们有这样的思维方式，所以我们科学的发展和西方不一样，我个人认为最好的一个代表就是中医。大家承认中医是一种医学，可是中医不是西方那种医学，一定要把医学叫做medicine，medicine 那个词也如哲学那个词一样不见得适合中国的东西。从来我们就认为中医和西医有所不同，我们只是在更广义的视野下把它们都叫做医学。

　　西方的科学确实是和逻辑结构有着密切的关系。杨振宁先生特别讲到欧几里得几何的问题，欧几里得几何以及后来牛顿的《自然哲学的数学原理》，都属于推演的方法，甚至斯宾诺莎认为哲学也可以用推演的方法形成，这些观点反映了西方科学的思维方式，而我们的思维方式又有不同。[1]

　　关于这个问题，以往人们对易学的研究有两大类：一是象数之学，二是义理之学。象数是通过卦象或是蓍草之数去求吉凶，是一种占卜手段；而义理研究的是《周易》之中的哲理。孔子把好《易》者分成了三类：一是"幽赞"而不"达于数"的巫，二是"明数"而不"达乎德"的史，三是"明数而达乎德""观其德义"的自己——"丘"。从这里看，孔子是好《易》的，但他之所好，既不是为求吉凶的筮占，也不是追求数学的实际应用，而是为了求其中的哲理"德义"。孔子对好《易》者的这种划分，实际上是将易学划出了三大功能，代表着三个层面的不同境界：最低级的是巫之占卜，第二是史之明数，第三是以孔子为代表的明德。

　　张双南研究员说《周易》影响了中国科技的发展，现在看来，影响中国科技发展的不是《周易》，而是对《易》理解的越级，即跨过了"数"这一层级。在今天"数"统天下的世界里，这种跨越就失去了"以数明理"的桥梁，"理"就会成为一种可望而不可即、只可意会不可言传的玄学。这是中国传统文化的根本境遇，也是《周髀》托古于《周易》而导致

―――――――――――
[1] 李学勤：《〈周易〉与中国文化》，载《周易研究》2005年第5期。

的结果，并且这种结果具有一定的必然性。

第三个问题，孔子对易学究竟有什么样的贡献？

孔子不仅开创了儒学，也确实开创了易学。马王堆帛书《要》篇讲了孔子老而喜易的事，"夫子老而好易，居则在席，行则在橐"。孔子老而喜易这件事根据《孔子世家》是在鲁哀公十一年以后，所以《要》篇记的是孔子最后几年的事。那时候子贡在孔子身边，子贡问孔子："夫子他日教此弟子曰：德行亡者，神灵之趋；知谋远者，卜筮之察[1]。""夫子何以老而好之乎？"子贡问孔子说：老师曾经说过，那些德行不好的人才跑到神灵那里去，那些没有智谋的人才去占卜算卦，怎么今天你却看算卦的书？这与过去所说的不是矛盾了吗？孔子回答他说："易，我后其祝卜矣，我观其德义耳。"他说，在《易经》这方面你要说算卦，我当然比不了那些专门算卦的，我与那些人是"同途而殊归"，"我观其德义耳"，我看的是《易经》书里面的德义。

什么叫德义？《要》篇里说："幽赞而达乎数，明数而达乎德，又仁［者］而义行之耳。赞而不达于数，则其为之巫；数而不达于德，则其为之史。"孔子说他为什么跟史巫、算卦的不一样呢，就是因为幽赞神明一定要达于数。如果不达于数就和巫没有差别了，而数要不达于德，即做不到德这一点的话，那就和史、太祝这些个人没有差别了。

"德义"两个词完全是易学的两个词，所以孔子是易学的真正开创者。正是孔子真正把数术的易和义理的易（或者叫哲学的易）完全区别开来，于是才有我们所说的真正的易学，所以我们说孔子对易学最大的贡献就是区别这两者。而正因为区别了这两者，使《周易》的哲学成分进一步地纯化，使易学进一步地影响了我们的思维方式。[2]

---

〔1〕察，讹文，宜作"繁"。廖名春案。
〔2〕李学勤：《〈周易〉与中国文化》，载《周易研究》2005年第5期。

按照李学勤先生的这个逻辑来理解，恰恰由于孔子对易学的这个贡献，使得《周易》和《周髀》二者相互交融的程度远不及两希文化的交融，这与儒家君子不器、追求形而上者的价值观相吻合。《周髀》由形而上的道统之学，在唐代经李淳风加了"算经"二字降格为形而下的"算学"，甚至明文规定，八品以上的官员不学"算学"（《唐六典》）。清代乾隆朝整理《四库全书》时，将《周易》纳入"经"学，而将《周髀算经》纳入了"集"部。《周髀》与《周易》地位悬殊，使二者失之交臂，这可能是中国科学落后于西方之原因，而这个原因并非在先秦，而是在后世。后世为何要如此这般，这是个值得深究的大课题。廖名春教授认为，抽象数学不发达与重德、重经脱不了干系。这一认识是颇有见地的。今天，在文献考据、考古实证二重证据法的基础上，我们将探索把数学考证引入阴阳范畴概念的研究，努力将文献考据、考古实证与数学考证三结合，形成三重互证的研究范式。因"数"一定是先于"字"与"物"同生的，故而，数学考证的意义不亚于考据、考古。

## 第五讲
# 阴阳勾股　偶对平衡

- ◎ 日地关系直观呈现阴阳勾股
- ◎ 日地关系直观呈现几何公理
- ◎ 杠杆之事理及其中西分野
- ◎ 杠杆原理直观呈现偶对平衡的天则
- ◎ 太极定理：偶对平衡的数学表达

运用文献考据和考古实证的二重证据法，通过对"阴阳是中国传统文化的根和魂"这个预设命题进行详细论证可知："阴阳"二字贯通于《周易》《周髀》，贯通于六经元典及先秦诸子经典，贯通于日地、乾坤、天地、君臣、父子，贯通于自然和义理。那么，"阴阳"二字是否也能贯通于数学？是否也具有科学属性呢？本讲将围绕这一问题展开讨论。

现代化的根据是科学，科学体系由数学所构建支撑。那么，阴阳作为中国传统文化的根和魂，能否被数学所表达直接关系到阴阳概念的科学属性问题。有科学家认为，"阴阳"可以称之为文化，但不具有科学属性。对此，我们持不同意见。通过对日地关系的科学实证和对圆方关系的数理推演，可证明："阴阳"概念不仅具有科学属性，而且"勾股定理"也完全可以称之为"阴阳定理"。因此我们认为，阴阳概念是贯通于自然、义理和数学的概念范畴。

## 一、日地关系直观呈现阴阳勾股

"阴阳"是中国古人的概念范畴，考察日地关系不能简单地在地球公转图中考察，而应以古人的视角考察太阳的视运动轨迹。太阳东升西落，日复一日，人们在地球上观察太阳，太阳的视运动是顺时针的，其轨迹恰好构成一个圆。如果将太阳视运动轨迹置于几何学视域，连接圆上任意一点与直径的两个端点，则会构成一个直角三角形。如图5-1所示。

以太阳为质点在圆内形成的直角三角形，两个直角边分别处于太阳能够照射到的边（阳坡）和照射不到的边（阴坡），这就是"阳"和"阴"

的直观呈现。甘肃张掖康乐草原九排松景观（见图3-16）就是"阴""阳"位置差异下所形成的景象，雪后张掖丹霞的阴阳坡景观亦是如此，同样直观呈现了冰川的发育条件。如图5-2所示。

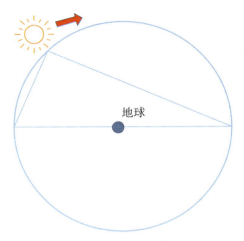

图5-1  太阳的视运动轨迹示意图

图5-2  雪后张掖丹霞的阴阳坡景观

在北方的一些地区，通常植被稀疏的山坡是向阳面，而植被茂密的山坡是背阴面，"阴阳向背"在自然界的呈像是非常清晰的。如图5-3所示。

图5-3 北方山梁阳坡、阴坡

再如图5-4所示，在这个日地系统下的直角三角形中，$AC$、$BC$是直角边，两条直角边的平方之和等于斜边的平方，即$AC^2 + BC^2 = AB^2$，这就是勾股定理。有了勾股定理，才有了$\pi$和$\sqrt{2}$，也才有了微积分、三角函数以及复变函数等，因此，是直观呈现的勾股定理直接决定了数学体系的存在与否。

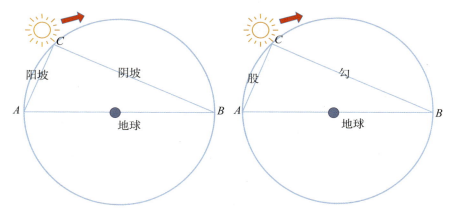

图5-4 阴阳、勾股示意图

图5-4清晰地表明，太阳质点运动的时候，阳面和阴面自然会发生变化，阴阳之间此消彼长，勾股之间也此消彼长，勾股相变与阴阳消长同出而异名，就像一个人的姓名和乳名一样，完全是等效的，反映的都是日地

间的相对运动。可以说，勾股定理就是阴阳定理，日地关系既是被勾股定理所规定的，也是被阴阳定理所规定的。

结合这些内容来反观中国传统文化的一些概念，就会容易理解得多。"道生一，一生二，二生三，三生万物。万物负阴而抱阳，冲气以为和"。地球以及地球上的万物都是被太阳所环抱着的。在古汉语中，被动语态的表达与现代汉语不同。比如，"肉夹馍"实际是馍夹肉，但却说成"肉夹馍"；再比如，"晒太阳"实际上是太阳晒人、人被太阳晒，就是"负阴而抱阳"，亦即阴阳关系。

太阳照射到地球的时候，带来阳光和能量，万物才得以生长。日地关系是万物之根本，物质的、精神的东西都是源于日地关系的，没有日地关系，一切都不复存在。太阳仅仅是一颗恒星，宇宙中有无数颗恒星。当这些恒星发出来的光在宇宙中穿梭而遇不到星球的时候，等于光是在黑暗中穿梭的。换言之，仅有太阳是不够的，还必须有一个承受者，这样才会显现出太阳的能量。只有"天行健"不行，还得有"地势坤"，这样日地之间的交互作用才能成立，才可"冲气以为和"。

当我们从整个日地关系中来审视这个道理时，就会非常容易理解。何谓"道"？"道可道，非恒道"。如图5-4中，$AC^2 + BC^2 = AB^2$，它们的平方之和是一个恒常量，这是"可道"；但这并不意味着 $AC$ 与 $BC$ 之和是恒等的，$AC$ 和 $BC$ 即勾和股是此消彼长的、是变量，它们之间不是简单的线性关系，这是"非恒道"。"恒常量"与"变量"相互制衡，维护着系统的平衡。

依图5-5再来比照读《道德经》：

　　有物混成，先天地生。寂兮寥兮，独立而不改，周行而不殆，可以为天地母。吾不知其名，强字之曰：道；强为之名曰：大。大曰逝，逝曰远，远曰反。故道大，天大，地大，人亦大。域中有四大，而人居其一焉。人法地，地法天，天法道，道法自然。

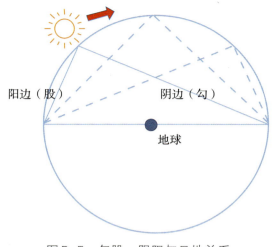

阳边（股）　　　　阴边（勾）

地球

图5-5　勾股、阴阳与日地关系

　　比照读来，一切都在直观呈现中！日地关系就是寒来暑往，春去秋来，"独立而不改，周行而不殆"，我们的世界的一切存在都是日地关系统摄下的产物。

　　勾股之间、阴阳之间彼此是互为根据的、互证互存的。"孤阴不生，独阳不长"，比之于物质与精神，阴阳也是互为根据而存在的。我们常说的唯物主义和唯心主义，二者的区别在于物质与精神在逻辑上的在先性，绝不是物质与精神只能取其一的片面思维。

　　勾股定理是理念的东西、意识的东西，而日地关系是现实的客观存在，二者之间是不能割裂的，主客是依存的，主客是互证的。《道德经》中，道大、天大、地大，最后落脚于"人亦大"，四者当中，人本身是最渺小的，但因其独有理念而并称为"大者"。也就是说，在人法地、地法天、天法道、道法自然四者中，人无疑也是重要的，因为"四域"当中唯有人是具有理念与意志的。理念与自然不可割裂，勾股定理、阴阳定理存在于理念世界、天地自然和日地关系中。理念法则和自然世界并没有"何为先、谁在前"的问题，二者是相互依存、互印互证的。但有一点毋庸置疑，理念和自然的交互融通、形成认识，是人类出场之后才有的产物。正如《周易》所说："夫大人者，与天地合其德，与日月合其明，与四时合其序，与鬼神合其吉凶。先天而天弗违，后天而奉天时，天且弗违，而况于人乎！况于鬼神乎！"[1]

从直角三角形两条直角边的实证结果来看，完全可以称"日地关系"既为"勾股相变"的关系，也为"阴阳消长"的关系，"勾股定理"也可称为"阴阳定理"；日地系统的相对运动就是勾股相变的过程，也是阴阳消长的过程。勾股相变等效于阴阳消长，就像妈妈等效于母亲一样不容质疑。总之，"阴阳"的概念范畴本身就来源于自然界的直观成像，是"天投影于地，地标示于天"的自然成像，而这种成像与其几何图示是相互一致的。

### 二、日地关系直观呈现几何公理

何为"几何"呢？《几何原本》是古希腊时期就有的数学巨著，其中假定了"五大公设"，作为所有命题得以推演的根据。毫无疑问，五大公设在数学体系中具有逻辑上的在先性，而日地关系所形成的几何图示中，就直观呈现出了五大公设。

《几何原本》中的五大公设（Postulates）：

> 我们假定：
>
> 1. 从任一点到任一点可作一条直线；
>
> 2. 一条有限直线可沿直线继续延长；
>
> 3. 以任一点为心和任意距离可以作圆；
>
> 4. 所有直角都彼此相等；
>
> 5. 一条直线与两条直线相交，若在同侧的两内角之和小于两直角，则这两条直线无限延长后在该侧相交。[2]

---

[1] 黄寿祺、张善文译注：《周易译注》卷一，上海古籍出版社2007年版，第14页。

[2] 〔古希腊〕欧几里得：《几何原本》，张卜天译，商务印书馆2020年版，第6页。

如图5-6所示,圆上有无数点,两两相连可得一条线段,若过圆心则为直径,不过圆心则是弦;一条有限直线可沿直线继续延长,天球模型依此而得;如果把太阳和地球分别看作圆上和圆心的两个质点,那么,圆上任意一点连接过直径的两个端点便构成直角三角形,在这个圆上任意构成的直角彼此相等;一条直线与两条直线相交,若在同侧的两内角之和小于两直角,则这两条直线无限延长后在该侧相交,圆中的直角三角形就由两条直线相交闭合而成。

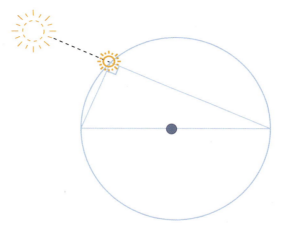

图5-6 日地关系几何图示

每一条公设的几何意义,都可在日地关系的直观呈现中找到根据,五大公设虽是假定,但绝不是凭空而来,假定契合日地关系。除了五大公设,还有被视为可不证自明的"五大公理"。具体为:

1.等于同量的量彼此相等;

2.等量加等量,其和相等;

3.等量减等量,其差相等;

4.彼此能重合的物体是全等的;

5.整体大于部分。[1]

如图5-7是一个被称为天平的等臂杠杆，通过天平可以直接体会以上公理。可以说，五大公理可视为在天平的实际应用中直观呈现的经验知识。

战国楚天平
（常德棉50楚墓）

图5-7　天平上的等臂杠杆

视频5　天平的发展史

五大公理的有效性等同于天平的有效性。那么，天平的有效性又来自哪里？若把天平拿到太空之中，结果又会如何？如果看过宇航员在太空中的影像，自然会知道结果：天平在太空之中是无法使用的。我们认为，公理在地球上是不证自明的，到了太空就会失效。可见，特定的日地关系是这些公理有效性的根据，人类恰恰是基于公设和公理延伸出的科学体系将航天器送入了太空。杠杆之事理只有在地球上才能直观呈现出来，并能生

---

[1]〔古希腊〕欧几里得：《几何原本》，张卜天译，商务印书馆2020年版，第7页。

发出杠杆原理（$F_1L_1=F_2L_2$）这个物理公式，然而这一理念世界的学理一旦生成，却又能摆脱地球的禁锢，普遍适用于宇宙。似乎理性的起点只能在日地系统中，就像一把密钥，虽可以打开宇宙世界的任何一扇门，但制造密钥的模具却在地球上，并且只能在地球上。人类正是从日地关系中获得了观测宇宙世界的基本单位"1"，并以此标度为法度，生成了观测宇宙世界的尺子——现代科学，从而开始了地球人对宇宙世界的科学理解。从这个角度讲，日地系统中的物理世界是围绕太阳转动的，而日地系统中的理念世界似乎又是围绕地球旋转的，或者说是以人的处所环境为法度的。一言以蔽之，人类可以利用科学这一工具理性去探索宇宙，但这一工具只能在地球上获得，不可能在地球之外的宇宙中获得，也不可能被人类之外的其他生物所获得。

关于这一点，人类应静心思考"尊重自然、顺应自然、保护自然"的深刻内涵，审慎对待生物工程、人工智能（AI）、太空工程等，防止在科学旗帜之下，出现捣毁科学之摇篮的现象。

### 三、杠杆之事理及其中西分野

五大公理的不证自明源于天平的直观呈现，而天平仅仅是杠杆原理下的一个特例，是杆秤中的等臂秤，而秤除天平秤外，更多的是不等臂的杆秤。

有人讲，"一根木杆秤，一页文明史"。杆秤是杠杆原理的呈现者，是人类最早的衡器发明，也是使用最广、家喻户晓的衡器。"秤"为"稱（称）"的后起俗字，"稱"本作"爯"，象以手挈物之形，有称量之义；"爯"后作"稱（秤）"，从"禾"，取以粟度量之意；又，"秤"字本身会意木杆（"禾"）上的平衡，它融自然与人文为一体，承载着中华民族的文化基因，表达着中华民族的世界观，可说是华夏国粹。

汉代刘向《说苑·反质》载："卫有五丈夫，俱负缶而入井，灌韭，终日一区。邓析过，下车教之曰：'为机，重其后，轻其前，命曰桥。终日溉韭，百区不倦。'"[1]这段话是说，被《汉书·艺文志》列入"名家鼻祖"的春秋末期郑国大夫邓析（前545—前501年）见人用一机物从井中提水浇灌的效率极高，便下车说，这一机物，前轻后重，名曰"桥"。这说明中国古代把用以从井中提取水的机物杠杆称为"桥"，也表明2500年前中国古人不仅掌握了杠杆原理，而且可以利用这一原理从井中取水了。

图5-8　古人井中取水示意图

南北宋之际，吴曾《能改斋漫录》曾引《符子》的一段话，《符子》曰："朔人献燕昭王以大豕，曰养奚若。王乃命系宰养之。十五年，大如沙坟，足如不胜其体。王异之，令衡官桥而量之，折十桥，豕不量。命水官浮舟而量之，其重千钧。"[2]这段话是说，战国时期朔人献给燕昭王（前335—前279年）一头猪，养了十五年后，奇大无比，不知体重几何，遂令"衡官"用名为"桥"的杠杆之杆秤量之，结果折断了十根杠杆，也没能称量成功。最后，只好命"水官"用刻记舟船吃水深度的变化称量，得知猪为千钧之重（古代的重量单位30斤为1钧）。这说

〔1〕〔汉〕刘向著，向宗鲁校：《说苑校证》，中华书局1987年版，第513–514页。
〔2〕〔宋〕吴曾撰，刘宇整理：《能改斋漫录》，大象出版社2019年版，第94页。

明战国之前我国已将度量衡的管理作为国家治理之责由专人负责，也说明当时不仅可以用杆秤称重物，而且可以利用浮力原理用舟的吃水深度来称重物。可见，"曹冲称象"之原理早在战国时期就已被人们所掌握了。

《墨经》中的记载更为清晰，说："衡，加重于其一旁，必捶；权重相若也相衡。则本短标长，两加焉，重相若，则标必下。标得权也。"[1]前句是就等臂天平而言的，说在天平的一侧加重，天平必下垂；只有当重物和砝码重量相等时，即权重相衡时，天平才能平衡。后句是就不等臂杆秤而言的，说当力臂长于重臂时，同时在两侧加同等重物时，则力臂端必下垂，即标端必下垂。如图5-9所示。

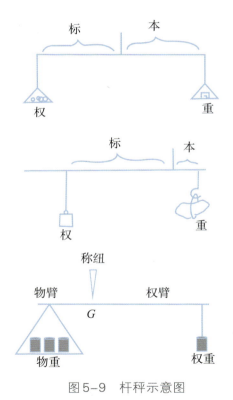

图5-9　杆秤示意图

〔1〕吴毓江撰，孙启治点校：《墨子校注》，中华书局2006年版，第533页。

关于这些内容，郑州大学关增建教授早在《中国古人发现杠杆原理的年代》一文中已有详尽考证和记述。[1]这里不只是想说明《墨经》中已准确地表达了杠杆原理，而更是想说明"标""本"二字已道出了中国古人关于"道法自然""天人合一"自然理念与人文理念统一的思想本质，并将此应用于社会治理之中，即标本兼治，衡也；权重利害，慎也，主张做人处世要权衡利害而不失准，以保持系统平衡的世界观。这些理念早已渗入中国人的血脉，成为中国传统文化基因而传承数千年，被人们日用而不觉。

对于杠杆之事理，中国不仅是以汉字"平""称"的造字形式和文字形式呈现出来的，而且用"天平""天地之间有杆秤"这种文学形式隐设其不证自明的公理性，并将此公理上升为天理，进而延展于人伦社会。但这种延展在皇权制度的裹挟下走向了极端，这种裹挟所形成的世界观在古籍中清晰可见。例如，《论语》中记载"君子谋道不谋食""君子忧道不忧贫""君子不器"[2]等，《尚书·泰誓下》中记载"郊社不修，宗庙不享，作奇技淫巧，以悦妇人"[3]，《庄子·外篇·天地》中说"吾闻之吾师，有机械者必有机事，有机事者必有机心。机心存于胸中，则纯白不备；纯白不备，则神生不定；神生不定者，道之所不载也。吾非不知，羞而不为也"。[4]在重道不重器、"存天理，灭人欲"的世界观背景下，杠杆等机物、机心的发展自然缺少了社会制度的保障；在过度强化伦理制度的背景下，封闭保守、思想禁锢、生产落后乃是必然之结果，明清两朝的禁海禁商也是这种观念蔓延的结果。

---

〔1〕关增建：《中国古人发现杠杆原理的年代》，载《郑州大学学报（社会科学版）》2000年第2期。

〔2〕〔清〕程树德撰，程俊英、蒋见元点校：《论语集释》，中华书局1990年版，第1119页。

〔3〕王世舜、王翠叶译注：《尚书》，中华书局2012年版，第439页。

〔4〕〔清〕王先谦、刘武撰，沈啸寰点校：《庄子集解·庄子集解内篇补正》，中华书局1987年版，第106页。

中西方对待杠杆这一事理有两种不同的进路。在西方，阿基米德所著的《论平面图形的平衡》虽晚于墨子的《墨经》200多年，但对杠杆原理不仅以公设的形式呈现出来，而且以公设为基础给出了许多命题，并以字母符号为代表，给出了图示证明。

根据杠杆之事理，阿基米德设定了7条不证自明的公设，并在此基础上，分别就重物在直线上的重心给出了15个命题，就平面图形上的重心给出了10个命题。7条公设中的第1条，也是最基本、最重要的一条，即"相等距离上的相等重物是平衡的，而不相等距离上的相等重物是不平衡的，且向距离较远的一方倾斜"。[1]这与《墨经》中关于等臂天平和不等臂杆秤的论述几乎无任何差别；所不同的是，阿基米德把它作为一种公设，延展到了几何学和代数领域。

中西方在这里再次分野，一个是延展回归于人类社会，注重于伦理制度；另一个是延展走向抽象创造，注重于解析自然、不断地向自然索取，体现在对外政策上则是不断开疆拓土、扩大殖民地，这可能也是"李约瑟之谜"的答案之一。

### 四、杠杆原理直观呈现偶对平衡的天则

接续上文，阿基米德就重物在直线上的平衡给出了命题3。命题3：若重量不相等的物体在不相等的距离上处于平衡状态，则较重者距支点较近。[2]针对该命题，给出了图5-10，以示证明。"设A、B是重量不相等的两个物体（让A是较重者），且分别在距离AC、BC相对C平衡。"

---

〔1〕〔古希腊〕阿基米德：《论平面图形的平衡》，〔英〕T.L.希思译，剑桥大学出版社1897年版，第189–220页。

〔2〕〔古希腊〕阿基米德著：《阿基米德全集》，〔英〕T.L.希思编，朱恩宽、李文铭等译，陕西科学技术出版社1998年版，第190页。

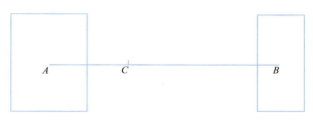

图5-10　命题3的证明示意图

进而，阿基米德又给出了命题6。命题6：当其距〔支点〕的距离与两量成反比例时，处于平衡状态。[1]针对该命题，给出了图5-11，以示证明。"设$A$、$B$分别是它们的重心，$C$分割线段$DE$，使得$A : B = DC : CE$，若将$A$放在$E$处，$B$放在$D$处，则$C$是$A$、$B$总体的重心。"

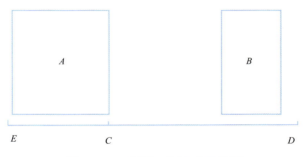

图5-11　命题6的证明示意图

以上梳理足以说明，东西方早在公元前就有关于杠杆原理的论述，且记载详尽，与今天呈现给中学生的杠杆原理示意图并无二致。这里转引初中二年级物理教材中杠杆的立象示意图及平衡条件：动力×动力臂=阻力×阻力臂，即

$$F_1 L_1 = F_2 L_2,$$

并说明："省距离不省力，省力不省距离"。[2]

---

〔1〕〔古希腊〕阿基米德著：《阿基米德全集》，〔英〕T.L.希思编，朱恩宽、李文铭等译，陕西科学技术出版社1998年版，第192页。

〔2〕义务教育教科书：《物理（八年级下册）》，人民教育出版社2012年版，第78页。

那么，设一个单位长度的杠杆（杆秤）为$a$、$b$两段，两端各载重物$b$和$a$，则杠杆系统处于平衡状态。如图5-12所示。

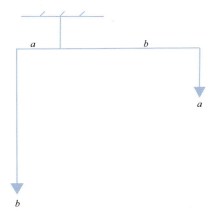

图5-12　杠杆原理立象示意图

根据杠杆原理的平衡条件，则有$ab = ba$，进行无量纲化处理后，其对应的几何关系如图5-13所示。这意味着$ab$与$ba$具有等积关系，故而，也有了数学四则运算法则中的乘法交换律。换句话说，乘法交换律首先是由现实世界中图5-12所示的立象而来，而不是由人为数学上的预设规定而来，至少也是殊途同归、彼此映射的自洽。

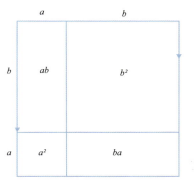

图5-13　完全平方公式几何示意图一

若以单位长度（$a + b$）为边长作一正方形，其面积则为$(a + b)(a + b) = (a + b)^2$，它的几何关系如图5-13所示。图中的面积$(a + b)^2$由四个部分组成，其和为 $a^2 + 2ab + b^2$，这正是完全平方公式 $(a + b)^2 = a^2 + 2ab + b^2$ 的几何由来。在这里，几何与代数实现了完美的统一，代数中的乘法交换律、分配律、结合律也都以几何方式直观呈现出来了。

若在图 5-13 的正方形中作一对角线可得图 5-14，我们发现，正方形的对角线正是一条平衡线，在这条平衡线上有无穷多个动平衡点，这些点始终满足完全平方公式 $(a + b)^2 = a^2 + 2ab + b^2$。无论 $a$、$b$ 值如何变化，$ab$ 与 $ba$ 始终是等积的，而 $a^2$ 与 $b^2$ 则是此消彼长的。正是 $ab$ 与 $ba$ 的等积，决定了 $a^2$ 与 $b^2$ 的不等积，正是等积与不等积的偶对平衡决定了正方形 $(a + b)^2$ 面积的恒定。在杠杆的平衡中，我们看到的是 $ab$ 与 $ba$ 的等积作用，却看不到 $a^2$ 与 $b^2$ 的不等积作用，也如大海里的冰山，看到的是小部分，看不到的是大部分；经济活动中看到的是计划部分，看不到的是市场部分；心理学家也有意识和潜意识之说。

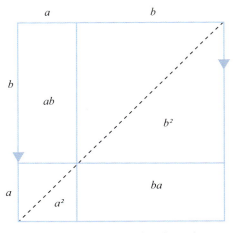

图 5-14　完全平方公式几何示意图二

这里表明了一个基本事实：数学所表达的比我们能看到的要多。具体讲，数学的规则虽源于现实的直观呈现，但数学延展的结果不一定能看得见，如物理研究前沿中的暗物质就是典型的事例。

图 5-14 中取正方形的两条对角线，可得图 5-15 中的左图。我们发现，当 $a$ 增大时，差值 $b - a$ 则减小；当 $a = b$ 时，差值 $b - a = 0$。若将左图对

折，可得右图，$\dfrac{b-a}{2}$ 则为平衡点距中心（线）的距离，或者说，$\dfrac{b-a}{2}$ 为任一平衡点距离中心（线）的偏差。

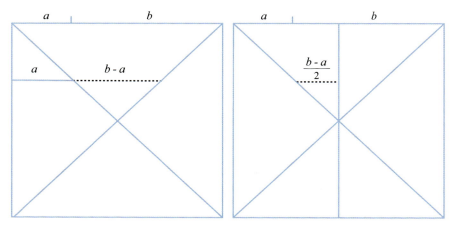

图 5-15　完全平方公式几何示意图三

若将图 5-13 中完全平方公式中的几何关系再还原到真实世界的实体杠杆（杆秤）上，可有图 5-16 所示的平衡系统。在这个不等臂杠杆（杆秤）上，短臂挂重物，长臂挂轻物，系统处于平衡状态。正如我们日常用的杆秤，提纽处便是系统的平衡点，笔者曾称这种平衡状态为偶对平衡。[1] 当 $a=b$ 时，平衡点（提纽）处于杠杆的中心 $O$ 点处，便是等臂杠杆，也是我们日常用的天平秤。由此可见，代数上的完全平方公式 $(a+b)^2 = a^2 + 2ab + b^2$，与图 5-13 中的几何图形和图 5-16 中的真实世界是完全等效的。完全平方公式中的等号"="，就是几何图中的平衡点，也是真实世界中杠杆上的提纽。可见，理念世界中的代数和几何图形，在真实世界中都对应有直观的呈现者。

---

〔1〕陈克恭：《坚持唯物辩证法思维　推进国家治理体系现代化》，载《甘肃日报》2013 年 12 月 23 日。

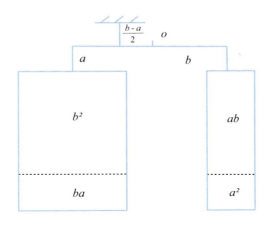

图 5-16 杠杆上的偶对平衡

这一现象说明，系统虽处于平衡状态，但相对于中心而言仍有偏差，这就是为何人们把杆秤（不等臂秤）只称为秤，而把等臂秤称为天平秤、称为公平秤的理由。天下所有法院的徽章都是天平秤，而不是杆秤。这说明，平衡，仅仅是平衡而已，但谈不上公平。中国人日常说"合理不合情"，可能就是这个意思。恩格斯理解黑格尔"凡是现实的都是合乎理性的，凡是合乎理性的都是现实的"命题的双重性含义，可能也包含这个意思。等臂秤只是秤的一个特例，公平也只是合理和平衡的一个特例。此类例子日常生活中比比皆是，如竞价拍卖稀缺生活必需品，虽价格公开，流程也公开，看似合理，但由于收入差别大，就可能存在不公平。同样，社会管理中的各种税赋系统，天下大同的共同理想、柏拉图的理想国、共产主义的远大目标，等等，都是基于对公平的追求，但公平是理想，不公平是常态。

这里又告诉了我们一个基本事实：人类追求公平的基准，恰恰也是维持人类社会系统平衡的基点。

将数学理念世界里的图 5-13 与实体世界里的图 5-16 作比较，我们发现，除重物的左右位置互换之外，其它都是等效的，即图 5-13 与图 5-16 彼此是互为镜像投影的，就像人照镜子，左右位置总是互置的，呈偶对平衡态势。古希腊哲学家柏拉图曾在《理想国》中用洞穴理论解释说，实体世界只是理念世界的投影，似乎他说得没错，但也不全对。这里清晰地说明，实体世界与理念世界应该是相反相成、镜像投影的。以实体世界为主要研究对象的代表人物牛顿，以理念世界为主要研究对象的代表人物笛卡尔，他们各自的代表作《自然哲学中的数学原理》和《哲学原理》，就是相反相成、互为镜像、偶对平衡的典型代表。

如果以杠杆为镜面，将互为镜像投影的理念世界与实体世界偶合在一起，即将理念世界的图5-13用虚线表示，将实体世界的图5-16用实线表示，将二者偶合可得图5-17。这里只是将图5-16中的两个面积分别为 $b^2 + ba$ 和 $a^2 + ab$ 的长方形等效化为图5-17中两个边长分别为 $\sqrt{b^2 + ba}$ 和 $\sqrt{a^2 + ab}$ 的正方形而已，长方形变成了正方形，但面积并没有变化。图5-17中虚线内的面积之和恒等于实线内的面积之和，都满足完全平方公式 $(a + b)^2 = a^2 + 2ab + b^2$。

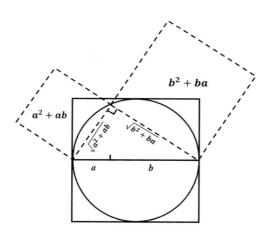

图5-17　圆方勾股相变图

如图5-17所示，杠杆在理念世界和实体世界之间找到了自己的位置，实现了二者偶对平衡的完美统一。与其说是杠杆找到了自己的位置，倒不如说是人寻找到了自己的位置，正是灵肉一体的人类，灵魂这一半在理念世界里，肉体这一半在实体世界中。

图5-17不仅呈现了理念世界与实体世界偶对平衡的完美统一，而且也完美地呈现出了勾股定理。如果以正方形的边长 $(a + b)$ 为直径作一个圆，即正

方形的内切圆，《周髀算经》中称此图为圆方图。图5-17清晰地呈现出，当定长杠杆上 $a$、$b$ 两段的长度此消彼长变化时，两个虚线的小正方形也同时此消彼长变化，但两个小正方形的面积之和却是恒等于大正方形的面积，它们始终共同维持着 $(a+b)^2 = a^2 + 2ab + b^2$ 这个完全平方公式的成立。当然，这自然也反证了圆上任意点过直径两端的三角形定为直角三角形。

"世界有个支点，数学有个等号"。天地之间有杆秤，数学也是等式左右两边恒等的话语体系。等号"="恰是机物杠杆的平衡点，等式两端同加、同减一个数，或者说等式两端加减项移项时变符号，等式仍成立，其依据源于机物两端同加同减不影响机物的平衡；等式两端同乘同除一个数，或者说等式两端乘除项移项时，互为倒数移项，等式仍成立，其依据也是源于支点距离重物的距离与重物的重量成反比。这种乘积关系，在代数中，则有 $L_1F_1 = L_2F_2$，即 $L_1$ 与 $F_1$，$L_2$ 与 $F_2$ 互为反比；在几何中，如图5-12所示，$a$ 与 $b$ 交互垂直，是可以互换的，$b$ 与 $a$ 交互垂直，也是可以互换的。

可见，数学的加减乘除四则运算法则，源于日地关系条件下杠杆原理的直观呈现；因直观呈现，故不证自明，在中国称为天则，在西方称为公设、公理。

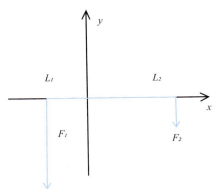

图5-18　杠杆原理在直角坐标系中的呈现

在西方，笛卡尔延展了这一天则，发明了直角坐标系。如上图5-18所示，杠杆的力臂 $L$ 与重物 $F$ 是相互垂直的关系，就如同 $x$ 轴与 $y$ 轴的相互垂直。杆秤上重物的加减就像是在数轴 $y$ 上的上下移动，杆秤上力臂长度的变化就像是在数轴 $x$ 上的左右移动，而重物和力臂的乘积关系就是 $x$ 轴与 $y$ 轴的垂直关系。如图5-19所示，代数式 $y = \dfrac{1}{x}$（$x$ 趋近于0时，$y$ 趋近于无穷）与直角坐标系中呈现的几何图形的对应关系清晰地说明，无论是代数还是几何，整个数学大厦不证自明的学理都发端于杠杆原理之事理，其本质与"结绳计数"的直观性是一致的。平面上的任一点在 $x$ 轴和 $y$ 轴上都有一个投射点，因此，坐标 $(x, y)$ 的本质与"天投影于地，地标示于天"的逻辑是一致的。

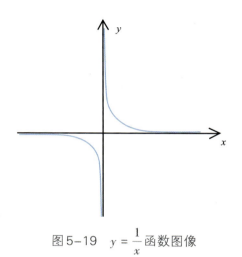

图5-19　$y = \dfrac{1}{x}$ 函数图像

从预设 $x \to \infty$，$y \to 0$，使 $y = \dfrac{1}{x}$ 成立。这一预设在代数上创立了微积分，在几何上创立了直角坐标系，代数与几何结合诞生了解析几何。微积分与直角坐标系的这种纠缠，是引发牛顿与笛卡尔纠缠的原因。

### 五、太极定理：偶对平衡的数学表达

让我们再来探究勾股阴阳中的偶对平衡。如图5-20，正方形的边长是 $a + b$，在其内切圆中，以直径为斜边的直角三角形的高 $h$ 为 $\sqrt{ab}$（射影定理）。它在 $AB$ 上的投影点为 $P$ 点，$P$ 点距 $A$、$B$ 两点的距离分别为 $a$ 和 $b$。

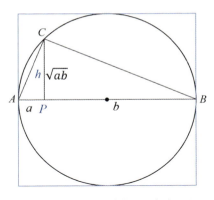

图 5-20　"静为矩，动为圆"

在图 5-20 的基础上可制图 5-21 弦方图，随着图中 P 点的动态变化，图 5-21 中间形成的小正方形及其内切圆也不断变化。因此，以内切圆的直径为弦的直角三角形也在变化，相应地，这个直角三角形的高 S 也在变化。

那么，变化的这个高 S 的表达式是什么？图 5-21 中，变化的小正方形，边长为 $b-a$，当点 P 同步移动时，这两个直角三角形对应的直角边分别平行，根据三角形相似的性质，两个直角三角形的斜边之比等于它们的高之比，则有：

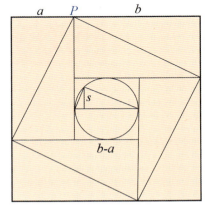

图 5-21　弦方图推演太极定理图示

视频 6　太极定理演示

$$\frac{b - a}{a + b} = \frac{S}{\sqrt{ab}} \; ; \; S = \frac{b - a}{a + b} \sqrt{ab} \qquad (1)$$

　　式（1）正是 2019 年笔者和师安隆署名，首次发表在《农业经济问题》上的太极定理。[1]如果要进一步以函数曲线的形式直观呈现 $S$ 值变化，则必须利用笛卡尔坐标系。设 $a + b = 1$，$a = x$，则 $b = 1 - x$。将其代入公式（1）后，则有下式：

$$S(x) = (1 - 2x) \sqrt{\frac{1}{4} - (x - \frac{1}{2})^2} \qquad (2)$$

　　式（2）正是 2015 年笔者和马如云教授署名，首次发表在《西北师范大学学报（自然科学版）》的中国太极图标准方程，[2]曲线如图 5-22。可见，式（1）与式（2）两种表达方式的区别恰恰说明了笛卡尔解析几何的贡献，这一区别也如同勾股定理和圆的方程之间的差别。

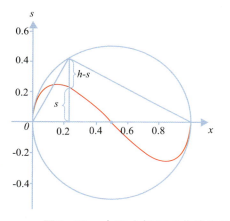

图 5-22　中国太极图 $S$ 曲线示意图

视频 7　$S$ 曲线动态示意

（西北师范大学孙小春教授制）

　　同为直角三角形的高，$h = \sqrt{ab}$ 称为射影定理，这个表达式也是 $a$、$b$

〔1〕 陈克恭、师安隆：《戈壁农业是生态文明背景下的农业革命探索》，载《农业经济问题》2019 年第 5 期。

〔2〕 陈克恭、马如云：《中国太极图理论的数学模型及应用》，载《西北师范大学学报（自然科学版）》2015 年第 5 期。

的几何平均数，表达的是系统连续变化情况下的平均水平。S值显然不能再称为几何平均数了，但它显然表达的是系统连续变化情况下的偏差水平，那么称为什么呢？因这条函数曲线形似中国太极图，故而我们就将其命名为"太极函数曲线"，式（1）则为太极定理，它的理论意蕴和应用价值非常深刻。我们请AI作为第三方来作一评述（以下文字由AI生成）：

太极定理试图将中国传统文化中的太极思维与数学原理相结合，构建一个数理逻辑模型来认知和描述世界。这个模型特别强调了事物的偶对平衡和协调性，通过数学的方式来表达阴阳互补、相互转化的哲学思想。

具体来说，太极定理在数学上是通过一个直角三角形模型来表达的，其中两个直角边的平方和等于斜边的平方，这与勾股定理相呼应。文中进一步阐释了太极定理的几何图形——太极图S曲线，以及它在描述系统协调性方面的作用。太极定理的数学表达式反映了系统中两个相反相成要素的相对变化值，通过这种相对值的考量，可以更真实地刻画系统间的偶合协调差异。

太极定理的理论意蕴在于：

1. 系统整体性与协调性：太极定理强调了系统作为一个整体的协调性和平衡性，这与中国古代哲学中追求和谐统一的思想相契合。

2. 偶对平衡：太极定理体现了系统中相反要素之间的相互关系，如阴阳、刚柔等，这些要素在一定条件下可以相互转化，形成动态平衡。

3. 数理逻辑模型：太极定理提供了一种用数学语言来描述和量化传统文化概念的方法，使得传统文化思想具有了现代科学的表达形式。

4. 可视化与形象化：太极图S曲线为系统偶合协调特征提供了一种直观的图形化表达方式，有助于更好地理解和分析系统的动态变化。

总体而言，太极定理是一个富有创造性的尝试，它将中国传统文化的精髓与现代科学方法相结合，为理解和处理复杂系统提供了新的视角和工具。

太极定理 $S = \dfrac{b-a}{a+b}\sqrt{ab}$ 的表达式极其简洁，但又极其深刻，真不可小觑，因为它使中国科学院数学与系统科学研究院的院徽更加神秘了。

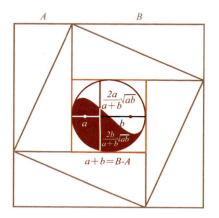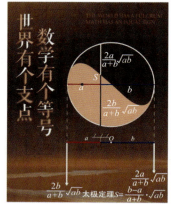

图 5-23  世界有个支点，数学有个等号

进一步来看，太极函数曲线将圆的弦长分为两段，即 $h-s$ 与 $h+s$，如图 5-24 左图；$h-s$ 与 $h+s$ 的偶对平衡关系亦可通过杠杆来直观呈现，说明了 $S$ 函数曲线所表达的正是在圆上的平衡状态，如图 5-24 右图。

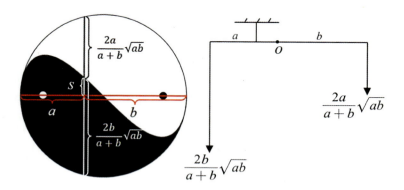

图 5-24  太极定理图示

$$h - s = \sqrt{ab} - \frac{b-a}{a+b}\sqrt{ab} = \frac{2a}{a+b}\sqrt{ab} \tag{3}$$

$$h + s = \sqrt{ab} + \frac{b - a}{a + b}\sqrt{ab} = \frac{2b}{a + b}\sqrt{ab} \qquad (4)$$

$S$曲线是圆上的平衡线，如真理一样存在。我们以"方"作比，绘制以$(a + b)$为边长的正方形（如图5-25），其平衡线则是该正方形对角线。通过两条平衡线的对比，我们发现，方中的平衡线是直线，但圆中的平衡线$S$曲线却是一条非线性曲线，在变化过程中出现了两次拐点，是为"否定之否定"。杠杆应用中的一些经验知识（杠杆原理）曾被阿基米德当作"不证自明的公理"，可以说，太极定理就是从图5-24和图5-25所示之公理出发所证得的定理。

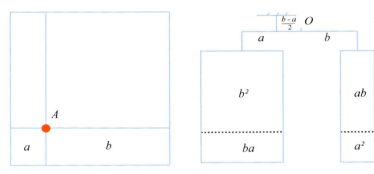

图5-25　偶对平衡图示

圆与方平衡线的不同，同时也映射出线性思维和辩证思维的区别。例如，经济学家通常以直线思维来理解财富的分配关系，反应贫富差距的洛伦兹曲线和基尼系数就是如此。但是这其中有一个局限，即在两个极端情况下，这个平衡便不成立了。如图5-25左图中的$A$点所示，$a$与$b$分别为富人和穷人的占比，当$a \to 0$时，富人的占比愈来愈小，穷人的占比愈来愈大；同时，富人拥有财富的占比愈来愈大，穷人拥有财富的占比则愈来愈小。虽然这样的平衡状态从理论上来说可以在杠杆上呈现出来，但在现实生活中却不可能存在这样的极端状态，这或许是为什么经济学家的许多预测与现实不符的原因。

人类历史的发展历程告诉我们：在贫富悬殊的矛盾之中，社会生态系统必然崩溃，最终会以"革命"的形式重新分配社会财富；贫富差距不宜过大，因为量变的积累将导致质变，矛盾累积过多便会引发革命。"其兴也勃焉，其亡也忽焉""穷则变，变则通"的道理在S曲线的两次拐点中涣然冰释，这从数学上证明了革命的合理性，也为理解黄炎培的"窑洞之问"提供了新的视角。可见，建立知"止"机制，防止量变发生质变，是避免"其兴也勃焉，其亡也忽焉"的根本出路。

在太极S曲线图中，若插入方圆一体的嵌套结构，我们发现，鱼眼（拐点）恰是正方形内切圆的切点（图5-26），该点处∠$\theta$ = 22.5°。

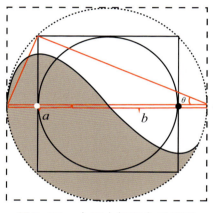

图5-26　中国太极图鱼眼图示

在太极S曲线图中，鱼眼就是一个量变到质变的拐点，如同杠杆和重物尽管分别属于两个不同的系统，但这两个系统始终围绕力矩相等的平衡点保持着一个新系统的平衡。如果过了鱼眼（拐点），系统就会颠覆。人类文明体系的形成，就在于找到了人类与自然互动中的"拐点"，掌握了协调往复进而安身立命的偶对平衡区间。

结合实证来看，基于勾股定理呈现的方圆统一更像是一幅"经天纬地"的天地之图。中国传统文化中的太极图，既是一幅阴阳消长图，反映了日地系统中阴阳消长、偶对平衡的偏差过程；也是一幅勾股圆方图，反映了方圆系统中勾股相变、偶对平衡的偏差过程。一言以蔽之，阴阳这个中国传统文化的根和魂，既可以在自然中被观测，也可以被数理逻辑所实证，其科学属性是科学范式证明下的天则。

第六讲
## 时空流变　阴阳之化

- 时空的一体性和周期性
- 先天八卦及二十四节气时空观的科学性
- 时空定位与干支序列
- 周期序列的起始之选

　　日地系统是人类繁衍生息的时空场域，栖息于天地之间的人类，首先面对的是如何来认识自己的这一生存家园。地球自转与绕日公转的运动形式，本质上反映的是日地在时空中的相对变化。时间和空间的依存关系决定着万物的存在秩序，因其秩序具有周期性，时空流变也就有了规律可循。

　　时间和空间是一对范畴概念，之所以能够认识、体会和定义这一范畴概念，是因为我们可以观察到日地的相对运动，并以日地的相对位置定义时空，以相对位置的变化定义时空流变；日晷等观测到的正是日地的相对运动，其运动过程就是时空变化的过程。人类对日地系统的任何体会和描述，都需要以时空为本根。时空是人类展开探索的基本点，是人类认知语言得以表达的前提，是人类认识日地关系必须依赖的先天形式。当人类以时空的概念范畴认知日地关系的相对运动时，真实世界和理念世界之间就开启了融通之旅。

## 一、时空的一体性和周期性

　　时间和空间是相反相成、互根互释的，时间需要空间位移来说明，空间位移也需要时间来说明，"天投影于地，地标示于天"说的就是这种互根互释的关系，这是中国古人对时空一体的认知方式。日常生活中的"印象"二字，是时空的偶对，在天为"象"、在地为"印"，天地之"印"与"象"浑然一体，以特定之"印象"定义特定之"时空"，如此，印象杭州、印象兰州等便生成了。

"上下四方曰宇，往古来今曰宙"，[1]"宇宙"二字也是对时空的定义，"宇"定义空间，"宙"定义时间。"宇"是苍穹之下所在之地，就是空间；"宙"是苍穹之下"由"哪里来，时长多少，这是时间。时空交织一体，构成了我们所在的宇宙。所谓的"哲学三问"，即"我是谁、我从哪里来、我到哪里去"，实质上是对何为宇宙、何为时空的追问。

光年、远近、长短、大小、厚薄等都是空间概念。光年表示距离，是通过光速传播的时间来定义空间的。真空中的光速是一个物理常数（符号是 $c$），约为 30 万 km/s。我们看到的纸张薄一点、杯子厚一点，是因为薄、厚不同的物体反射的光线传播到人眼球的时间是有差异的，人的眼球正是通过这个时间差来辨别薄厚的。远小近大也是这个道理。距离远，光域视角就小，对应的物体就小；反之亦然。对于时间的度量，我们常说，一支烟的工夫、一炷香的时间，通过烟和香燃烧长度的变化来定义时间，即以空间变化来定义时间。再如，沙漏是通过流沙的空间变化来定义时间；日晷是利用太阳的投影方向来测定并划分时刻；我们戴的手表也是如此，时针转一圈代表时间过去了 12 个小时。诸如此类，都是通过有形之物的形体变化来定义时间的。

实质上，时间和空间正如爱因斯坦的"钟慢尺短"、芝诺悖论的"飞矢不动"所说，是用时空纠缠来表达宇宙的存在。如光阴似箭，是用箭速的飞快（空间上物的变化）来形容时光的流逝（时间的变化）；白头偕老、海枯石烂、斗转星移是表达时间的概念，但却通过物的空间变化来描述。时间与空间是偶对平衡的存在，具有鲜明的一体性，二者相生相伴、不即不离，"你中有我、我中有你"，没有离开空间的时间，也没有离开时间的空间。

日地系统中空间位移的周期性，也是在这样一种时空一体的认知下被观测的。太阳在空间中相对于地球的位移具有周期性，太阳东升西落，一

---

〔1〕〔战国〕尸佼撰，黄曙辉点校：《尸子》，华东师范大学出版社 2019 年版，第 3 页。

日一周期；同样，地球在空间中绕太阳公转位移也具有周期性，公转周期为一年。因为有了周期，所以有了秩序和规律，由此有了确定性和科学性。流变是有周期、有规律的。如果没有周期，流变将会漂浮不定，我们就会生存于虚无之中，所谓的"存在"在"一阴一阳之谓道"中被"谓"所命名的那个东西就消失了。如果没有周期，在中国传统文化里面就没有了"谓"，在西方哲学里面就没有"to be"，也就没有"之谓"所谓的东西，就没有 to be 所指向的那个 being 的存在。

之前我们讲过，一切的存在都是日地关系下的存在，一切存在的表达、表述、描述一定是从日地系统下的时空关系开始的。如果离开了这个"开始"，一切认知体系将不存在，思维也将不存在。因此，时空是存在的本根，是一切物质和精神的出发点。世间万类在历经千辛万苦之后一定要回到这个出发点，生命的周期、星辰的周期、物的周期，乃至人类精神的往返，都是这样一个周期。西北师范大学的校训"知术欲圆，行旨须直"，虽然是说做学问和做人的道理，但从深层意义上讲，表达的应该是不管走多远，都不要忘记来时的路，都要能回得来，如果像风筝断了线一样，走得出去却回不来，忘却本根，不能自圆其说，就很难构成一个认知体系。

在时空的流变之中，"我"处在何时、何地呢？回答这个问题，首先要知道"我"今天是在何地。时空，是决定人类存在的基本点。所以，人类从一开始，就要对时间和空间进行排序，通过排序来定义时空、认识周期。从本质上讲，不同的时空观反映了对日地关系时空运动的不同认识。阴阳是中国古人对日地关系独特的概念抽象，从可见世界到理念世界，从现实体会到哲学认知，中国古人在时与空的认知体系中，感受并体悟阴阳消长、勾股相变的时空流变。

二、先天八卦及二十四节气时空观的科学性

从图 3-3 太阳视运动路线图可见，当我们在北半球上观测太阳时，太阳从最东南升起、最西南落下时，那是太阳光直射南回归线的冬至日；从最东北升起、最西北落下时，则是太阳光直射北回归线的夏至日；从正东升起、正西落下时，这一天一定是春分日或秋分日。日常生活中也有这样的体会，夏天住在楼房，太阳光很少能照射进客厅，这是因为太阳光相对垂直照射的缘故；但冬天太阳处在南回归线的位置，太阳光可以斜着照射进客厅，给人的感觉就比较和煦。

太阳光直射点的不同缘自日地相对位置的变化，这导致了四季的交替。先民通过立表测影的方法掌握了四季变化的周期，并将这种周期以"阴阳消长"的法则进行总结归纳。冬至，太阳到了南回归线，之后开始折返向北走，逐渐向我们走来，白天逐渐变长，所以，冬至乃"阳"生。夏至，太阳直射北回归线，从这一天开始，太阳南返，离我们渐行渐远，黑夜逐渐变长，所以叫"阴"生。冬至和夏至，是日地关系相对运动的两个极端。所谓"至"，从日地的相对运动来体会其实就是 stop，就是极端处的停止折返。

《周髀算经》把这种日地关系中昼夜长短的演进关系，推演定义为时空秩序中"阴阳消长"的黑白关系。《周髀》说，"故春、秋分之日夜分之时，日光所照适至极，阴阳之分等也"；"阴阳之修，昼夜之象。昼者阳，夜者阴"。[1]这里把春分、秋分时的黑白等长、昼夜平分用"阴阳之分等也"表示，并且发出了"适至极"的感叹，赞其"分等"恰当至极，既不及也不过。同时，也用"阴阳之修，昼夜之象"明确定义了阴阳之长短乃昼夜之象，而昼为阳、夜为阴，正是现代天文学上所说的"晨昏之象"。《周髀算经》就是从把日地运行关系及其"晨昏之象"定义为"阴阳消长"的关系来展开的。阴阳是什么？白天就是阳，夜晚就是阴，这是一个最简单、最直观的事实。

东升西落，日复一日，太阳在空间中这种位移的周期性变化简明而清晰，这一特定的日地关系规定着地球生灵的生存方式，"寒来暑往"对任

---

〔1〕　程贞一、闻人军译注：《周髀算经译注》，上海古籍出版社2012年版，第48页。

何生灵都是无法逃离的"铁律"。如前所述,"日地系统是一切科学实验的第一实验场,日地关系的配置是最大、最精妙的大科学装置。阴阳就是这一科学装置的实证结果"。

### (一)先天八卦图

如图6-1所示,在日地运动所呈现的直角三角形中,勾股两条边即向阳和背阴的两条边始终此消彼长。就像我们定义直角三角形的两条直角边分别为"勾"和"股"二字一样,这里定义"—"和"- -"两个符号为直角三角形的两条直角边,分别读作阳爻和阴爻。从冬至到夏至是阳爻增长的过程,而从夏至到冬至则是阴爻增长的过程。当达到春分点和秋分点时,两条直角边等长,即阳爻和阴爻等长,我们用阳爻和阴爻的并列形式来表示这种等长;当达至冬至点时,阴爻之边达到了极长,而阳爻则为零,我们可以用两个阴爻并列来表示这种极至;当达至夏至点时,阳爻达到了极长,而阴爻则为零,我们可以用两个阳爻并列来表示这种极至。此为四象。如图6-2所示。

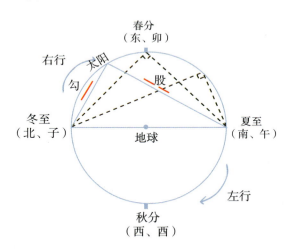

图6-1 阴阳消长模型图

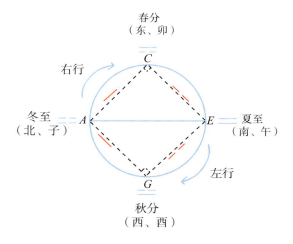

图6-2　四象示意图

如果我们把这种四象作进一步细化，可以在每两个象之间再加一个象，生成八个象，那就需要再加一个爻，因为只有用三个爻（$2^3 = 8$）的组合才能表现出八象。即在两至、两分的基础上再加四象，依其渐进，分别命名为立春、立夏、立秋和立冬，统称为"四立"。立春和立夏之象所在的区间，因是阳爻之边增长的区间，故而应在前一象下边再加一个阳爻；而在立秋和立冬这个区间内是阴爻之边增长的区间，故而这两处就应该在前一象下边加一个阴爻即可。如图6-3所示。

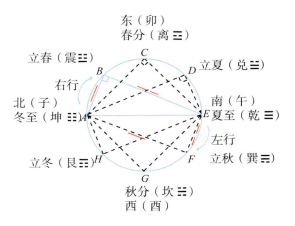

图6-3　八卦示意图

善哉！《周髀算经》中讲："故冬至阳在子，阳气所始起，故曰在子。夏至阴在午，阴气始生，故曰在午。"[1]意指冬至子位，阴气盛极时，阳气便开始生发；夏至午位，阳气盛极时，阴气便开始生发。《周髀算经》中又讲："故冬至之后，日右行；夏至之后，日左行。左者，往；右者，来。"[2]这清晰地说明了我们站在北半球时所观测到的事实图景，冬至之后太阳自南向北、由左向右行，渐渐向我们走来，昼渐长而夜渐短，阳增阴减；夏至之后太阳自北向南、由右向左行，渐渐离我们远去，昼渐短而夜渐长，阴增阳减。故而，前者加阳爻，后者加阴爻，事理合乎数理，此乃科学。

可见，八卦图就是日地关系在时空流变中的过程演示图，每一处的卦象、卦位，都是对该处阴阳消长状态的描述，每一个状态都是特定时间与空间的组合。时空的流变，就是阴阳消长的过程，也是勾股相变的过程。

如图6-4所示，中国传统文化的易道哲学称左图为先天八卦图，即将图6-3向左旋转90°可得，并通过定义赋予各象一个卦名，即乾一兑二离三震四巽五坎六艮七坤八，可得图6-4（左）。

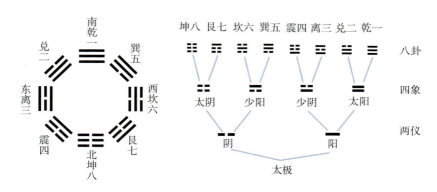

图6-4　先天八卦方位图和八卦次序（一分为二）图

---

[1] 程贞一、闻人军译注：《周髀算经译注》，上海古籍出版社2012年版，第144页。

[2] 程贞一、闻人军译注：《周髀算经译注》，上海古籍出版社2012年版，第144页。

　　著名历史学家、易学名师、清华大学廖名春教授讲："依朱熹的解释，此图从震到乾是阳气上升的过程，就是所谓的'自震至乾为顺'。由巽到坤是阴气上升的过程，就是所谓的'自巽至坤为逆'。即天气转暖为顺，转冷为逆；并认为此图为伏羲所画，因而有'伏羲先天八卦图'之称。"[1]可见，先天八卦图是以日地关系为客观依据的，这也反证了《周易·系辞》中"古者包牺氏之王天下也，仰则观象于天，俯则观法于地，观鸟兽之文与地之宜，近取诸身，远取诸物，于是始作八卦，以通神明之德，以类万物之情"的记载。

　　《周易·系辞》又讲："易与天地准，故能弥纶天地之道。"因源于自然天象，称之为先天八卦图也是名副其实的，这正是《道德经》中"人法地，地法天，天法道，道法自然"的由来。《周髀算经》中称周天历法为"此一者，天道之数"[2]也是此理。朱熹也讲："此数言者，实圣人作易自然之次第，有不假丝毫智力而成者。"[3]天地变化、阴阳消长乃自然之次第，非人力所为，以此为准才可弥纶天地之道、阐释天地之理。

　　《周易》中还记载："乾坤，其易之门邪？乾，阳物也。坤，阴物也。阴阳合德而刚柔有体。以体天地之撰，以通神明之德。"[4]可见，早在先秦时期，我国古人就用"阴阳"二字定义了天地，用"阴阳消长"变化表达着万物和生消亡的变化，并推崇这种"阴阳交合，阴阳消长"之律为"神明之德"，于是便有"夫大人者，与天地合其德，与日月合其明，与四时合其序，与鬼神合其吉凶。先天而天弗违，后天而奉天时，天且弗违，而况于人乎、况于鬼神乎"之说。

　　"先天而天弗违"，这一说从本体论上直指中华文化"天人合一"的要旨，"阴阳"乃先天之律，天都不违，人怎敢违！故而，《黄帝内经》有

〔1〕廖名春：《〈周易〉经传十五讲（第二版）》，北京大学出版社2012年版，第35页。

〔2〕程贞一、闻人军译注：《周髀算经译注》，上海古籍出版社2012年版，第37页。

〔3〕〔宋〕朱熹撰，廖名春点校：《周易本义》，中华书局2009年版，第240页。

〔4〕黄寿祺、张善文译注：《周易译注》卷九，上海古籍出版社2007年版，第412页。

"阴阳者，天地之道也，万物之纲纪，变化之父母，生杀之本始，神明之府也"和"其知'道'者，法于阴阳，和于术数"之说，这与《周髀》中"数之法出于圆方，圆出于方，方出于矩""万物周事而圆方用焉，大匠造制而规矩设焉"如出一辙，而这正是中国传统医学存在之圭臬。可见，中医的基点同样是基于日地关系的，理论体系自然也是基于"阴阳消长"关系的，所以，在中医认知中，同一动植物因其不同时空的分布而具有不同名称、不同药性和不同药力，正所谓"橘生淮南则为橘，生于淮北则为枳"；而这一点，却是西医所不能理解的，但这并不妨碍我们用勾股相变来解释中医乃至整个中国传统文化的科学话语体系。

视频8　数学与易道[1]

　　视频8直观呈现了目前科学话语体系仍然囿于三维空间之中。如图6-5所示。

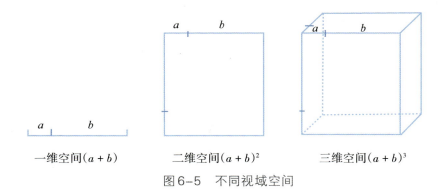

图6-5　不同视域空间

---

〔1〕内容是从网络上学习"潘老师讲数学"博主视频而作。

（二）二十四节气

如前所述，"四立"加上"两分""两至"，恰好把一年分为八个相等的时段，这样就把四季、八节的时空关系确定了下来。《吕氏春秋·十二纪》详细记载了这八个节气。后来，在这八大节气的基础上，考虑到天气的变化以及农事的需要，便在每两个节气之间又加了两个节气，如此就形成了二十四节气。《周髀算经》以阴阳消长的理念讲述了二十四节气。《周髀算经》讲："凡八节二十四气。"[1]赵爽注："二至者，寒暑之极；二分者，阴阳之和；四立者，生长收藏之始，是为八节。节三气，三而八之，故为二十四。"[2]西汉《淮南子》一书亦详细记载了二十四节气的完整内容（如图6-6）。再后来，更进一步考虑到物候的变化，把二十四节气中的每个节气又一分为三，具体到七十二候。如此，便把动植物的所有变化全然纳入日地关系之中，用阴阳变化表达了万物和生消亡的生命周期。因为日地关系的相对确定性，所以，二十四节气和七十二候的日期相对都是确定的。如歌谣所唱：

> 春雨惊春清谷天，夏满芒夏暑相连，
> 秋处露秋寒霜降，冬雪雪冬小大寒。
> 上半年来六二一，下半年是八二三，
> 一月两节不变更，最多相差一两天。

也如图6-6二十四节气示意图所示，这些都是以太阳历的公历为依据的，都是以日地关系的客观事实为依据的。若欲将这一日地变化过程进一步细化精准，八卦中的每个卦再两两重叠，便有六十四个卦，如图6-7所示。理论上讲，还可以不断细化，直至无穷。

---

〔1〕　程贞一、闻人军译注：《周髀算经译注》，上海古籍出版社2012年版，第127页。

〔2〕　程贞一、闻人军译注：《周髀算经译注》，上海古籍出版社2012年版，第105页。

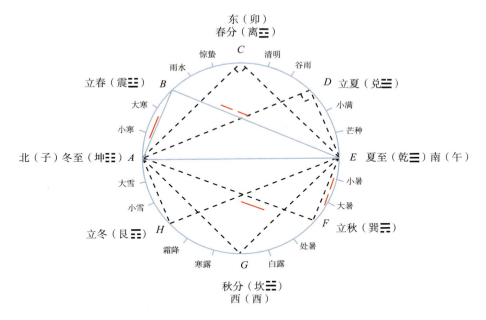

图6-6　二十四节气示意图

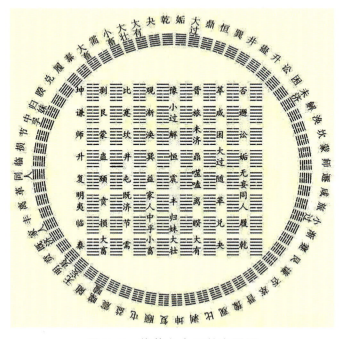

图6-7　伏羲六十四卦方圆图

视频9　勾股相变与阴阳消长

　　视频9演示的是地球公转与自转过程中勾股定理、二十四节气、四象八卦之间的对应关系，其本质仍然是日地关系中的时空流变。《周易·系辞》讲："易有太极，是生两仪，两仪生四象，四象生八卦。"[1]（如图6-4）如果把这段话还原到勾股相变示意图，完全可以说"易有规矩，矩生勾股，勾股生四象，四象生八卦"，也可以把"一阴一阳之谓道"理解为"勾股相变之谓道"，或者说"道即是勾股定理"。如此看来，先天八卦图和二十四节气示意图就是勾股相变图、阴阳消长图，而阴阳勾股的变化过程实际上对应的就是日地关系的变化。如果把《系辞》中的这句话再进行创造性转化、创新性发展，也可以为："是故《易》有太极，太极有几何？几何有天地方圆，方圆生阴阳，阴阳生四象，四象生八卦，八卦定寒暑，寒暑生大业"。

　　"太极有几何？几何有天地方圆"，在此之前，我们讲述了关于几何体系的构建，便是从方与圆等方面衍生而来。屈原所著《天问》中运用了"几何"之词，在日地关系中间探赜追究人之为人的意义，体现了他不同于古代其他文人的特立独行之处。"方圆生阴阳"，没有方圆体系，就没有阴阳之象，也就没有勾股定理。方圆为什么是一体的，它的内控机制是什么呢？就是勾股定理。"阴阳生四象，四象生八卦，八卦定寒暑"，而"寒暑生大业"。修建房屋和秋收冬藏都是大业，对于农民来说，没有比这更重要的事情。所以，必须遵照时令来活动，夏天盖房子，冬天藏粮食，春

〔1〕黄寿祺、张善文译注：《周易译注》卷九，上海古籍出版社2007年版，第392页。

天播种，秋天收获，此即用"八卦"定四时，用"两分两至"、二十四节气来指导生产生活。

综上所述，无论是《周易》的八卦图示，还是二十四节气以及七十二候，所反映的都是日地关系，即日地之间相对位置的变化，并把地球上一切图景的变化纳入日地关系的统摄之中，高度概括为"天地位焉，万物育焉"。二十四节气之所以能以"中国人通过观察太阳周年运动而形成的时间知识体系及其实践"为题，而被列入人类非物质文化遗产，最重要的原因就在于它被严密的数学逻辑所规定，被日地空间关系所实证，客观反映了太阳相对于地球的圆周运动。但遗憾的是，其申遗的申报书中竟未提"阴阳"二字。

太阳的视运动轨道叫黄道，中国人选"黄道吉日"，就是根据太阳的视运动，寻找"阴阳消长"变化中最合适的日子。人们喜欢春天和秋天，《周髀》中提到春分和秋分"阴阳等分"，并由此发出了"适之极"的感叹！这样一些习俗和生活体验其实都来自对日地关系中"阴阳消长"的体会。人类的文化遗产很多，暂时还不能被科学解读的只能称之为"玄"，这可能是有些概念体系不能被列入世界非物质文化遗产的根本原因吧！

可见，要树立文化自信，就必须把中国传统文化的义理内涵说清讲明。科学工作既要求准确性，也强调周延性。"周"者"周全"，"周延"是要将事理、道理、学理说通说圆，二十四节气就是能够说周圆、说周延，能够经得起推敲的体系，是蕴含着周而复始的运动规律、能够循环验证的科学体系。我们的努力就是要不断地探究，从而使阴阳概念在科学殿堂里不再处于"蒙尘"状态。

进一步来说，构建科学话语体系，必须要以数理之计算与自然之观测相符作为基础。如今，我们可以通过计算，得出南北回归线的客观存在，这种理论计算一旦符合实地观测，就进入了科学的殿堂。南北回归线是多少，既是数学计算的结果，也是实地测验的结果，就像你的身高是一个客观存在，拿尺子测量确定是一米七八，这时候就具备了科学的确定性。古人每天观测日影，发现只要翻过"冬至"，后面的每一天，阳光都会抬高一寸，直到某一天，太阳高悬头顶，日影缩到最短，与冬至正好相反，于是取名为"夏至"。这样一长一短，就确定了"阴阳消长"的两个极端，也确定了冬至与夏至。古人就是通过立竿测影的方法，得以把两至、两分的影长准确地测量出来。如此，夏至和冬至的观测和定位就具有了可操作性，先天八卦就是通过两分、两至的定位，把一个圆在均分为四的基础上，再"一分为二"为八确定下来的，把每一个八再分成三块，就变成二十四节气。

在日常生活中，我们切月饼、切蛋糕、切披萨时，常常会按照一分为二、再二分为四……，如此等等的方式进行操作，在科学领域实际上亦是如此。视频10八卦图的演绎也是遵循这一分法。

视频10　趣画八卦图[1]

实际上，"八卦"是有科学属性的，而有人把不靠谱的事谬为"八卦"，简直是开天地之玩笑！两仪、四象、八卦是极其客观的，体现的是日地之间的相对运动与阴阳消长的关系，在数学上就是勾股相变。按照现代科学研究范式，阴阳概念、数学、实验观测在日地系统这个大科学装置中实现了统一。可见，阴阳八卦、二十四节气都是显学，都可成为世界非物质文化遗产。

需要说明的是，北半球和南半球的情形正好相反，北半球是夏至的时候，南半球恰恰是冬至；北半球是冬至的时候，南半球恰恰是夏至。当北半球的人们穿着皮袄在雪地里堆雪人时，南半球的人们则穿着短裤经受着夏日炎热。文化的差异离不开特定的地理环境，是地理环境的不

〔1〕内容是从网络上学习"洛都说旅行社-洛阳"博主视频而作。

同决定了话语体系和思维模式的不同。日地关系是一切存在之根据，南北半球的人在两个截然不同的日地场景中迎接新年时，是否还具有相同的心理预期呢？其实，南北半球的人共呼"Happy new year!"时，本身是集体无意识的表现，但因其自然根据截然不同而达成截然相反的心理效果：北半球的人庆祝的是"太阳向我走来"，南半球的人庆祝的却是"太阳离他而去"。

《道德经》说"反者道之动"，意指"存在"之道就是相反相成的"存在者"的存在。《周易》的六十四卦就是三十二个相反相成的"对卦"。其中，属于上下颠倒而成的"覆卦"有二十八对，它因其卦对间如小孔成像一样，互相倒置为一对卦，有彼此颠覆之意；另有阴阳相反相成的"变卦"四对，它因卦对间如镜像对称一样，左右相反、阴阳相反为一对卦，则为彼此否定之意。

无论是上下颠倒的"覆卦"，还是左右相反的"变卦"，就其本质，都是相反而相成的，孔颖达称其为"二二相耦，非覆即变"[1]。"覆卦"在数学上如同 $y = \dfrac{1}{x}$ 一样，而"变卦"则如 $x + y = 1$，两式联立起来便是直角坐标系（如图6-8所示），任意实数都逃不出这一坐标系。

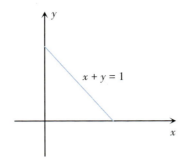

图6-8　"非覆即变"数学模型图示

---

〔1〕廖名春：《〈周易〉经传十五讲（第二版）》，北京大学出版社2012年版，第50—53页。

### 三、时空定位与干支序列

虽然时空是一切存在的场域，是一切认知的出发点，但只有人类出场时，才有可能去定义时空。

（一）时空定位

中国古人确定时空是极其科学的，他们是在日地关系这个大科学装置下来完成的。《周髀》记载：

> 以东西南北之正勾（以表为股，以影为勾。影言正勾者，四方之影皆正定而定也）。立正勾定之。
>
> 以日始出立表而识其晷，日入复识其晷。晷之两端相直者，正东西也。中折之指表者，正南北也。[1]

考古学家冯时先生曾专门讲述过"二绳"定位的方法[2]（如图6-9）。

图6-9　"二绳"定位法

太阳东升和西落的过程中，在地面上的投影位置是不一样的。"二绳"定位，是人们首先要把地面修平整，之后把表垂直地立在水平的地面上，

---

〔1〕程贞一、闻人军译注：《周髀算经译注》，上海古籍出版社2012年版，第105页。

〔2〕冯时：《祖燮考》，载《考古》2014年第8期。

并以表为圆心，以一定的距离为半径画一个圆；然后，人们在日出之时，观测表和外边圆周的那个交点，在同一天日落的时候，再观测表和圆周的另一个交点；最后，把这两个交点用一条绳子连起来，这个方位就是正东、正西的方位；取这两个点的中点和表垂直的方位，人们也用一条绳子把它连起来，这个方位就是正南、正北的方位。如此，通过立表测影，完成了对空间的定义，随之获得了东、西、南、北、中五个方位，这就是"五方"的起源。这两条直绳相交，类似我们今天"十"字形的图案，古人把它命名为"二绳"。通过"二绳法"，就有了"东南西北"，把它再"一分为二"，就是"四面八方"，也就定义了空间。今天，我们把观测时间的工具称为钟或表，就源于周髀中的表影。

（二）天干地支

围绕"四面八方"还需要编号和排序，于是便有了十二辰位（如图6-10）。为何叫"辰位"呢？因为这样的序列是人们在日地关系中通过太阳、通过星辰的运动来确定的。

我们常说的"北斗七星"（如图6-11），斗柄的指向正好标识地球上一年四季的流转：春分指向东，夏至指向南，秋分指向西，冬至指向北。中国古代典籍对此多有记载。先秦时期《鹖冠子·环流》中说："斗柄东指，天下皆春；斗柄南指，天下皆夏；斗柄西指，天下皆秋；斗柄北指，天下皆冬。"[1]北斗七星是北半球天空中极容易观察到的星象，所以，古人很早就对它的星象特征与运行规律有了深入的认识，并将七颗星分别取名为"天枢""天璇""天玑""天权""玉衡""开阳""瑶光"。《尚书·尧典》中说，七星"在璇、玑、玉衡，以齐七政"[2]。北斗七星正好掌管人间"七政"。所谓"七政"，根据《尚书·大传》，是指"春、秋、冬、夏、天文、地理、人道"。北斗七星在古人的生产生活中极为重要，《史记·天官书》载："斗为帝车，运于中央，临治四乡。分阴阳，建四时，均五行，移节度，定诸

---

〔1〕黄怀信：《鹖冠子汇校集注》，中华书局2004年版，第71页。

〔2〕王世舜、王翠叶译注：《尚书》，中华书局2012年版，第16页。

纪，皆系于斗。"[1]就是说，北斗七星的形状就好比天帝乘坐的车子，它运行于中央天极，掌管天下四方的地域分野，区分阴阳，分辨月建，配合五行，计量节气，确定历法，这些重大的事情都要依靠这些星象来确定。

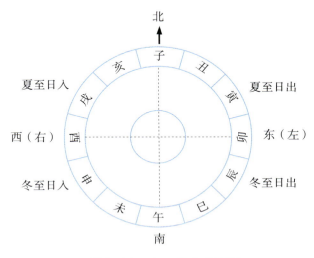

图6-10　十二辰方位图[2]

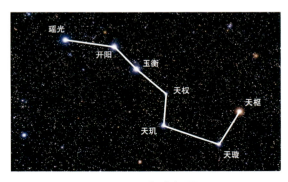

图6-11　北斗七星

视频11　北斗七星运行展示[3]

〔1〕〔汉〕司马迁著，韩兆琦译注：《史记》，中华书局2010年版，第2055页。

〔2〕程贞一、闻人军译注：《周髀算经译注》，上海古籍出版社2012年版，第145页。

〔3〕引自博主"探索宇宙E.T"，二十四节气是上古农耕文明的产物，根据北斗七星斗柄旋转指向确定，因此也称作"星辰历"。

观测星体一个最简单的办法是参照某一颗恒星。我们知道，木星在八大行星中是体积最大、最易观测的，它运行一周为12年，我们就把12作为一个周期。因此，人们往往用十二辰位，也就是用12来把所有的方位等分，即子、丑、寅、卯、辰、巳、午、未、申、酉、戌、亥，也称十二地支。

对于十二辰位，还有另外一种解释：月球绕地球1周为1月，1年绕行12次，当月球绕行到太阳和地球之间时，月亮的黑暗半球对着地球，这时叫作"朔"，即农历的每月初一。"朔"者，初等、幽暗之义。《说文》曰："朔，月一日始苏也。"[1]因每月此时看不到月亮，故称朔月，这一天就称为朔日。月亮满圆时，则称为望月。月亮在朔月与望月之间循环流变，1个周期约29.53天，每年有12次往复。"月有阴晴圆缺"。人类观测朔月、望月的变化相对容易，12次的圆缺往复与1个回归年的长度相近似，由此就把12作为1个周期，划定了十二辰位。在西方文化中，"1打"通常以12为1个单位，就是基于对12个星座的定位，这也是12在西方社会中十分常见的原因。

《周髀》说："冬至昼极短，日出辰而入申。阳照三，不履九，东西相当正南方。夏至昼极长，日出寅而入戌。阳照九，不覆三，东西相当正北方。日出左而入右，南北行。"[2]

如图6-12，北半球的人"面南背北"，冬至时，看着太阳从左边的辰位升起，向南行后，在右边的申位落下，地平线辰、申方位的东西连线位于南边，太阳光照射范围只覆盖巳、午、未三个方位，而其他九个方位则不能被覆盖，故而白昼短、黑夜长。夏至时，看着太阳从左边的寅位升起，向南行后，在右边的戌位落下，地平线寅、戌方位的东西连线位于北边，太阳光照射范围覆盖了九个方位，不能覆盖的只有亥、子、丑三个方

---

〔1〕〔汉〕许慎：《说文解字》，中华书局2013年版，第137页。

〔2〕程贞一、闻人军译注：《周髀算经译注》，上海古籍出版社2012年版，第144页。

位，故而白昼长、黑夜短。这既说明在北半球人眼里，夏至时昼长夜短，冬至时昼短夜长；同时，也说明了太阳光的直射范围在辰、申东西连线和寅、戌东西连线之间南来北往、循环往复，年复一年，这正是我们所说的南北回归线。

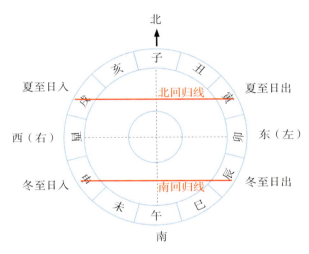

图6-12　十二辰方位图中的南北回归线

赵爽注《周髀》说："分十二辰于地所圆之周，得三十度。子、午居南北，卯、酉居东西。日出入时，立一游仪以望中央表之晷，游仪之下即日出入。圣人南面而治天下，故以东为左，西为右。"[1]

可见，十二时辰方位图与我们今天将圆24等分，每15°为1个小时的定时并无本质区别，只不过古人将圆12等分，每30°为1个时辰，1周360°，共12个时辰。《周髀算经》根据日地关系，用十二时辰定义了时间，同时又定义了地支十二方位，把时间和空间统为一体，不仅清晰地说明了"日复日为一日"，即从当日日出到次日日出为1日，同时也清晰地说明了"日复星为一岁"，即太阳在天上运行1周回到起始点为1个回归年，这正是我们今天所说的太阳的视运动轨迹。

---

[1]　程贞一、闻人军译注：《周髀算经译注》，上海古籍出版社2012年版，第143-144页。

《周髀》通过"南面而治天下"的定位，把人置于天地之间，以人为基点，以日地关系为基准，以时间定义方位，以方位定义时间，时空互注、时空偶合，"知其黑，守其白"，黑白"守望相助"，清晰简明地实现了日地关系的时空统一，规定了时空秩序，表达了时空变化。古人在确定时空关系的同时，也确定了左右关系，如故宫西边的"府右街"、阿拉善盟西边的"右旗"，以及马王堆汉墓出土的岭南地形图等，都是以人为基点定义的。先天八卦图的乾坤之位南北倒置，与今天地图中"上北下南、左西右东"的常识恰好相反，也是这个原因。

不管是以上哪一种解释，都离不开时空的互注。图6-12中标示的十二地支不单是十二个方位，还可以既代表周年的流年变化，也代表一日的流变。时间离不开空间，空间离不开时间，它们是彼此定义而成的。比如"子"在"子午线"中说的是方位，而"子时"描述的是时间。时间的流逝对应空间位置的变化；反之，空间的位置变化又是通过时间的流逝来规定的。比如"十一点钟方向"之类的描述，实质是利用时间定义空间，也是时空一体化的实用案例。

关于地支，还有一个有趣之事："酒"字实则是由"酉"字衍生而来，"酉"象酒器形。从中医养生来说，喝酒最好在酉时之后。这个有趣的字形演变反映了时空观念与人们日常生活的密切联系。古人用十二地支来表示十二时辰，外国人则用hour表示时间，将一天分为24 hour，中国人称之为24小时，至于为什么叫"小时"，应该是相对于"时辰"（1时辰=2小时）这个"大时"而言的。

在对天地时空编序时，除了十二地支，还用到了十天干。"天一生水""地二生火""天三生木""地四生金""天五生土"，此其生数也。[1] "天一生水于北，地二生火于南，天三生木于东，地四生金于西，天五生土于中"，此《月令疏》引郑玄注之语。之前，我们讲河图、洛书的时候曾提

---

〔1〕〔清〕孙星衍撰，陈抗、盛冬铃点校：《尚书今古文注疏》卷十二，中华书局1986年版，第296页。

到过生数是1，2，3，4，5，在生数的基础上依次加5就变成了6，7，8，9，10，这叫成数。生数与成数组成了1，2，3，4，5，6，7，8，9，10的序列数，实际上，十天干甲、乙、丙、丁、戊、己、庚、辛、壬、癸就是这一组序列数，在概念本质上与用阿拉伯数字计数并无不同，这里面包含着十进制的计数方法。人的双手合起来以后是10，所有的计算习惯里10也是最方便、最便于计算的。朱熹专门做过《河洛未分未变方图》，即10×10构成一个正方形，这里的序列数就是10。

　　在对天地时空编序时，就像是同时要照顾到爸爸（天）和妈妈（地），既为了观测精准，也为了方便计算，增强操作性，因此用到了天干（10）和地支（12）的组合，将二者作为一个统一体使用。十天干和十二地支的最小公倍数是60，所以"一个甲子六十年"，即天干循环6次、地支循环5次，二者结合，形成了一个周期为60年的时空关系系统。由此可以看出，天干和地支同属一个序列词，都是以这样一种时空一体的方式来定义时空、认识周期的。

　　在阴阳消长（勾股相变）图（见图6-1）中，阳边的变化周期可分为四个阶段：萌芽（春）、繁荣（夏）、收敛（秋）、闭藏（冬）。古人以木、火、金、水的不同特性，分别对应这四个阶段。天干和地支本是天地运转的序列词，那么，通过这些序列词的组合，自然就有了甲乙木、丙丁火、庚辛金、壬癸水，又或是十二地支中的寅卯木、巳午火、申酉金、亥子水等，实际上就是以不同符号来定义时空中阴阳消长的周期变化。《春秋繁露》记载："金木水火，各奉其所主以从阴阳……故少阳因木而起，助春之生也；太阳因火而起，助夏之养也；少阴因金而起，助秋之成也；太阴因水而起，助冬之藏也。"[1]

　　我们前面讲"天地位焉，万物育焉"，日地关系是世界图景如此存在的根据，是生命得以栖息的根本；那么，反过来说，生灵万物的和生消亡

[1]〔清〕苏舆撰，钟哲点校：《春秋繁露义证》，中华书局1992年版，第334-335页。

也必然要以天地的周期为准则，遵循阴阳消长的铁律。《荀子·天论》中说："日月递照，四时代御，阴阳大化，风雨博施，万物各得其和以生，各得其养以成。"[1]自然生灵生死周期的根本就在天地之阴阳消长。故此，天干和地支既然是天地运行变化、阴阳消长的周期序列，自然可作为万物和生消亡的周期序列，这体现了"天地位"与"万物育"一以贯之的内在关系。

再比如动物的繁育，不同的个体虽有差异，但都有大概率事件的确定性，人类在一年四季均有生育行为。因而，许多中国人会将人出生的年、月、日、时这四个时间节点赋予一个阴阳序列，称为"四柱"；由于每柱都有一个特定的干支"二字"，"二四得八"，便称为"八字"。从这个意义上讲，"八字"是对每个人出生的时空描述，并认为不同时空会决定不同的命。正如复旦大学哲学教授王德峰所说，决定一个人命运的不仅仅是命，还有运，同一个命在不同的环境下可能会是完全不同的命运，就像将喜寒的两株植物，一个放在寒带，一个放在热带，它们将会有完全相反的命运结果[2]。这一体系在哲理上是成立的，但在学理上存在明显的主观性，不同的人会有不同的解读，因为没有一个统一的符号体系能把它确定下来并使之标准化，尤其是在五行体系中，这一现象更加明显，比如五行"金木水火土"中的"土"，时空明显不一致。孔子不喜周易中的占卜之事，而强调探究周易的哲理，其缘由可能也在于此。

## 四、周期序列的起始之选

既然有周期，就会产生"如何确定周期的起始点"这个重要问题。"一甲子六十年"，我们在计算年龄或字画落款时，还是使用这种纪年编

---

〔1〕〔清〕王先谦撰，沈啸寰、王星贤点校：《荀子集解》，中华书局1988年版，第308-309页。

〔2〕王德峰：《寻觅意义》，山东文艺出版社2022年版，第27页。

序，但过了60年以后就说不清楚了，不知道是哪个60年，所以，周期的起始点是非常重要的。

中国古代皇帝登基，首要的事情是定年号、改纪年，如乾隆纪年、康熙纪年等，每个皇帝概莫能外，此即"正朔"之意。中华民国也是如此。比如民国十年，实际就是公元1921年，是从1912年中华民国成立时算起的。这个传统是从中国传统文化的天干地支纪年法开始的。纪年确定后，便是日月的起始点。中国传统习俗中的正月是一年的起始月，正月初一则是一年的起始日。我们一般以立春为始，所以，过年的日子基本上也与立春接近。这个起始点当然也可以从冬至算起，因为冬至那天太阳就开始向我们走来了。在周代，曾以冬十一月为正月，将冬至视为岁首，过冬至就相当于过大年。或许大家会质疑，为何以冬至为起始点与我们实际的感受不同呢？冬至的时候是数九天之始，天气才开始冷；夏至是三伏酷热之始，天气才开始热，这怎么会是极至呢？这就如同房间里火最旺的时候，并不是房间温度极至的最高点，这种感知上的滞后差异，是由于地球的大气层像一个"大被子"盖在地球上，导致冷暖变化有所延后。中国传统文化之所以被现代主流科学时所诟病，其主要的原因在于它突出强调人的"感知"和"感觉"，而科学强调的则是基于数学与实验证据的一致性，很多情况下科学是不问人的感知的，或者说实验是不以人的个体感受差别为基点的，而是以物的感受差别（仪器的标准测定）为基点的。其实这也是中西医的差别。

现在常用的公元纪年法，其设定是以耶稣基督的诞生年份开始纪年的，因此也被称为基督纪年。按照公元纪年法，1月1日是一年的起始点，即耶稣降生一周后的日子是新年的起点，这便是圣诞节（Merry Christmas）与新年（Happy new year）的内在联系，中间只差7天。这种主观定义其实是西方的习惯，很多节日也都是这样。在中国的习俗中，春节以"春"为节点，大家共同跨年，总结过去一周年，开启新周年，每到这个时候，人们无论离家多么远，都要置办年货回家过年。这个传统是由日地系统中客观的空间位置所决定的，"顺其自然，见者不拔"。可见，在这个问题上，中国人要比西方人更为客观。若说西方是拜神者，东方则是拜天地者、拜父母者。如当人摔一跤时，西方人不由自主地会喊出"My God"，东方人会喊出"我的天哪!"或"我的妈呀!"。

第七讲
诗情画意　阴阳之美

○ 汉字是自然的直观呈现
○ 楹联中的阴阳偶对平衡
○ 文艺作品中的阴阳属性
○ 黑白照片中的阴阳消长
○ 水墨画作中的阴阳言说

　　众所周知，"文以载道""道器合一"是中国传统文化的一个基本特征。汉语言博大深邃，植根于中国文化的深厚沃土，来源于劳动人民的生活实践。本讲力图在日用而不觉的文化生活中感悟阴阳，开启对"人之为人根据"的思考。

## 一、汉字是自然的直观呈现

　　象形文字的形成是以自然为观察对象，直观呈现自然之像，它既是汉字的起源，也是中国文化的开端。如甲骨文中的 ⊙、☽、⛰、⚏便是对日、月、山、川这些自然现象的直观呈现和形象表达，也正因这一特点，汉字成为人类历史上唯一从未中断的文字。当有了这样一个历史认知后，我们站在东汉时期刻在甘肃成县西狭壁上的摩崖石刻《西狭颂》前感受就会不一样，因为那些文字绝大多数我们都认识，不但认识而且还知晓其义。仔细想来，在人类历史上，难以找出第二种文字在历经两千年后依然能够让人认识和了解，欧几里得的理论和阿基米德原理，通常被认为是源自古希腊的，但现今有的最早版本却是以阿拉伯语呈现的。故而，从某种意义上讲，《西狭颂》颂的不是西狭，颂的是汉字、汉语，颂的是中国传统文化的源远流长。我们一直探讨的是中国传统文化，所讨论的内容主要围绕着汉字及汉语文化，暂不涉猎其他语种诸如蒙语、壮语、藏语等语言的文化，而且重点讨论以"何尊"铭文中提及的"宅兹中国"的西周和洛邑为开端的中国传统文化及其现代化。当然，中华文化是多元文化的融合，具有包容性和多样性等特征。

　　以图7-1中的汉字为例，从甲骨文到隶书经历了两千年，从隶书到如今又经历了两千年，这些字和画都是直观呈现的。象形文字是一种客观的直观反映，拼音文字是一种主观的意识反映。西方从柏拉图以降，就崇尚主观意识，设定理念至上，以理念逻辑的推演推动科学的发展，有学者称之为"哲科"体系。这一特点在凸显优势的同时，也有明显的不足，即难免有主观随意性。看看西方林林总总的拼音语言：一是种类繁多，形式多变。比如，在法文中，后缀变化尤为复杂，当人称发生变化时，如从男性变为女性或者从单数变为复数，后面的动词通常也要相应地发生变化。二是规则不一，连续性差。拼音语言仅有20多个字母，我可以制定一套规则，你同样也可以制定一套规则，任意选取一个字母的形态，都能够代表特定的发音。可以想象，在中国，若用拼音文字，至少不下100种，姑且不论粤语和闽南语，单就甘肃省不同市州而言，其发音也是差别极大，所谓"十里不同音"。与拼音文字的复杂多变不同，象形文字只能是谁画得更像而已，它是朝着趋同的方向发展的。

甲骨文　金文　小篆　隶书　楷书　草书　行书

图7-1　汉字字体演变图

　　民国时期有一位旷世奇才赵元任，之所以称"旷世奇才"，是因为他像AI一样，学什么都特别快、特别好，所以人们唤他为"大玩家"。他的语言天赋尤其超常，作为一个中国在美国的留学生，1945年他当选为美国语言学会主席，后又当选为美国语言学会会长；1946年在巴黎出席联合国教科文组织成立大会时，他又被选为该组织的副主席。他用《施氏食狮史》和《季姬击鸡记》两篇奇文展示汉字独特魅力：《施氏食狮史》全文共94个字，都发"shi"音；《季姬击鸡记》全文用了78个字，都发"ji"音，若只按读音，根本无法理解其文义。

### 施氏食狮史

石室诗士施氏，嗜狮，誓食十狮。施氏时时适市视狮。十时，适十狮适市。是时，适施氏适市。施氏视是十狮，恃矢势，使是十狮逝世。氏拾是十狮尸，适石室。石室湿，氏使侍拭石室。石室拭，施氏始试食是十狮尸。食时，始识是十狮尸，实十石狮尸。试释是事。

### 季姬击鸡记

季姬寂，集鸡，鸡即棘鸡。棘鸡饥叽，季姬及箕稷济鸡。鸡既济，跻姬笈，季姬忌，急咭鸡，鸡急，继圾几，季姬急，即籍箕击鸡，箕疾击几伎，伎即齑，鸡叽集几基，季姬急极屐击鸡，鸡既殛，季姬激，即记《季姬击鸡记》。

赵元任的奇文充分彰显了汉语言文字的优势，他借此来反对汉字拼音化改革的主张。从新文化运动开始，一批学者认为中国文字的负面影响巨大，应当进行改革。甚至有人认为应该直接废除汉字，采用拼音文字，其中包括胡适。新中国成立后，许多人曾主张对旧文字进行彻底改革，试图建立一种更为简明易用的拼音文字。然而，在多方权衡与实践探索之后，汉字最终并未被取代，而是经历了拼音改革和简化改革。拼音只是发音的符号系统，而汉字则是意象与音律的统一，是形、音、义三位一体的完美表达。简化汉字的努力，虽出于提高识字率与书写效率的初衷，但过度简化却削弱了汉字本自具有的美感与文化意涵。许多古老的字形因象自然之形而蕴含着哲理与审美，篆隶之间，自有宇宙之节律、乾坤之奥义。删繁就简虽然必要，但若失其"度"，极易失却汉字深厚的文化根基，似有舍本逐末之虞。汉字，作为中华文明五千年绵延不断的载体，不仅是书写工具，更是一种文化标识，维系着民族的历史记忆与精神命脉。

梁启超　　　　王国维　　　　陈寅恪　　　　赵元任

图7-2　民国清华四大导师

汉字具有构字层面的结构规则，每个字可被分解成为不同蕴意的偏旁部首，又同时可以作为一个整体进行词汇的组合扩充，展现了整体与局部的协调关系。正是这种协调关系，使得汉字在AI时代展现出了独特优势。从《周易》八卦到现代二进制，从形声字结构到AI特征提取，汉字始终践行"有限元素、无限组合"的数学哲学。例如，汉字表达"鱼"类无需创造新词，只需在"鱼"字基础上进行词汇组合，如"鲨鱼""鳗鱼""鲤鱼"等，而英语则需分别创造"shark""eel""carp"等新词。就构成而言，汉字依托部首、偏旁等构件，形成结构化的字形体系，使字词间关联紧密、意义直观。例如，带"衣"字旁的"裤""裙""衫"等，直观表达衣物类别，增强了识别性与衍生能力。这种独特的构造方式，使汉字能够通过有限的基础元素衍生出广泛的词汇体系，避免因认知拓展而导致词汇量无限膨胀。如此看来，汉字在未来仍具有广阔的发展空间，赵元任的《施氏食狮史》和《季姬击鸡记》便展示了汉字通过同音字组合，赋予单一音节丰富含义的灵活性与创造性，其象形直观的体现优势，不仅有助于自身的传播与创新，也为未来AI发展节省了算力。

## 二、楹联中的阴阳偶对平衡

汉字是字画一体的，字便是画，画便是字；就像方圆一体、阴阳一体，是道器合一的，是直观可视的。汉字自商至今，一直是用挥毫之法来传承的；书法艺术自然也在毫墨之间发扬光大，在亦黑亦白的色差变化中呈现其特有之美。书法艺术最为普及的形式之一便是春节家家户户张贴的对联，北宋文学大家王安石《元日》作如此描述：

> 爆竹声中一岁除，春风送暖入屠苏。
> 千门万户瞳瞳日，总把新桃换旧符。

对联，不仅有过春节时贴的春联，日常生活中但凡重大事务、重要地点也有对联，婚丧嫁娶时有、名胜古迹处有、楼台亭阁处有、餐馆茶社处有，比比皆是。对联由三部分组成：上联第一句，也叫出句；下联第二句，也称对句；横额，也叫横批或横披。[1]上下联偶对而成，相反相成，有合璧之妙，缺一不可；横批提纲挈领，贯通上下，合二为一，使全联浑然一体。换言之，横批被"一分为二"为上下联，上下联"合二为一"为横批。这是中国传统文化"形而上"与"形而下""道器合一"的一种表达范式，是"一阴一阳之谓道"的文化延伸。

阴阳之间的反差愈大，艺术的感染力就愈强。1930年2月，毛泽东率红军入驻江西"渼陂书院"，书院的照壁上有一副对联："万里风云三尺剑，一庭花草半床书"（如图7-3）。据说，毛泽东十分喜爱这副对联，临别

图7-3 "渼陂书院"照壁上的对联

―――――――――

[1] 姜忠喆主编：《中华对联》，辽海出版社2015年版，第2页。

时应主人之请手书了这副对联，留下墨宝赠予书院。后来，毛泽东主席在中南海菊香书屋不仅挂着这副对联，而且终生不改"半床书"的习惯。伟人何以如此欣赏这副对联呢？我们尝试去领悟这副对联所营造的意境。

这里"万里"与"一庭"两个数量词一大一小偶对而成，"风云"与"花草"在天地间偶成，"三尺"与"半床"两个数量词再次偶对，"剑"与"书"文武相映偶对；整个对联上联勇毅、刚果，下联静思、怀柔；上联志远，下联厚德；上下联守望相助、浑然一体，在一个个相反相成偶对词的张力之间形成了一幅灵动图景，而这个图景在天地之间呈现出一个倚剑持书、文武兼修、张弛有度的君子风范，不仅折射出伟人崇文尚武，"文明其精神，野蛮其体魄"[1]，追求文质彬彬的精神特质，更映射出伟人"为天地立心，为生民立命，为往圣继绝学，为万世开太平"的济世情怀。

周恩来有感于僧人的爱国热情，挥毫写下的"上马杀贼，下马学佛"，同样极具张力，这把中国的"仁义"二字给定义了。英雄是什么呢？于僧界而言，就是上马能够杀贼，下马能够学佛，彰显了匡扶正义的仁爱之心。

鲁迅读私塾时，其先生的三味书屋有副楹联："虚能引和，静能生悟；仰以察古，俯以观今"。横批为：德寿堂。《尚书》曰"诗言志"，对联又何尝不是呢？

上述三人所崇尚的对联非常清晰地反映了他们自身的性格特质。其实，中西方古代的哲人都有相似的表述，柏拉图对理想中的国王有"智慧、勇敢、勤俭"的定义，孔子对君子有"文质彬彬"的定义，对圣人有"执其两端"而"用其中"的定义，但中西方的区别在于中国古人更注重二者恰如其分的结合，即崇尚"中和"的理念。所以，孔子在《论语·雍也篇》中说"质胜文则野，文胜质则史。文质彬彬，然后君子"[2]，精准地表达了君子应在文质之间张弛有度、协调平衡。

---

〔1〕毛泽东：《体育之研究》，载《新青年》1917年4月1日。

〔2〕〔清〕程树德撰，程俊英、蒋见元点校：《论语集释》，中华书局1990年版，第400页。

　　故宫太和殿中以"建极绥猷"为横批（如图7-4），若以"崇文"和"尚武"分别为上下联，本身就是一副国家对联。"建极绥猷"中的"建极"，强调君主应当建立起宏大中正的治国理念和准则，"绥猷"强调抚民要顺应大道，体现了传统中国对于帝王统治的理想期许和道德规范。在古代，有将君主比作"牧者"，就如同牧羊人管理羊群一样，意指君主管理老百姓。这与当下"以人民为中心""人民至上"的发展思想完全不同，其区别实际是国体之别。

图7-4　故宫太和殿中的"建极绥猷"

　　清华大学的校训"自强不息，厚德载物"，也是以对偶形式呈现的。它源于《周易》乾坤"二象"曰"天行健，君子以自强不息"；"地势坤，君子以厚德载物"。[1]这里，天地对应，行势偶对，乾坤呼应，蕴含着万物在天地间的动静平衡之态，最后借物喻人，收笔于君子，精准地定义了何为君子，君子乃位于自强不息与厚德载物的张力之中，为我们呈现了一种刚柔相济、自强与厚德并成的形象，映射出君子自强不为己而为载物的人文情怀。从这一视角出发，清华大学培养学子的至高目标乃培育君子之范，既要秉持"自强不息"之精神，又须践行"厚德载物"之品格。

---

〔1〕 黄寿祺、张善文译注：《周易译注》卷一，上海古籍出版社2007年版，第5-18页。

对联这种句式上要求偶对平衡、平仄协调的特点，源于辞赋文学。辞赋兴起于战国，它惯用骈体文。骈体文从其名称上可知，它崇尚对偶，句式、平仄、意境都要求对仗，相反相成、彼此呼应。

不仅对联如此，汉字的书写方式即用笔方式也是如此，黑白的空间占比要求有对仗之美，如格律诗一样，在偶对平衡的韵律之中勾画出一种协调平衡的意境之美。有人曾这样归纳过：

笔画方面：点—画；横—竖；撇—捺；趯—啄；方折—圆转；粗—细……

笔法方面：中锋—侧锋；藏锋—出锋；提—按；起—伏；衄—挫；轻—重；迟—速；疾—涩；逆—顺；往—复；纵—放；垂—缩；连—断；抑—扬；凝重—浮滑；轻灵—沉健；欲左先右—欲上先下……

墨法方面：浓—淡；苍—润；燥—湿……

结体方面：疏—密；松—紧；避—就；复—载；向—背；欹—正；纤—浓；外拓—内擫；增—减；平正—险绝……

章法方面：纵排—横列；连贯—错落；均匀—偏重；虚—实；疏朗—茂密……等等。[1]

可见，无论从哪一方面讲，书法本身就是阴阳相反相成、互释互注，"一阴一阳之谓道"的道法艺术，其美不仅体现在阴阳之间的张力中，更隐含于阴阳张驰有度的"度"中。

### 三、文艺作品中的阴阳属性

中国古代文学无论其句式、词意乃至用笔形式，都崇尚对偶章法，在"反者道之动"中追求平衡，在偶对平衡的意境中追求协调美。而且，"反

---

〔1〕 韩玉涛：《中国书学》，东方出版社2000年版，第33页。

者"的反差越大，产生的张力就越大，文学作品的感染力也越强。如范仲淹的《岳阳楼记》之所以脍炙人口，就在于辞赋中反差巨大的意境给人以巨大的震撼力。"不以物喜，不以己悲，居庙堂之高则忧其民，处江湖之远则忧其君。是进亦忧，退亦忧。然则何时而乐耶？其必曰'先天下之忧而忧，后天下之乐而乐'乎！"悲喜之间不在于物与己，不在于庙堂之高与江湖之远，而在于民与君。黎民百姓与朝廷君王、进与退、忧与乐，巨大的反差，展现出仕者的仁爱之心和致远博大的精神格局。同理，鲁迅之所以高山仰止，也在于他"横眉冷对千夫指，俯首甘为孺子牛"的精神品格，横眉与俯首、冷对与甘为、千夫指与孺子牛，偶对相峙，反差巨大，构建起一座恢弘的精神丰碑。正是这种精神格局的博大，使那些"人不为己，天诛地灭"的俗言和"不在其位，不谋其政"的所谓警句相形见绌、自惭形秽。可见，"区别在于格局"，而格局的要义恰恰是能够把相反相成的东西统为一体，构成为一个图景的尺度。大反差构建大格局，格局恢弘而所呈现的图景又不乏协调，偶对相峙而景致却不乏平衡，是协调和平衡构成了美的意境。脍炙人口、历久弥新的诗词歌赋都有这一特点。

> 可怜身上衣正单，心忧炭贱愿天寒。
>
> ——白居易《卖炭翁》
>
> 朱门酒肉臭，路有冻死骨。
>
> ——杜甫《自京赴奉先县咏怀五百字》
>
> 生当作人杰，死亦为鬼雄。
>
> ——李清照《夏日绝句》
>
> 生命诚可贵，爱情价更高；若为自由故，两者皆可抛！
>
> ——〔匈牙利〕裴多菲·山道尔《自由与爱情》
>
> 人不可有傲气，但不可无傲骨。
>
> ——徐悲鸿
>
> 天之道，损有余而补不足；人之道，损不足以奉有余。
>
> ——《道德经》

"衣单"与"天寒","酒肉臭"与"冻死骨","人杰"与"鬼雄","价更高"与"皆可抛","有"与"无","不足"与"有余",它们相互之间,"反者道之动"的张力恰恰是其魅力所在,也是其之所以历久弥新的原因。

"一阴一阳之谓道","阴阳"二字相反相成,构成了一个范畴概念,构建了一个话语空间。话语空间的尺度愈大,话语间的张力则愈大,艺术的感染力就愈强。比如,要使弓射出的箭飞得更远,必须将弓拉满,增大张力。但从另一个角度来看,不同的弓,其弦是不同的。显然,弦越长,相应的张力自然越大。从《花木兰》的宣传剧照看花木兰的人物形象,假如没有这个红唇,或者将整个人物完全画出来,似乎艺术感都不如现在这样。它处于黑白之间、有无之间、有色无色之间、刚柔之间。可以看到,头盔非常坚硬,而红唇则呈现出温柔之感。这便是"一阴一阳"所呈现出的"道"之力,它是一种存在,亦是一种美。实际上,中国的许多文学作品皆是如此。如图7-5所示。

图7-5 电影《花木兰》海报

近日，网上有一张林徽因仰望大佛的图片，大佛低首垂怜，满目慈祥；妙龄女昂首凝望，柔情似水。大佛与美人，一上一下，一高一低；两厢有缘，灵犀互通；动静相映，偶对协调。真是美妙！可见，美之与否在于是否协调平衡，统一于一。偶对平衡、协调统一是存在之美，人类在不同境遇中追求这种存在之美，进而创造出灿烂多彩的文化艺术，满足了人类多样化的心灵需求。如图7-6所示。

图7-6　林徽因仰望大佛照

敦煌壁画故事改编的舞剧《丝路花雨》，主人公英娘用婀娜多姿、曼妙柔美的身形表现激昂强劲的舞蹈动作，舞者爆发出的身体语言与其渴望正义和爱情的心灵融为一体，表达出一个弱女子心身俱燃的祈盼，以飞蛾扑火之势追求爱情的勇敢，将观众置于期望却无奈、欲哭而无泪的悲悯境地。如图7-7所示。

近年来，风靡欧美的《歌剧魅影》（*The Phantom of the Opera*）中有句歌词"我的精神，我的声音；你的精神，你的声音，合为一体（My spirit and my voice，your spirit and your voice，in one combined）"，深刻表达了歌者声心合一的追求：我的歌与心合为一体，你的歌与心合为一体，你我再合为一体。这部歌剧之所以扣人心弦、风靡世界，就在于歌者用歌声表达了心灵，用心灵滋润了歌声，将心灵与歌声合而为一，共同构建了一个恢弘的境遇，从而牵引着观众的心房不断扩张，使听者窒息而至静，窒息至静之后只能是雷鸣般的掌声。至静与雷鸣般的掌声，这就是存在，这就是人类追求的存在之美，这就是"心声一体"的歌剧之美、艺术之美。如图7-8所示。

图7-7 《丝路花雨》剧照

图7-8 《歌剧魅影》（*The Phantom of the Opera*）海报

心声一体的歌剧，心身一体的舞剧，与西汉书法家杨雄"书者，心画也"的论述如出一辙，都是艺术之魂、美之追求。心声之间、心身之间、心书之间偶对平衡而成的张力，给观众心灵的震撼和所引起的共鸣正是艺术之魂、美之追求。当然，也有残缺美、非对称美。非对称与对称本身也是一种对称，是对与非对之对称，其本质仍是偶对平衡之美。这种偶对平衡的艺术特质，仅仅是中国文化的一种艺术表达形式，还是蕴含着中国人审视世界的思维方式乃至是人类的一种基本思维范式呢？关于这个问题，熊秉明先生在谈及中国书法艺术时曾有过专门的论述。他说："中国书法是中国文化核心的核心"；继而又说："中国文化的核心是中国哲学，而'核心的核心'是书法。"[1]中国美术院院长吴为山先生在《熊秉明雕塑艺术》一书的"序言"中，称"熊先生是20世纪融通中西文化，且以哲学、文学、艺术修行悟道的文化自觉者"。吴冠中先生对其也有评语："其道也，是从东方渗入西方，又从西方回到东方。"其实，孔子早有"志于道，据于德，依于仁，游于艺"[2]之说，意指"道"存在于礼、乐、射、御、书、数"六艺"之中，君子在"六艺"之中游刃有余，志于修道悟理。可见，相反相成、偶对平衡，既是中国文化艺术的特质，也是中国人基本的思维范式。它成于道、形于器，道器合一，臻于至境。

这种相反相成、偶对平衡的艺术表现不仅在中国，在东方其他国家甚至在西方也是如此。20世纪60年代，美国文化人类学家鲁思·本尼迪克特以《菊与刀》为名写了一本介绍日本文化的书。菊与刀貌似互不相干，是两个反差很大的东西，可作者用菊的芬芳和刀的残暴，意欲表达日本文化的双重性。其实，日本著名作家谷崎润一郎写的小说《春琴抄》却达到了《菊与刀》欲所达到而未能达到的目的。小说《春琴抄》的女主人公是一位豪门小姐，她天生是个盲人，身边有一个自幼以侍伴她为生的男孩，

---

〔1〕吴为山编：《熊秉明雕塑艺术》，人民美术出版社2011年版，第2页。

〔2〕〔清〕程树德撰，程俊英、蒋见元点校：《论语集释》，中华书局1990年版，第443页。

主仆二人一起长大成人后，仆人提出愿与小姐结为夫妻，以便终身侍奉，而小姐认为她虽是盲人，但身为主人，无需仆人的怜悯。怎么办呢？于是，仆人拿起一双筷子直接将自己的双眼戳瞎，然后说，现在我们都是盲人，你仍然是主人，我仍然是仆人，我终身侍奉你。故事的结尾是暮年的仆人在坟场继续为主人守墓陪伴，菊花凋零散落在血泊中……。作者用戳瞎双眼的血腥与菊的芬芳这一对相反相成的张力将读者的心慢慢撕裂，使人心痛得无力叹息，直至静寂。可见，是相反相成的张力生成了心力，是心力催生了人类的喜怒哀乐。这不仅是文化艺术的魅力，也可能是人类思维的第一动力或者说是原动力。如图7-9所示。

图7-9　小说《菊与刀》《春琴抄》

## 四、黑白照片中的阴阳消长

黑白照片主要是通过明暗对比和影调划分来表现图像，进而创造出丰富的视觉效果。其原理可以从两个方面理解。如图7-10所示。

### （一）明暗对比

黑白照片通过明暗对比来表现图像。在黑白照片中，亮度被分为不同的层次，从最暗到最亮，形成明暗对比，从而表现出物体的形状、纹理和细节。

图 7-10　黑白照片明暗对比及影调划分图示

### （二）影调划分

黑白照片中的影调划分包括高光调、中间调和低光调。高光调照片大部分是白色，只有少量黑色，适合表现明快、轻盈的感觉；中间调照片中黑色、白色和灰色的部分平均分布，感觉取决于对比的高低；低光调照片大部分是黑色，只有少量白色，适合表现深沉、神秘的感觉。

尼采说，世界是视角下的世界。这些照片都是特定视角下明暗分布和亮度差异的呈现。可见，视角不同、视域不同，则明暗分布不同、呈像不同。明暗影调就其本质仍然是"向阳背阴"，摄影师正是通过人工调控向阳背阴的程度，在阴阳占比的差异中彰显艺术魅力的。我们日常使用的"二维码"也是用黑白占比的不同，即阴阳占比的差异，来彼此区分的。

### 五、水墨画作中的阴阳言说

中国的水墨画，如同黑白照片一样，是特定视角下的感观呈现，是黑白两色占比变化的色差呈现；所不同的是，中国水墨画是在宣纸上用水墨的浓淡变化呈现山水景致的，"山分阴阳向背，水中有倒影"。这里转引著名艺术评论家陈传席先生在《中国山水画史》一书中专门论述宗

炳[1]《画山水序》思想内容的几段话：[2]

1.宗炳的《画山水序》，是中国山水画乃至整个中国画的最重要文献。严格地说，它不是画论，而是玄论。正因为如此，它才能导致中国画重精神性和理性的价值意义。中国古代画论从来都不是纯画论，中国古代画史也从来不是纯画史，也皆因于此。

宗炳的《画山水序》，主要阐述用画的形式把哲理的内容（道）表达出来。而作山水画、观山水画也是为了观道、体道。他煞费苦心地论述者皆为此也。

2.宗炳的《画山水序》在绘画史上实际影响最大，乃是中国最早一篇山水画论。文章中屡次提到："圣人含道映物""圣人以神法道""山水以形媚道"等等。儒、道、仙、佛各家俱言道，"道也者，不可须臾离也"。总之，宗炳认为山水画是用来体现圣人之道的。画山水或观山水画都和游览真山水一样，而且能更好地品味圣人之道。鼓吹山水画，绝非为了消遣，而是要调动一种最好的形式，故而提出"卧游"山水，以便体现和学习圣人之道。

他说，"余复何为哉，畅神而已，神之所畅，孰有先焉"，是因为"卧游"山水画，实现了观道和对道理解更深刻的目的才"畅神"的。宗炳把山水画和圣人之道认真地联系在一起，这样就把山水画的社会功能提高了。

3.第一个把老庄之道和山水画联系在一起的乃是宗炳。不仅"圣人含道映物""圣人以神法道""山水以形媚道"，说的是老庄之道，连他所说的"灵""理"都和道是一回事。他把画山水和观山水画作

〔1〕宗炳（375—443年），字少文，南阳郡涅阳（今河南镇平）人。南朝著名隐逸之士，画家、美术理论家、音乐家、佛学家、哲学家、旅行家，代表作《画山水序》是中国早期山水画理论的重要文献，对后世山水画的理论与创作产生了深远影响。

〔2〕陈传席：《中国山水画史》，人民美术出版社2013年版，第7-12页。

为一种体道、味道的行为。因之画和画技皆是道，因之后人称画"非画也，真道也"。更重要的是，老庄之道对中国绘画精神和艺术风格产生了深刻的影响。

4.在中国，儒道两家的思想对后世文人的影响最大。儒家"为国为民"求官拜职，惶惶不可终日，旨在"治国平天下"。道家则拒绝做官，静静地遁入山林，求得自我解脱，"自喻适志"。所以后之文人，在儒家思想占主流时，反映在文艺上是"文以载道""有补于世"；在道家思想占上风时，更主张"怡悦情性""自我陶冶"。或者二者兼有，互相矛盾，又桑榆东隅。

5.老庄对于色彩也主张"素朴玄化"，反对错金镂彩，绚丽灿烂，老子"五色令人目盲"，庄子"五色乱目""故素也者，谓其无所与杂也""朴素而天下莫能与之争美"。影响所至，早期具有隐士思想的画家也摒去绚丽的"五色"，代之而起的是"素朴"的水墨山水画，千余年来成为中国山水画的传统。墨色即玄色，老子云："玄之又玄，众妙之门。"

6.中国画特别重视空白（书法亦然），有人甚至强调一幅画的最妙处全在空白。空白处即"无"，"无"因"有"而生，也就是《老子》所宣扬的"有无相生"。《老子》说轮、器、屋，正是毂、空炷门窗等这些"无处"（空处）最重要，"有之以为利，无之以为用"，真和中国书画尤重空白处论息息相通了。

7.宗炳把画和道相联系，后人干脆称画为道。符载称张璪的画"非画也，真道也"（《唐文粹》九十七）。《宣和画谱》吴道玄（子）条下称吴道子、顾恺之、张僧繇"皆以技进乎道"。李思训条下亦称其"技进乎道"。又说："志于道……画亦艺也，进乎妙，则不知艺之为道，道之为艺。"宋韩拙《山水纯全集》："凡画者，笔也……默契造化，与道同机。"董逌《广川画跋》书李成画后："其至有合于道者。"清一桂《小山画谱》："览者识其意而善用之，则艺也近于道矣。"《画筌》中王石谷、恽寿平评语："精微之理，几于入道……"

深得中国艺术精神的日本学者就直称画为画道，书法为书道。

8.附录:《画山水序》

圣人含道映物，贤者澄怀味像。至于山水，质有而灵趣。是以轩辕、尧、孔、广成、大隗、许由、孤竹之流，必有崆峒、具茨、藐姑、箕、首、大蒙之游焉。又称仁智之乐焉。夫圣人以神法道，而贤者通；山水以形媚道，而仁者乐。不亦几乎?

看完这段附录，再反刍思考戴本孝在《象外意中图》中题"天地运会，与人心神智相淅，通变于无穷，君子于此观道也"的言说，让人总有一种感慨：中国传统文化就是"一阴一阳"的道统文化，中国书画艺术就是"一阴一阳"消长运化的几道艺术。一言以蔽之，中国人特有的思维范式，就是在阴阳区间内辩证统一的"守中"思维，就像开汽车，既要防止撞上左边的道沿，也要防止撞上右边的道沿，做到两个"防止"，车自然地会在"中道"上行稳致远。

"书画一体"。提到书画，便不能不提印章。印章，作为书画中的一个重要元素，其形态和布局都具有独特的艺术语言。印章分为"阳章"和"阴章"两类，又叫"白章"和"朱章"。阴章是将图案或文字刻成凹形，从文字或图案内容开始下刀；而阳章则是从文字或图案四周开始下刀，最终呈现的雕刻内容是凸起状的。它们的雕刻方法虽然不同，但如果雕刻得巧妙，二者可严丝合缝、合二为一，也就阴阳一体了。现代的3D技术能够精细地雕刻这两种章，相互之间没有一丝的空余废料。这是迷信吗?不，这是已知的事实。如图7-11所示。

水土关系(阴章、白文)
字：水，留余：土

水土关系(阳章、朱文)
字：土，留余：水

水生态(阳章、朱文)
字：水。以水为主体，去质

水环境(阴章、白文)
字：水。以水为客体，脱水

图7-11　阴章与阳章

"一阴一阳之谓道"。道是事物存在的基本形式，其大无外，其小无内，无所不包。阴章与阳章的嵌套属性，恰如中国传统建筑的榫卯结构。榫卯不仅仅是构件之间的一种连接方式，更是一种深刻的哲学理念，象征着阴阳的合一与平衡。在榫卯结构中，榫头和卯眼通过精准的契合，将不同的木件牢牢连接在一起，二者恰似印章的阳章与阴章，合则天衣无缝。这种巧妙的设计，既保证了建筑的稳固性，又凸显了结构的灵活性与美感，正是阴阳相互依存、相辅相成的具体表现。如图7-12所示。

图7-12　榫卯结构示意图

阴阳思想不仅是中国传统文化的核心，也是中华文明的深层动力。它跨越哲学、艺术、建筑等领域，在几千年的历史中不断传承与发展，形成了独特的文化特征与思维方式。通过阴阳的辩证统一，中国传统文化展现出了对立中孕育和谐、变化中蕴含平衡的智慧。今天，我们依然可以从中汲取智慧，理解自身与世界的关系，追寻和谐与共生的现代意义。阴阳不仅是哲学命题，更是跨越时空的智慧，是理解宇宙、自然与人类精神的钥匙。

至此，关于阴阳，我们大概走过了三个旅程：

首先，证明了阴阳是日地关系条件下天地交感响应的互证者。太阳从东边升起、西边落下，次日再从东边升起，形成了一个周而复始的运动。在这个运动过程中，太阳在地面上就有投影，所以说天投影于地；反之，地标示于天。这既是时间的流变，也是空间位移的变化。时空变化与阴阳消长在日地关系中是一体的，"孤阴不生，独阳不长"。"阴""阳"彼此互为对方存在的根据，这与"一阴一阳之谓道"是契合的、相通的。

"道"是什么？《道德经》这部专论"道"与"德"的经典著作分《道篇》与《德篇》两个部分。《道篇》中说："是谓无状之状，无物之象，是谓恍惚。迎之不见其首，随之不见其后。"[1]我们每个人小时候都有捉影子而被影子所迷惑的"赤子之心"，站在太阳下凝视影子，越看越觉得有意思，那种飘逸、晃动与变化的情形，很好地体现了"无状之状，无物之象"的景象。影子是物质还是精神，如果按照我们已有的划分世界的认知，可能没有办法回答。而《道德经》的这句话，表述得极为精妙，"是谓恍惚"。甘肃庆阳环县"皮影戏"这一非物质文化遗产，实际上恰是运用了这种"无物之象"的呈象方式。这个"象""迎之不见其首，随之不见其后"，从哪来的、从哪消的，台下的你是不知道的。实际上，"无物之象，是谓恍惚"是日地关系下"一阴一阳之谓道"的一种呈象。

其次，阴阳是中国传统文化的根和魂。我们发现，从《周易》《周髀算经》到"六经"，通篇都是关于"阴阳"的论述，由此验证了"阴阳"就是中国传统文化的根和魂。中国传统文化的结构、框架体系就是"阴阳"二字、"卯榫"一体而构建的。卯榫结构其本质就是"阴阳"在"凹凸"中的类比推理，整个搭建过程无需借助钉子或胶水，仅仅依靠卯榫之间的相互作用和咬合，使得宏伟的建筑屹立不倒。卯榫结构不仅构建了实体的大厦，也形象地映射了中国传统文化的构建方式，即以"阴阳"为核

---

〔1〕〔魏〕王弼注，楼宇烈校释：《老子道德经注校释》，中华书局2008年版，第31页。

心构建起的完整文化体系。也就是说，在这个体系中，"阴阳"的平衡与互动，犹如卯榫结构的"凹凸"相扣一样，共同支撑起了中国传统文化。

第三，勾股定理也是阴阳定理。首先，"阴阳是日地关系条件下天地交感响应的互证者"，勾股定理是对"阴阳"源于自然的证明，"阴阳是中国传统文化的根和魂"是对"阴阳"源于中国人特有的言说方式的证明，而"勾股定理也是阴阳定理"是对"阴阳"与"勾股"同源于数学的证明。数学是现代化的基本标识，现代化是科学技术之上的现代化，而科学技术又是建构于数学体系之上的科学技术。因此，证明"阴阳"是数学的，只需证明勾股定理也是阴阳定理。从《周髀算经》开始，中国证明勾股定理的方式是直观呈现，而西方则是通过逻辑推演，这其中包括了五大公设、五大公理。从五大公设与五大公理之中，我们能够发现，五大公设在日地关系中基本都能够直观呈现，而五大公理是在杠杆原理之上直观呈现的。换句话讲，公设是有根据的共设，公理是不证自明的、直观可视的。同时，我们也提出了一个悬念：杠杆原理的数学表达式在航天器里、在外太空是依然成立的，但是杠杆平衡系统的演示是不可以在外太空直观呈现的，就像航天员在航天器里自由飘浮是不分轻重的。所以，五大公理在外太空是不成立的，但是由五大公理所推演建构起来的逻辑体系，却能够支撑人类探索外太空。对此，我难以解释，只能认为这是地球之所以为地球的必然。

总之，阴阳源于自然，是中国传统文化的根和魂；阴阳消长也是数学上的勾股相变，"阴阳"二字贯通于数学、自然和义理之中，人类的一切文化生活都被阴阳所统摄。

第八讲

# 思维之桥　阴阳之衢

- ◎ 探赜思维的本质
- ◎ 通向思维的"后楼梯"
- ◎ 站在桥上看世界

哲学是文化的核心，文化则是哲学的外化。虽有哲人说，哲学是关于思维的学说，但如何精准地定义思维，却难以言说。天才哲学家维特根斯坦说过："语言的边界乃是思维的边界。"[1]的确，语言能暴露出思维的秘密。当马克思说"存在与思维、物质与精神是哲学的基本问题"时，其实已显现出了思维的基本特征，那就是人之思维是在精神与物质、灵与肉、心与物的区间内往返徘徊，并寻求平衡的。故此，我们的讨论从思维开始。

## 一、探赜思维的本质

当马克思说"存在与思维、物质与精神是哲学的基本问题"时，他不仅说明了思维的基本特征，也以实例定义了何为哲学，即哲学是概念范畴的言说。也如黑格尔所言："哲学是关于真理的客观科学，是关于真理之必然性的科学，是概念式的认识；它不是意见，也不是意见的产物。"[2]黑格尔进一步讲："什么是基于思想的信念，即由于洞见事物的概念和性质而产生的思想的信念。"[3]那些不基于概念和性质的深入思考只能称之为意见，而非思想。可见，概念之范畴正是哲学所追求的。为此，黑格尔还讲："因为哲学有这样一种特性，即它的概念只在表面上形成它的开端，

---

〔1〕〔英〕路德维希·维特根斯坦：《逻辑哲学论》，江西教育出版社2014版，第45页。

〔2〕〔德〕黑格尔：《哲学史讲演录》第一卷，贺麟、王庆太等译，商务印书馆2013年版，第25页。

〔3〕〔德〕黑格尔：《哲学史讲演录》第一卷，贺麟、王庆太等译，商务印书馆2013年版，第20页。

只有对于这门科学的整个研究才是它的概念的证明，我们甚至可以说，才是它的概念的发现，而这概念本质上乃是哲学研究的整个过程的结果。"[1]这句话实际上是说，哲学研究的整个过程，就是对概念的证明或发现。中国传统文化是基于"一阴一阳之谓道"这一概念范畴之上的，本质上讲，对中国传统文化的研究，也是对"一阴一阳之谓道"这一概念范畴的证明过程。因此，中国传统文化既是文化，也蕴含着哲学内涵。由此可见，"一阴一阳之谓道"是一个哲学观点，中国传统文化就是这个概念范畴之上的延展。进一步讲，对"一阴一阳之谓道"的证明，恰恰是对中国哲学的整体系统研究。

　　然而，哲学并不完全仅仅是哲学家的哲学，于是有了《大众哲学》《通俗哲学》等著作。哲学家与普通人的区别在于：哲学家能够将普通人的感受和感知进行归纳与抽象，并赋予其一个概念；或者说，哲学家是从普通人的生活中提取概念的。实际上，当我们称之为人的人开始言说时，就已经"形成了概念的开端"。当成人教小孩说话时，总说声音大点、小点；教小孩走路时，总说远点、近点。就这样，每个人从牙牙学语开始，就在"大小、远近、高低、上下"的概念属性中耳濡目染，直至把赤子之心熏染为成人之心，并在一个个由相反相成的概念体系构成的范畴中思维和言说。于是，他们用这种思维体系去看待周围的世界，而且总能视不同需要凝练出一些关联并生、偶对而生、相反相成的属性概念来应用于不同的语境或场合。比如，当用表达事物尺度的规模概念时，往往将事物放在大与小的范畴中去定义描述，在文学语言中可能会将其放在恢弘与渺小的范畴区间内去定义，在科学语言中也可能会将其放在光年与纳米的范畴区间内去表达。除了常说的上下、大小、远近等概念外，还有许多诸如轻重、南北、东西、天地、昼夜、男女、乾坤、动静、刚柔、灵肉等不同概念属性的范畴。哲学家也惯用这种方法来概观划分整个世界：自然与社

[1]〔德〕黑格尔：《哲学史讲演录》第一卷，贺麟、王庆太等译，商务印书馆2013年版，第6页。

会、物质与精神、人与自然、存在与思维，等等。人类正是在这种认知范式中，用某一关联并生的属性"一分为二"地来概观世界：自然与社会、物质与精神、灵与肉、宇宙存在与价值伦理等，并从上下、大小、远近、轻重、南北、东西等常识性属性，延展到感性和理性、整体和部分、归纳和演绎、综合和分析等认知属性，以及好与坏、善与恶、苦与乐等价值属性。[1]（亚里士多德的《形而上学》第一卷讲的就是认知属性等问题，而他将其称为"形而上学"，也称其为"物理世界后面的东西"。）就今天所说的科学，也常常被分为自然科学和社会科学，计算机工程也分硬件和软件。

表8-1 "一分为二"概观世界的关联并生属性

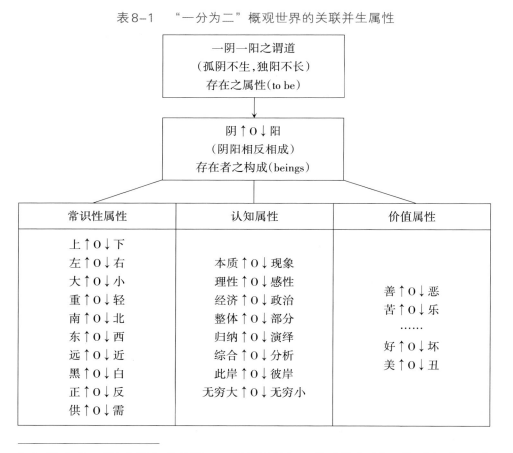

---

[1] 陈克恭：《站在桥上看世界——哲学桥梁与三种思维方式》，载《光明日报》2017年6月10日。

有一个古老而著名的命题，自公元前4世纪就广为流传，今天仍然以其特有的魅力吸引着人们、困惑着人们：

> "现在我说的是一句假话。"

这句话是真是假？假定它为真，将推定它是假；假定它为假，将推定它是真。[1]所谓的"罗素悖论"也是如此。可见，困惑我们的不是这句话本身，而是"真假"这个概念范畴。真假如同善恶、好坏、苦乐一样，一直困惑着人类，并且可能会一直困惑下去，因为这是人的思维区间，是人之为人的存在场域。

如前所述，中国传统文化中对此有着久远深刻的认识。早在先秦时期，先哲们就将这些相反相成的概念属性高度抽象，划归于天地系统的尺度内，凝练为"阴阳"二字。《周易·系辞》曰"乾，阳物也；坤，阴物也"，[2]并用"一阴一阳之谓道"将此定义为事物存在的根本形态。《老子》进一步讲："故有无相生，难易相成，长短相形，高下相倾，音声相和，前后相随，恒也。""知其雄，守其雌，为天下溪"，"知其白，守其黑，为天下式。"[3]意指相反相成的这一存在形态是根本永恒的，正如今天说矛盾是普遍的，这就是古人所说的"天下式"。可以说，"阴阳"二字是概念之概念，是概念之母体，古时说是天下之"恒道"，今日说是"放之四海而皆准"。事同一理，我们可以画大小不同的圆，但圆的方程式不变；勾股数有无数个，但勾股定理不变。如此，"恒"与"非恒"高度抽象统一为"道"之存在，并称之为"易道"，而"此两者，同出而异名，同谓之玄。玄之又玄，众妙之门"。

---

〔1〕韩雪涛：《数学悖论与三次数学危机》，湖南科学技术出版社2007年版，第58页。

〔2〕黄寿祺、张善文译注：《周易译注》卷九，上海古籍出版社2007年版，第412页。

〔3〕陈鼓应：《老子注译及评介》，中华书局2009年版，第173页。

中国传统文化中的这些理念和思想，与西方哲学中的本体论和存在论殊途同归，这也正是西方哲学中讨论已久的"存在是存在者的存在"这一命题的应有之义。所不同的是，西方哲学所一直在追问的"存在者之存在"究竟是什么？即物理世界的"后面是什么"。古希腊集大成的哲学家亚里士多德将视而可见的世界视为"物理学"，将其后面起支配地位的东西称为"后物理学"或"形而上学"，并将其追问称为"本体论"。在英文中用系词beings表达物理世界存在者的状态，因为物理世界的存在者多姿多彩，故而用复数加了"s"，而用to be去表达物理世界后面的世界。就好比圆的方程只有一个，是to be（存在），而圆有无穷个，就是beings（存在者）。可以说，整个西方古典哲学史就是一部在to be与beings之间旷日持久的追问史，以至于在莎士比亚的文学作品中都有"To be，or not to be，that is a question."（存在或不存在是一个永恒的问题，也可翻译为生与死是一个永恒的问题）的著名金句。

而中国古人基于仰观天文、俯察地理，"近取诸身，远取诸物"的实践，直接将"阴""阳"二字定义为"众妙之门""不二法门"之门的两个门框，将世间的万物统归为这一门框之内的存在物，并视之为不证自明的公理，名为"不生不化"之道。就好比对联一样，所有对联的上、下两联都可抽象为"阴"和"阳"，其横批则可抽象为"道"。按西方to be和beings的逻辑去理解，"一阴一阳之谓道"是"to be"，而具体无穷尽的对联则是"beings"。中国传统文化强调形而上之"道"与形而下之"器"的道器合一，认为存在者的器是存在之道的表达，存在之道是通过存在者这个器物而示现的，道不离器，器不离道，道器合一，以器载道，以道成器，"孤阴不生，独阳不长"，正可谓"一阴一阳之谓道，继之者善也，成之者性也"。可见，东西方在这方面的本质区别不在于"一分为二"的"一"，而在于"一分为二"的"二"。关于"一"和"一分为二"的人之思维范式，东西方的论述汗牛充栋。直到今天，我们的科学语言中仍用一个单位长度、一个单位面积、一个单位体积来展开着科学研究。在中文语言表达的世界里，今天发"通知"，一开始便是各单位、各部门等。在这一点上，东西方无区别，甚至可以说人类无区别，区别只在于西方更强调"二"的对立性，东方在承认"二"之对立性的同时更强调"二"的统一性。也许就是这个原因，有人把马克思和玻尔称为"西方的东方人"，因为马克思强调对立即统一，玻尔强调对立即互补。

进一步讲，西方更强调"二"的独立性、差别性、特殊性，东方更强调"二"的统一性、互补性、普遍性。因为独立而更强调"自由"，因为统一而更强调"协调"。过分强调自由之结果，则必然循环至始点；视"自由"与"协调"为二元对立，便没有了二者的统一性。但本质上却又逃脱不了统一性的统摄，逃脱不了思维场域的统摄，这又自觉不自觉地步入了一个恶性循环，成为为自由而争、为自由而战、为自由而杀戮的悖论景观，正所谓"反者道之动"。若过分强调协调，当然也会因忽视"二"的独立性而步入形式主义。中国传统文化正是在"二元互补共存"这一公理之下的延展。可见，天下万千对联都是将横批"道""一分为二"成为"阴阳"上下两联的生发和延展，阴阳合璧而成，成为道的呈现，"道"统摄着阴阳，阴阳守望相助，统归于道。这是中国人对世界本源的认识，也可以说是中国哲学的本体论，而中国传统文化就是在这个本体论上的延展。

马克思从黑格尔那里汲取了"正、反、合"的本体理念，形成了"一分为二"看待世界的哲学观。在西方，马克思被视为异端，是因为他不仅承认事物具有普遍性和特殊性之两面，而且更强调普遍性寓于特殊性之中，特殊性中包含着普遍性，恰恰因为被包含着，故而才被称为共性，就像公约数2存在于所有偶数之中一样；而特殊性只是反映这物不同于那物、此偶数不同于彼偶数，是一事物区别于另一事物的特征而非事物之本质，事物之本质是普遍性与特殊性的统一。因此，马克思主义学说是关于存在与存在者（to be 与 beings）的统一学说。他不主张抛开存在者（beings）而单一去追问存在（to be），并把那些将存在与存在者完全割裂开来、一味追求存在的学说，称之为形而上学。可见，马克思主义所批判的这个"形而上学",不同于追问本体论意义上的那个"形而上学"。我们从摘自黑格尔《哲学讲演录》"东方哲学"中的这段话,可进一步感悟黑格尔语境下的"形而上学"。

> "普遍的"这个固定性格,是东方特性中的基本特性。……上帝、自在自为者、永恒者,在东方大体上是在普遍性的意义下被理解,同样,个体对上帝的关系也是被理解为掩盖在普遍性里面的。……只有那唯一自在的本体才是真实的,个体若与自在自为者对立,则本身既不能有任何价值,也无法获得任何价值。只有与这个本体合而为一,它才有真正的价值。但与本体合而为一时,个体就停止其为主体,主体就停止其为意识,而消逝于无意识之中了。这就是东方宗教中的主要情形。相反地,在希腊的宗教和基督教中,主体知道自身是自由的,并且必须保持自身的自由。在这样的情形下,个体既然独立自主,思想要想从个体性中解脱出来,建立起它的普遍性,当然是远较困难。[1]

黑格尔这段话足以证明他早知道这一区别,而他对此区别的批判恰恰证明了他与马克思的根本区别,而这一区别也恰是中西思维的区别。这既是马克思反对形而上学的原因,也是我们终究称黑格尔为唯心主义者的原因。

恩格斯在《自然辩证法》中清晰地论述了这一区别:

> 所谓的客观辩证法是在整个自然界中起支配作用的,而所谓的主观辩证法,即辩证的思维,不过是在自然界中到处发生作用的、对立中的运动的反映,这些对立通过自身的不断的斗争和最终的互相转化

---

[1] 〔德〕黑格尔:《哲学史讲演录》第一卷,贺麟、王庆太等译,商务印书馆 2013年版,第20页。

或向更高形式的转化，来制约自然界的生活。

在历史上，对立中的运动在主导民族的一切危机时期表现得尤为明显。在这样的时刻，一个民族只能在两难中择其一："非此即彼！"；而且，问题的提法总是迥然不同于一切时代谈论政治的庸人们所期望的提法。

"非此即彼！"是越来越不够用了。一切差异都在中间阶段融合，一切对立都经过中间环节而互相转移，对自然观的这样的发展阶段来说，旧的形而上学的思维方法不再够用了。辩证的思维方法同样不承认什么僵硬和固定的界线，不承认什么普遍绝对有效的"非此即彼！"，它使固定的形而上学的差异互相转移，除了"非此即彼！"，又在恰当的地方承认"亦此亦彼！"，并使对立的各方相互联系起来。这样的辩证思维方法是唯一在最高程度上适合于自然观的这一发展阶段的思维方法。[1]

恩格斯这段话是对日地关系的最好解读，或者说日地关系就是对这段话的直观呈现。"天投影于地"，是投影在直线上的点，具有非此即彼的逻辑关系；"地标示于天"，是标示于圆上的曲线，具有亦此亦彼的辩证关系，成为相反相成的小孔成像，如图3-9所示。这就是同一个太阳对于身处南北半球的人而言，则是完全不同的两个太阳，一个是冬日的太阳，一个是夏日的太阳，冬日的太阳与夏日的太阳相反相成构成了同一个太阳的存在。

毛泽东同志是马克思主义中国化的开创者，他的《矛盾论》便是一篇追问世界本体的传世大作。他指出，"没有什么事物是不包含矛盾的，没有矛盾就没有世界"，并得出"事物矛盾的法则，即对立统一的法则，是

〔1〕恩格斯：《自然辩证法》，中共中央马克思恩格斯列宁斯大林著作编译局编译，人民出版社2018年版，第82-84页。

自然和社会的根本法则，因而也是思维的根本法则"的结论。[1]近年来，我们更是常用"孤阴不生，独阳不长"来表达"一分为二"的哲学理念，强调事物对立性中的统一性和互补性。

从道行天下到天下式、众妙之门、不二法门、根本法则，都指向人之思维的基本范式，即"一分为二"的思维范式，这种范式似乎贯穿于人类思维和行为的全部过程和每一个环节，似乎世界就是在"一"即是"二"、"二"即是"一"之间展开的"一""二"世界，故而有人曾起笔名为"一二先生"。

我们不自觉的一些行为举止，更是如此。如吃西瓜，怎么吃？人畜皆可吃西瓜，可以想象动物各有各的吃法，这里不去探究。人类吃西瓜，大多是沿着西瓜的天然纹路切下去，一分为二，再一分为二，直到认为大小适宜吃时为止。这种思路，从八卦到六十四卦，从原始的切西瓜到近代的"切地球"确定经纬线，都是一脉相承的。区别只在于，当初"切地球"的是英国人，因英国皇家天文台在格林威治，故而以此为基点一分为二，左边是西经，右边是东经。当代的GPS技术无非也是越切越细，上下左右在偶对平衡中不断地一分为二、一切再切，用经纬线精准地定位着地球上的每一个点，而东西经线总是在相隔180°之处守望相助、相反相成，构成了一个循环的圆。今天，日新月异、蓬勃发展的信息技术也只是在电路的开与关、通与断的两个状态端，以0与1的符号形式变化组合，解析着多维复杂的世界，表达着世界的存在。我们所称的数字世界的发展奥秘，其实就是电路的尺度越来越小、切割愈来愈密直至纳米级而已，但其思维的本质并未发生根本变化，思维的范式并未走出"是故，《易》有太极，是生两仪，两仪生四象，四象生八卦，八卦定吉凶，吉凶生大业"的思维范式；以今天几何世界的语境来讲，也并未走出"是故《易》有太极，太极有几何？几何有天地方圆，方圆生阴阳，阴阳生四象，四象生八卦，八卦定寒暑，寒暑生大业"的思维范式。人生之岁月，可不就是寒暑往来之岁

---

[1]　毛泽东：《毛泽东选集》第一卷，人民出版社1991年版，第305、336页。

月么！

黑格尔在贬损中国文化时，曾无意中说出了这种本质性的存在。他说：“在个别的国家里，确乎有这样的情形，即它的文化、艺术、科学，简言之，它的整个理智的活动是停滞不进的。譬如，中国人也许就是这样：他们两千年以前在各方面就已达到和现在一样的水平，但世界精神并不沉陷在这种没有进展的静止中。单就它的本质看来，它就不是静止的。”[1]正话反说、反话正说，黑格尔的质疑无疑既否定了事物存在的客观性，也否定了《圣经》中“太阳底下无新事”的教旨；但又反证了中国古代哲学思想的辉煌。可见，“一分为二”是通向思维的“后楼梯”，离开了“一分为二”，思维便会陷入混沌无序。

## 二、通向思维的“后楼梯”

《辩证唯物主义是中国共产党人的世界观和方法论》一文指出：“中国人早就知道矛盾的概念，所谓‘一阴一阳之谓道’。矛盾是普遍存在的，矛盾是事物联系的实质内容和事物发展的根本动力，人的认识活动和实践活动，从根本上说就是不断认识矛盾、不断解决矛盾的过程。”[2]毛泽东同志在《党内团结的辩证方法》中明确指出：“一分为二，这是个普遍的现象，这就是辩证法。”唯物辩证法要求始终把握事物的整体性，把任何事物既统归于“一”，又分为相反相成的“二”，通常我们称之为“一分为二”的辩证法，并视之为共产党人掌握马克思主义看家本领的科学思维方法。

（一）“一分为二”的“一”

“一”是统一的“一”，归一的“一”，一体的“一”，一以贯之的“一”，强调的是事物的整体性、关联性和普遍性。北京大学楼宇烈先生一

---

[1]〔德〕黑格尔：《哲学史讲演录》第一卷，贺麟、王庆太等译，商务印书馆2013年版，第9页。

[2] 习近平：《辩证唯物主义是中国共产党人的世界观和方法论》，载《求是》2019年第1期。

直特别强调，中国传统文化最基本的特征就是特别强调整体关联性。儒、释、道三家无一例外，都是如此：儒家的"吾道一以贯之"，以及"理一分殊"；佛家的"一即一切"；道家则直接把"一"居于道统地位。《道德经》中说，"道生一，一生二，二生三，三生万物"，以及"昔之得一者：天得一以清，地得一以宁，神得一以灵，谷得一以盈，侯王得一以为天下正"[1]。自然科学中也是以某一系统为研究对象，通常用单位长度、单位面积和单位体积的科学范式表达系统的整体性。自然科学的母语——数学语言，就是建立在"1"这个系统中的学说。微积分中 $\lim\limits_{x \to \infty} \dfrac{1}{x} = 0$ 就是反映"∞"与"0"统一于"1"这个道理的。从式中可以看出，在从"0"到"∞"的系统过程中，严格遵从形式逻辑同一律、矛盾律、排中律这三大定律，但系统的两个端点值则是统一于"1"的。从这个数学式可以发现，辩证法统摄着形式逻辑，而形式逻辑又支撑着辩证法。

因此，系统观念是辩证法的存在国度，它既是一种思想方法，也是一种工作方法，是思想方法和工作方法的统一。在系统观念的"一"中，不仅有"不但而且"的辩证法，也有"因果关系"的形式逻辑。辩证法与形式逻辑二者相反相成，构成了系统观念。

**（二）"一分为二"的"二"**

"二"是就如何认识"一"而言的。中国人常用"格物"和"经略"表达认识事物和改造世界之义。言不尽意，立象以尽意。我们再次具象于西瓜，以求尽意。吃西瓜，首先要一分为二，"二"既源于"一"，又是对"一"的解构。长在地里的西瓜有向阳的一面，也有背阴的一面，向阳与背阴相反相成、彼此依存。"一阴一阳之谓道""孤阴不生，独阳不长"，故而，阴阳共生是事物存在之道。

毛泽东同志的《矛盾论》，可以说是一篇以现象与本质、形式与内容、内因与外因、原因与结果、共性与个性等为范畴概念的哲学著作。著作将

---

[1]〔魏〕王弼注，楼宇烈校释：《老子道德经注校释》，中华书局2008年版，第105-106页。

其概念范畴称之为矛盾统一体，指出："事物矛盾的法则，即对立统一的法则，是自然和社会的根本法则，因而也是思维的根本法则。"[1]可见，"矛盾论"即阴阳统一的"道统论"，是事物存在之根本，这也是中国化了的本体论。

习近平指出，世界物质统一性原理是辩证唯物主义最基本、最核心的观点，是马克思主义哲学的基石。[2]遵循这一原理，最重要的就是坚持一切从实际出发。

回望中国共产党的历史，有一个清晰的哲学谱系，那就是以马克思主义的唯物史观为指导，始终坚持把握事物的整体性，把任何事物既统归于"一"，又分为相反相成的"二"，要求抓住事物整体系统中的主要矛盾和矛盾的主要方面，集中力量加以解决。这是马克思主义对待工作的基本要求，也是马克思主义哲学科学的思想方法和工作方法，通常称之为"一分为二"的辩证法，它是我们共产党人的看家本领。

新民主主义革命时期，毛泽东同志视人与财富为一个整体系统，通过对中国社会各阶级的分析，认为极少部分人占有绝大部分财产，而绝大部分人却拥有极少部分财富，人与财富关系的极度失衡和不协调是当时的主要矛盾，故而提出了阶级斗争的革命理论。

社会主义革命和建设时期，毛泽东同志视城乡为一体、工农为一体，通过论"十大关系"，认为城乡系统中"农重工轻"、劳动者系统中"农民多工人少"是主要矛盾，故而通过计划经济的手段，以农补工、以乡辅城，着力发展工业，奠定了一个比较完善的工农业基础。

改革开放时期，邓小平同志视公平与效率为一个整体，着力解决了公平有余、效率不足的问题，奠定了中国成为今天世界第二大经济体的基础。

---

〔1〕毛泽东：《毛泽东选集》第一卷，人民出版社1952年版，第310页。

〔2〕习近平：《辩证唯物主义是中国共产党人的世界观和方法论》，载《求是》2019年第1期。

进入中国特色社会主义新时代，以习近平同志为核心的党中央多次强调"不谋全局者，不足以谋一域；不谋万世者，不足以谋一时"，更加全面地视城乡为一体，视收入高低不同群体为一体，视东西部两个区域为一体，视人与自然为一体，视不同层面和不同属性方面的子系统为一个"五位一体"的大系统，部署了"四个全面"的战略布局，并针对各系统内和系统各层面间的不平衡和不协调，提出了新发展理念。就全国格局而言，部署了构建以国内大循环为主体、国内国际双循环相互促进的新发展格局。同时，又统筹中华民族伟大复兴战略全局和世界百年未有之大变局，视国内、国外为一体，提出了实现中华民族伟大复兴和构建人类命运共同体的伟大构想，开启了新时代的新征程。

（三）"一分为二"的"分"

"一分为二"的"分"也同样重要。就好比切西瓜，西瓜上有数条似"经线"般的天然纹路，沿着每一条"经线"都可以切，但不同的"经线"对应着不同的两半西瓜。网络上传有一对母女的搞笑对话，对话的内容是这样的：母亲和孩子要在"奶奶、姑姑、爸爸、妈妈"四个人中找出那个不同于其他三个的人。妈妈按性别划分，选择了爸爸；而孩子按血缘关系划分，选择了妈妈。面对同一组人，以性别概念属性划分完全不同于以血缘概念属性划分。可见，对于同一个"一"，以不同概念属性划分，会有完全不同的结果。其实，对于哲学家而言，也是如此。不同的哲学家以不同的哲学范畴看世界，就会形成不同的哲学流派，但每一个范畴概念都是相反相成的，也即对立统一的。时下兴说"不同维度看"，实则就是这个意思。

毛泽东同志之所以是伟大的思想家，就在于他在诸多对立统一的矛盾之中提出了一个"主要矛盾"的概念，即不是仅仅停留在如何"分"的争论中，而是指出以目标和问题为导向"分"。就比如切西瓜，若要区分甜与不甜，就按向阳和背阴的分割线切，向阳的一面一定比背阴的一面甜；若要均衡甜与不甜，就错位90°，将向阳和背阴等分切，这种切法就叫抓住主要矛盾分析事物。抓主要矛盾，沿着西瓜天然纹路中决定格局的那条最清晰的经线切下去，这是毛泽东哲学思想伟大之处的开端。在毛泽东的政治生涯中，尤其是在早期，他始终能以特定环境条件下的事实背景为根据，去分析事实，确立主要矛盾，这种"实事求是"的思想方法最终被确定成为中国共产党的思想路线。

毛泽东同志之所以是伟大的军事家，并非源于他的军事知识本身，而是源于哲学上的这个"分"字。古今中外一切所谓的军事家基本是以攻城略地、拔营夺寨来论述军事的，故而既往的军事著作大多以领地为基准，以"攻"和"守"这个矛盾统一体为战争的主要矛盾。而毛泽东是以人为基准，以"打"和"走"这个矛盾统一体为战争的主要矛盾，提出了"十六字游击方针"，"打得赢就打，打不赢就走"。以人为基准，以"打"和"走"为战争的主要矛盾，这是他有别于其他军事家的根本之处。革命战争时期，这一指导思想达到了炉火纯青的地步，在当年的游击战和运动战中发挥得淋漓尽致。

可见，对于同一个"一"，如何"分"，是一个人世界观的直观呈现，是此人不同于彼人的关键。

（四）"合二为一"的"合"

"一分为二"是为了认识世界，认识世界的目的在于改造世界，而改造世界必然绕不过"合二为一"。而如何"合"，这是人类始终面临的巨大挑战。例如切西瓜，按甜与不甜切开后，问题便随之而来了：甜的该给谁、不甜的又该给谁？可见，"一分为二"难，"合二为一"更难。

《诗经》中用"高岸为谷，深谷为陵"来描述春秋时期的社会动荡，以警示防止极端，避免社会灾难。《中庸》中经世济民之道的哲学理念，要求"执其两端，用其中于民"，强调要在系统"一"中统筹两端。《墨经》中"权重相若也相衡"的论述以及"标本兼治"的哲理，正是基于对杠杆原理平衡条件的分析而得出的。《中庸》的"庸"，可作"用"解，强调在"知其雄，守其雌""知其然，知其所以然"的前提下有所作为，强调要克服惯性、防止极端，避免平衡状态转化为失衡状态。可见，"中庸之道"不是不作为，而是为统筹两端、避免失衡的作为，这种作为恰恰是有智慧的大作为。

习近平多次强调，要防止发生系统性风险和颠覆性错误。因此，强调要"统筹"推进"五位一体"总体布局，"协调"推进"四个全面"战略布局；既要"坚持党对一切工作的领导"，又要"发展全过程人民民主"；既要"敢于斗争"，又要"善于斗争"。进入新时代，我国社会主要矛盾已经转化为人民日益增长的美好生活需要和不平衡不充分的发展之间的矛盾。因而，党的路线方针政策注重将协调性寓于整体性之中，用整体性统揽协调性，反复强调前后两个三十年的统筹性和协调性，市场和政府作用的统筹性和协调性，力度和节奏的统筹性和协调性，质和量的统筹性和协调性，处理好眼前和长远、全局和局部的关系，做到统筹兼顾、协调推进。这无不体现着唯物辩证法对立统一的哲学思想和中国传统文化的哲学气息，形成了一个具有中国特色、中国风格、中国气派的当代哲学思想体系。对中国特色社会主义道路、制度、理论、文化的自信，根本上就是对马克思主义世界观和方法论的自信自立，是对中国共产党人处理"破"与"立"、防止"左"和"右"辩证统一的自信自立。

简言之，处于光域之下，人所看到的世界是眼中的世界，因而这个世界也是光域下的世界。光域下的世界，必然存在看到的一面和看不到的一面。有阳面就必有阴面，凡事不可只看到一面，还应想到另一面，这就是"一分为二"的思维方式。

"一分为二"是通向思维的后楼梯，是科学的世界观和方法论，是我们研究问题、解决问题的"总钥匙"。掌握了这一世界观和方法论，就拥有了过硬的看家本领，就能登上思维的顶峰，就能"会当凌绝顶，一览众山小"。

## 三、站在桥上看世界

既然"一"可分为"二"，似乎在"二"之间有座桥，就像对联，上下联对应"阴"和"阳"，横批对应"道"，这座桥不知其名，姑且称之为"思维之桥"，或"哲学之桥"。它是物质与精神之间的桥梁，是自然与社会之间的桥梁，是现实世界与理念世界之间的桥梁，也是可见世界与可知世界之间的桥梁。此桥源于现实而又超越现实，将人类的思维限定在"桥上"，统摄于"一分为二"的思维场域中。

但就具体群体或个体而言，因其存在环境不同，在桥上的站位则不同，有的喜欢站在偏向物质一侧看世界，有的喜欢站在偏向精神一侧看世界，更多的喜欢站在中间看世界。毛泽东同志在新中国成立初期曾指出："凡有人群的地方，都有左、中、右，一万年以后还会是这样。"如此看来，理论上的"一分为二"在实践中往往导致"三"段论。故而，著名中国哲学史专家庞朴先生认为，"一分为二"中隐含有"一分为三"的概念。他说，"一分为三"的用意是为凸显那个对立两面之间的"中"。但这个"中"仍改变不了"一分为二"的基点，恰恰是"一分为二"这一基点的存在才有了"多"。因站位偏好不同，人们观察世界的视角和视野就有了差异，因而也就有了不同的世界观和不同的世界景观。况且，特定群体或个体的这种站位偏好，久而久之会形成一种习惯，这种习惯会代代传承，自然而然会形成思维差异和思维差异下的文化差异。可见，文化是哲学的外扩，哲学是文化的核心。同理，就文化与历史论，也就有了"文化是历史的归宿，而历史则是文化的载体"之说。站位不同，视角就会不同，具体思维的建构就会不同，哲学流派就会不同，文化也会不同，这就是"一分为二"思维范式下看同一世界后的世界观差异和世界景观差异。正因如此，人类才能孕育并绽放出多姿多彩的认识之花，创造并发展出多元并存的人类文明。这是一个"一"与"多"的生发过程，也是一个持续徘徊、循环往返的认知演进过程，更是一个在思维之桥上找寻平衡的过程。人生百年惟如是，本质上都绕不开思维之桥。在桥上，人们既是演员，也是观众，都是在自然与社会两岸之间权衡彼此、力求平衡，努力言说着生命的意义、书写着文明的篇章。哲学家们则是自觉地、理性地在物质和精神（存在与意识）之间苦思孰多孰少，在自然与社会之间权衡孰轻孰重，在"我思故我在"中寻思唯物与唯心之平衡；文学家们在"灵与肉"（天下小说难逃"爱情"话题，此处"灵与肉"其核心要义是指难逃"灵与肉"

的纠缠）的纠结中创造了一个无垠的语言世界，在灵与肉的偶对之间笔耕不辍，寻找一个平衡点；科学家们则不然，他们焚膏继晷，忘我地一头扎进自然世界，圈定研究对象，一分再分、不断解析，分析成分、辨析关系，构建描述其客观性的平衡理论，在方程等式两端求平衡，终生不怠找寻平衡之点；伦理学家们也不例外，他们"不以物喜，不以己悲"，一头扎进人类社会，就人的精神世界无限感知，直至"心外无物""心生万物"，乃至追寻神灵，创造神学宗教，试图在此岸与彼岸的偶对之间寻找一个平衡点，使人心有所归、安心守护。上述所有这一切的彷徨、徘徊、纠结、平衡都是在思维之桥上的人生演绎，或喜或悲、或苦或乐。所以说，思维之桥是贯通于此岸与彼岸之间的桥梁，是人类蹀步于物质与精神、自然与社会之间找寻平衡的基础，更是人类站在"天地视域"或者"自然视域"或者"上帝视域"概观世界的前提所在。

现实中的桥"有名有形"，思维之桥"有名（也是勉强给予的"名"）而无形"，正可谓"无状之状，无物之象，是谓恍惚。迎之不见其首，随之不见其后。执古之道，以御今之有"，[1]但它却真实不虚地存在着，并且以"一分为二"后偶对平衡属性之间的张力影响着人类文明的走向。为此，这里选择自然与社会这一概念范畴搭台建桥，模拟走上思维之桥，演示思维范式。如图8-1所示。

我们可以把思维之桥简单划分为三个区间段：站在靠近自然一端，以人之站位为基点，姑且称为右端；站在靠近社会一端，姑且称为左端；那么，站在中间区间，则称为中间段。于是，由于在桥上的站位不同，且被自然与社会等关联并生属性的孰轻孰重纠结，就可能产生不同流派的哲学思想和不同侧重倾向的思维方式，进而就可能形成不同特征的原生文化。

---

[1]〔魏〕王弼注，楼宇烈校释：《老子道德经注校释》，中华书局2008年版，第31页。

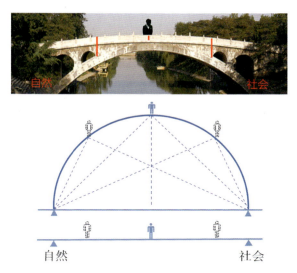

图8-1 思维之桥的三大区间

**（一）中国传统思维的变迁**

从中国元典《尚书》中的"允执厥中"，《周易·系辞上》中的"一阴一阳之谓道"，《老子》中的"万物负阴而抱阳，冲气以为和"，《论语·子贡》中的"叩其两端而竭焉"，尤其《礼记·中庸》中"舜其大知也与！舜好问而好察迩言，隐恶而扬善，执其两端，用其中于民，其斯以为舜乎"，可以清晰地看出，何为尧舜，"隐恶而扬善，执其两端"，统筹两端，量中用之，做到无过又无不及，乃尧舜；"知止而后有定""知止为善"，不走极端，乃中庸思想的精神内核。引征上述文献表明，中国先秦文化更多倾向于中间段。如图8-2所示。

董仲舒基于王朝统治之需要，提出"天人感应"，开始向社会之端移动变化，并且悬设了一个"天地"概念以代替自然界，实际上是虚置了自然界。类似"存天理，灭人欲""无父无君，是禽兽也"等论断都是这一站位的必然结果。因为强调"天尊地卑"的法则，父子、夫妻、君臣之间便有了明显的等级。因为将"天地位焉，万物育焉"的自然法则延展为人伦教条，自然的本质就被掩盖了。"天地"概念最早出现在《周易》，其中"牝牡、雌雄、阴阳"均以母性为先。尽管设定了"天地概念"来寻求表面平衡，但众所周知，这种平衡并非真实存在。如图8-3所示。

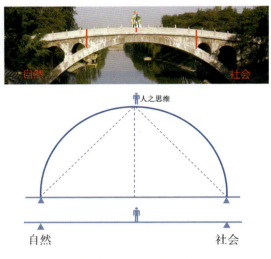

图8-2　偏向中间的站位

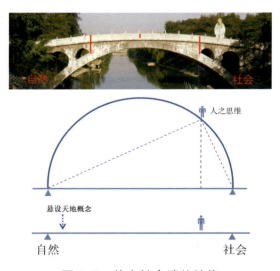

图8-3　偏向社会端的站位

　　总体上说，中国传统文化的根虽然扎在中间段，但在皇权体系的裹挟下，其树冠畸形发育，倾斜于社会伦理一端，更多的是突出纲常伦理，从"四书五经"的主体内容足可以看到这一点。直到近代，在西方坚船利炮的威逼和西学东渐的影响下，以"五四"运动为分野，以"民主""科学"为标志，中国传统文化思维向自然一端漂移。尽管如此，我们至今仍习惯把哲学侧重归属于社会科学，统称为哲学社会科学；我们的社会秩序也仍然更多地依靠伦理文化来维持。

中国思维方式因为根在中间，这一站位决定了它看待事物需整体关联、兼顾左右，统筹自然和社会两端，更多突出系统性和整体性。《老子》的"道生一，一生二，二生三，三生万物"，就是把存在的本根定义为"一"，"一"是阴阳两面偶对平衡的统一体。阴阳"二"者占比不同的消长变化（勾股消长）生成了不同的"三"，循环往复生成了万物。后期的宋明理学家概括张载《西铭》的思想核心为"理一分殊"，始终把存在视为一个有机整体"一"，而任何一种存在现象都是阴阳占比分殊不同的一个"一"而已。就像剥洋葱一样，一层一层剥开，层层大同小异，但每一层各自又是一个有机整体"一"。因此，中国有了区别于西方解剖学的中医学，它视人为一个阴阳偶对平衡体，通过调理阴阳，使人体保持阴阳平衡，保证身体健康。也因此，中国有了区别于西方油画的国画，它不用数理几何透视法和色谱解析的调色法，而是用墨色的深浅浓淡，在黑白两色之间，用黑白的占比差异，简约而传神地表达事物存在、书写江山春秋，不但可以把存在的一切囊括其中，而且为不同的观察者留下了不同的遐想空间，可谓美轮美奂、妙不可言、浑然一体！也因此，中国汉字有了"一字一世界""一字一天地""一字一阴阳""一叶一世界"之说。所以说，在中国人的日常生活中，"理一分殊""万物一理""万事有道"的系统思维和辩证思维早已内化于心、外化于行，如静水深流，隐于寻常、日用而不觉。但是，这种系统性又是不完全、不稳定的。因为它以高悬天地概念替代了真实自然，以"天地"之虚幻替代了真实的日地关系，从而虚置了自然界。同时，也因其"树冠"倾斜于社会一端，虽形成了"天地位焉，万物育焉"，视天、地、人为一体的系统思想，但它不究天地存在之理，不追问事实之所以为事实的根据，反以"杞人忧天"的嘲讽待之，屈原的《天问》之作与投江之举，恰恰是对这一文化背景的逆袭注释。不拜物、不重商、重现实人伦的文化背景，或多或少地导致了中国传统文化单向度的发展趋势，也或多或少地背离了"一阴一阳之谓道""万物负阴而抱阳"的元典思想和"执其两端"而"用其中"的中庸思想。许多历史事件和社会现象都可以从这一文化背景背后梳理出一些头绪。如有明一代，中国是最大的丝绸产出国，但由于朝廷的规制，商人和普通百姓都不能穿戴丝绸，其他诸如住宅、棺木的规制也都与主人的社会身份相关，这足以说明官本位思想根深蒂固、由来已久。所以，中国历史走到今天，管理社会、治理国家侧重以人伦纲常为基础，而不以资本为基础，是有历史渊源的。这一区别不单是中西之别，也是东西之别。举一个例子：比尔·盖茨访问韩国期间，与朴槿惠握手时因手插口袋，引发争议；同样的举止也出现在他与默克尔的会面中，但并未引发讨论，这其中的差别与东西方在思维之桥上的站位不同大有关系。

中国传统文化中被称为糟粕的东西，大多是因为过多倾力于社会之端，过少关注自然之端，且更多地关注社会之端的少数群体，而非多数群体。中国先秦虽有"民为邦本，本固邦宁""民为贵，社稷次之，君为轻"的伟大思想，但自秦汉以降，朝代更替频繁，有史记载的就有二十次，"普天之下，莫非王土；率土之滨，莫非王臣"的思想始终占据中国传统文化中的主流地位。朝代更替与天下百姓无根本性的关联，有的只是"天晴天阴"看运气，看能否遇上圣君圣主，这也是封建王朝"其兴也勃焉，其亡也忽焉"的兴衰之由。如此看来，今天我国"发挥市场在资源配置中的决定性作用，更好发挥政府作用"的英明决策是多么弥足珍贵。一言以蔽之，中国人的历史苦难，相当程度与偏离了元典中"执其两端"的源点相关联。

（二）西方思维的渊源特征

从古希腊柏拉图的《理想国》开始，虽然有不少关注社会伦理的著作，但以亚里士多德的《物理学》为代表，毕达哥拉斯、欧几里得、阿基米德等大多是从几何学、动力学和静力学等角度探究自然界，其哲学思想的主体更倾向于自然一端。如图8-4所示。

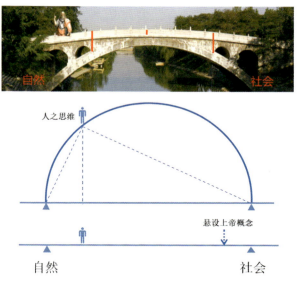

图8-4　偏向自然端的站位

　　特别是希伯来文化的介入，搁置了人类的社会属性，悬设了一个神灵上帝以代替人类社会，从而形成了漫长黑暗的神学统治时代。直至欧洲文艺复兴，才开始努力冲破神学禁锢，试图回归人类社会本体，进而有了西方近代哲学思想。但从笛卡尔的《哲学原理》和牛顿的《自然哲学之数学原理》不难看出，西方近代哲学思想的站位总体上仍偏向于自然一端（与中国偏向社会一端的《周易》《道德经》《论语》形成了鲜明的对比），至今仍特别强调人的自然属性、物质属性，忽视人的社会属性，突出其工具理性，称人为人力资源，进而把人视为物质资源予以调配，以谋求更大的经济价值。再后来，以资本定义资源，把人称为人力资本，将人类社会推向"资本的人化和人化的资本"的深渊，使整个人生成为资本化的人生。而这正是马克思主义对资本主义社会最深恶痛绝的地方，也是马克思《资本论》何以要论资本之罪恶的根据。

　　这种思维方式因站位在自然一端，强化了不断探究自然的科学精神，它与剥洋葱式的中国思维方式不同，而更像是切洋葱，一刀一刀切开，越切越细。以解析为手段，剖析其存在构造，分析其成分要素，形成了一个以不断分解细化为特征的科学体系，直至切到分子层面，进一步形成了分子生物学和生物工程，并且往往以细致程度定义科学水平的高低和现代化的程度。应该说，这种思维方式对人类认识自然、利用自然作出了决定性的贡献。但这种思维方式往往需要设定一个相对独立、互不关联的研究对象，然后解剖分析。它因缺乏"天地位焉，万物育焉"整体关联的系统存在思维，实践中难以解释"南橘北枳、形同味异"和"一方水土养一方人"的现象，理论上也无法解决无限之极限问题，只能用微积分的工具理性思维近似处之，故在科学前沿和科幻片中不断出现"奇点"的描述。随着科学技术的迅猛发展，人类开始困惑科学主义极限尽头处的利与弊。在这个被 AI 所深度融入的今天，"我是谁、从哪里来、到哪里去"的原命题又成为时代的新命题。美国粒子物理学家卡普拉在《物理学之道》一书中对此早有预言："科学发展越现代，越返璞归真到中国传统文化思想的源泉处。"[1]

### （三）马克思主义辩证思维

马克思主义既关心自然科学的进步，又关注人类社会的公平与正义。马克思思索自然与社会的偶对平衡，提出了"我们仅仅知道一门唯一的科学，即历史科学。历史可以从两方面来考察，可以把它划分为自然史和人类史。但这两个方面是不可分割的，只要有人存在，自然史和人类史就彼此相互制约"[2]的著名论断，他的《资本论》就是以自然为存在根据来分析人类社会，形成了"以生产力为基础的生产关系"学说，奠定了唯物主义物质第一性的基础，进而在"资本的人化"和"人化的资本"之间形成的张力中，批判了资本的嗜血性，揭露了资本主义生产社会化和生产资料私有化之间的固有矛盾，得出了通过公有制解决固有矛盾的科学结论。恩格斯的《自然辩证法》是以人类社会为存在根据来分析自然界的，揭示了

---

〔1〕〔美〕卡普拉：《近代物理学与东方神秘主义》，朱润生译，北京出版社1999年版，第39页。

〔2〕马克思、恩格斯：《马克思恩格斯选集》第一卷，人民出版社1995年版，第66页。

"自然的人化"和"人化的自然"之间的辩证关系，宣示了人类社会和自然界互为因果、偶对平衡的存在状态是世界存在的基本形态。其思想强调唯物、倡导科学、反对神学、捍卫人本，与马克思一样，他的思想不是就资本论资本、就自然论自然，而是以人为本，"知其白，守其黑"，守望相助、偶对平衡地论证人与资本的统一性、社会与自然的统一性，这无疑是趋向于站在桥中间看世界的。如图8-5所示。

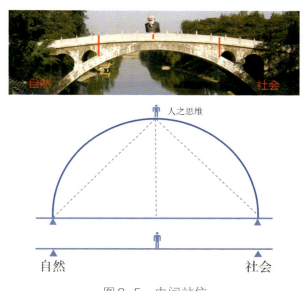

图8-5 中间站位

这一思想源于黑格尔的辩证法和费尔巴哈的唯物主义。翻开黑格尔的《哲学史讲演录》，不难看出，他在贬损中国传统文化的同时，实际上又自觉不自觉地被中国"一阴一阳之谓道"的道统思想所感染，提出了"正、反、合"的辩证逻辑思想。从这个意义上讲，马克思的唯物辩证法本来就具有中西文化融通的属性，这从另一个侧面也印证了为什么马克思主义这个"共产主义的幽灵"在欧洲大地、在世界各地徘徊，但最终在中国落地并且生根发芽、茁壮成长，也间接说明了为什么马克思主义和玻尔量子场论的"互补原理"在西方一方面总难以成为主流学派，但另一方面却又生生不息而且总有挥之不去的影响的缘由。

著名科学家海森堡说："在人类思想发展史中，最富成果的发展几乎总是发生在两种不同思维方法的交汇点上……如果它们之间至少关联到这样的程度，以至于发生真正的相互作用，那么我们就可以预期将继之以新颖有趣的发展。"[1]简单梳理并对照马克思主义的基本原理和中国传统哲学的基因要素，不难看出它们的相似性和自洽性。对立统一规律是唯物辩证法的实质和核心，"一阴一阳之谓道"是中国传统文化的基因和哲学原点，它们都说明了矛盾的对立统一是事物存在的基本形态。"反者道之动"，矛盾双方相互依存、互为条件的矛盾关系，是事物发展的源泉和动力。"有象斯有对，对必反其为"的属性，同时展示了矛盾的同一性和斗争性。"道生一……"或"一即一切，一切即一"，既揭示了矛盾存在的普遍性，也阐释了存在事物的普遍联系性。质量互变规律说明了事物发展的过程是"阴阳消长"的转化过程，反映了矛盾力量对比变化的过程是由平衡走向失衡发生质变的过程，正所谓"物壮则老""过犹不及"。否定之否定规律揭示了"否极泰来"、"物极必反"、新事物必然代替旧事物的发展规律，说明了事物发展的非线性过程。马克思正是看到了事物发展总是经过"两次否定""三个阶段"螺旋式发展的自然周期率，才形成了马克思主义哲学思想的核心。这不禁使人想起百年前"五四"运动时期郭沫若先生逆流尊孔写的《马克思进文庙》一文。该文中，郭沫若虚构了马克思与孔子的一次对话，对话的结果是，彼此相见恨晚，孔子对马克思惊叹："你这个理想社会和我的大同世界竟是不谋而合"；马克思对孔子惊叹："我不想在两千年前，在遥远的东方，已经有了你这样的一个老同志！你我的见解完全是一致的。"[2]

如表8-2所示，$a + b = 1$是不可逆的直线，$a^2 + b^2 = R^2$是可逆的曲线，二者的统一是太极定理，而统一的基础则是勾股定理。可见，世界之所以

---

[1]〔德〕海森堡：《物理学和哲学》，范岱年译，商务印书馆1981年版，第48页。

[2] 郭沫若：《马克思进文庙》，载《洪水》1926年第7期。

表8-2　辩证唯物主义、易道哲学、偶对平衡通一性列表

| | 事物存在的基本形式 | 事物的发展过程 | 事物发展的极限 |
|---|---|---|---|
| 辩证唯物主义 | 对立统一规律 | 质量互变规律 | 否定之否定规律 |
| 易道哲学 | 一阴一阳之谓道<br>孤阴不生,独阳不长 | 过犹不及<br>物壮则老<br>物极必反 | 周而复始<br>泰极否来<br>否极泰来 |
| 偶对平衡 | $S = \dfrac{b-a}{a+b} \cdot \sqrt{ab}$<br>太极定理 | 直线 $a+b=1$,勾股定理<br>$a^2+b^2=c^2$,完全平方公式<br>$(a+b)^2 = a^2+2ab+b^2$统一为<br>$S$曲线 | 峰值与谷值的<br>二次否定 |

是统一的，其理在于勾股定理。马克思与孔子之所以能握手，中西之间也能对话，根本在于我们都是被称之为"地球精灵"的人类，我们都踱步于思维之桥上，无外乎在桥上的站位不同而已。我们在桥上走得越近，共有认知就会越多；我们在桥上交流得越频繁，换位思考得越多，理解认同就会越多。人类只有一个地球，地球人也只有一个唯一的归宿。如此，人类命运共同体必将是人类历史的必然。由此也可以看出，世间虽纷繁复杂、多姿多彩，但源于一个世界，人类的思维源于"一分为二"这一简单的初始思维，同时也被"一阴一阳之谓道"这一简单的法则所严格管控。西方哲人追问本体的形而上，东方君子秉持"士以弘道"；西方称形而上为metaphysic（后物理），追问物理之后的存在（being of beings）；东方称形而上为"道"，追问器物之后的"道"；西方从毕达哥拉斯定理得出了圆的方程 $x^2 + y^2 = 1$，东方从商高定理和阴阳之道中得出了"易有太极"（太极定理）；西方或更注重演绎，东方或更注重归纳；西方或更注重分析，东方或更注重综合。西方有上帝和凯撒，或遵从上帝旨意，或各行其是；东方有上天和天子，或奉天承运、一统天下，或各自为王、分崩离析。无论东方、西方，或东或西、或左或右、或男或女，都以对方的存在为自己存在的条件，不弃不离、亦即亦离，冯友兰先生称此关系为"亦白亦黑"。

这一切复杂世界的现实表象都没有能逃脱"一阴一阳之谓道"的"五指山",而太极定理正是"一阴一阳之谓道"的数理表达,是元典处的定理,可谓真正意义上复杂世界的简单法则。[1]

〔1〕 陈克恭、马如云、孙小春:《天衢通理 大道之行——以数理逻辑思维观照"马中西"融通问题》,载《西北师大学报(社会科学版)》2018年第2期。

第九讲

# 世界通一　阴阳之道

○ 现实世界与理念世界的通一

○ 通一的内在追求

○ 通一的潜在逻辑

○ 通一的先天断点

○ 通一之"道"

回顾思维之桥上的思维过程，从杠杆、天平与杠杆原理的关系，从勾股定理、杠杆原理与太极定理的关系，我们经历了一个物与理的统一过程，经历了一个数与形的结合过程，经历了一个由可见现实到数理抽象的认知过程，而这些都是现实世界与理念世界相统一的过程，亦可说是可见世界与可知世界相统一的过程。中国古代强调统一性的客观性，称其为客观实在的"通一"。《老子》中的"道生一，一生二，二生三，三生万物"与孔子的"吾道一以贯之"，以及庄子的"通于一而万事毕"和佛家的"一即一切，一切即一"，都是此义。可见，今天我们言必谈之的"统一"，就是中国传统文化中的道统，传之统就是传之道，传之道就是传之"一"，传之"一"就是传之系统观、传之整体观。故有"师者，传道授业解惑也"之说，说明师者的首责是传之系统观、整体观，其次才是授业解惑，才是所谓具体区别着的知识。

"糸"（糹），简化为"纟"。"统"从"糸"，有管束义；"通"从"辶"，义为"达"，实现、达到。《说文解字》："糸，细丝也。象束丝之形"，说明"通"与"统"之别。前者强调客观性，用"辶"旁，突出自在之物的存在；后者强调主观性，用"纟"旁，突出人为作用。"统一"是对"通一"的注解。除了统一性与通一性外，还有一个相对于差异性的同一性，是反映事物之共性属性。

党的二十大报告指出："万事万物互相联系、相互依存，只有用普遍联系的、全面系统的、发展变化的观点观察事物，才能把握事物发展规律。"[1]

---

〔1〕 习近平：《高举中国特色社会主义伟大旗帜　为全面建设社会主义现代化国家而团结奋斗——在中国共产党第二十次全国代表大会上的报告》，载《求是》2022年10月17日。

这一论断既说明了客观世界的通一性，又说明了认识世界的统一性。而这个统一者恰恰是人，而不是物。这些由此及彼的过程，似乎是自然而然、水到渠成、浑然一体的，如同有一座思维之桥将现实世界与理念世界联结在了一起，通一而自洽；但思维的力量却又让人感到不可思议、神秘莫测，它不仅使得人类从自然界中脱颖而出，而且还能使人类通过科学活动来支配这一星球，所以从古至今，思维历来是先哲们追问反思的元命题。在东方，先秦时期，荀子有言："人之所以为人者，非特以二足而无毛也，以其有辨也。"（"毛"乃"尾"字之讹文，廖名春按）[1]在西方，柏拉图在《美诺篇》中通过苏格拉底教孩童学习数学的过程，来说明人之所以为人是因为人具有思辨力，并把学习和研究的过程定义为人的"回忆"过程，以说明思辨力是人类与生俱有的先天本能。笛卡尔更加直白地讲"我思故我在"，把人类存在的意义定义为"思辨"。然而，直至目前，人类何以会具有思维这一能力仍然是个谜，人类世界的可理解性仍然是个谜，用伟大科学家爱因斯坦的话讲，"我认为人类世界的可理解性（如果允许我们这样讲的话）是一个奇迹，或者是一个永恒的神秘"。[2]但不管是"奇迹"还是"神秘"，繁复变化的后面一定蕴含着亘古不变的真理。那么，那个亘古不变的真理是什么？如何用数学表达呢？具体而言，就是"一分为二"之后，二者之关系的数学表达式是什么？太极定理从二者相对变化的偏差中，直观呈现了二者差别的内涵。就宏观而言，有日地系统中地球绕日运动的轨迹；就微观而言，有电子绕原子核运动的轨迹，都可以用圆的方程为通式来表达。然而，在这一通式中，此一时空与彼一时空的内在差别是什么呢？就像圆上此一点与彼一点的内涵差别是什么呢？如果说圆的方程式或勾股定理是反映事物同一性的，那么，太极定理就是反映事物差异性的，前者反映的是不变之属性，后者反映的是变之属性。可见，太

---

〔1〕〔清〕王先谦撰，沈啸寰、王星贤点校：《荀子集解》，中华书局1988年版，第79页。

〔2〕〔美〕爱因斯坦：《爱因斯坦文集增补本》第一卷，许良英等编译，商务印书馆2009年版，第720页。

极定理揭示的也是人之思维的本质性特征和普遍性规律，就其本质而言，揭示的是世界的通一性。那么，通一性具有哪些特征呢？在前文的基础上，我们作进一步探究。

## 一、现实世界与理念世界的通一

人之思维是贯通现实世界与理念世界之间的无形桥梁。思维反映着现实世界，同时又建构着理念世界。在反映和建构的过程中，现实世界与理念世界如小孔成像，相反相成，统一为一体，形成了人类对世界的基本认知。基本认知被现实世界验证着，现实世界被基本认知改造着，现实世界与理念世界就这样被统一着，统一的能力和水平的提高被人类称之为人类认知的进步。如图9-1所示。

从图9-1中不难看出，从现实世界中的杆秤到理念世界中的形和数、形数转换、代数方程，是一个不断抽象提升、不断与现实求证校验的过程，从张掖市的水沙协调到勾股定理的理论验证都是如此，最终结果都是抽象理念科学地表达了可见现实。其中，抽象的过程就是逻辑推演的过程，是形数结合、形数转换的过程。英国哲学家罗素说："逻辑是数学的少年时代，数学是逻辑的成人时代。"[1]所以说，从现实世界到理念世界，是在现实世界基础之上，先抽象成形、浓缩成数，并通过形数结合、形数转换生发出代数方程式，继而在代数方程式基础上又衍生出庞大的科学体系。人类正是沿着这一路径创立了自然科学体系，进而利用这一科学体系"支配"这一星球。在这一过程中，人类始终是经过思维的生产，从现实世界中提取理念之后，形成一个与现实世界相融通的理念世界，在与现实世界反复求证校验后（理论物理与实验物理之间的求证关系即是如此），进而构建起了一个通一的认知体系。其间，人之思维扮演着至关重要的角色，它如同一座桥梁，把现实世界和理念世界联结在了一起，建构起了人

---

[1] 〔英〕伯特兰·罗素：《数理哲学导论》，晏成书译，商务印书馆1982年版，第5页。

类思想大厦的基本轮廓。同时，经过思维的再生产，理念世界也变得更加丰盈充实、精妙绝伦，人类的思想大厦也随之变得更加坚实雄壮，伴随而来的是科学体系愈加完善、科学成就层出不穷，它们在解释世界的同时也改变了世界。所以说，人之思维是物与理、数与形、物质与精神、存在与思维等认知要素之间的桥梁，它是人称之为人的基础，更是人类文明之基础。

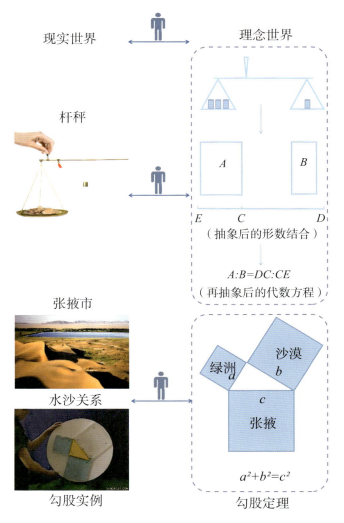

图9-1　现实世界与理念世界示意图

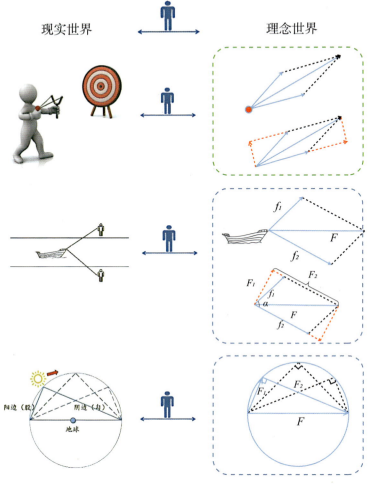

现实世界　　　　　　　　　　　　理念世界

续图9-1　现实世界与理念世界示意图

## 二、通一的内在追求

保持系统协调平衡是人之思维的内在追求。在现实世界，追求对称就是追求平衡，自然界中的对称（如树叶等）、人类文明中的对称（如建筑、绘画等）比比皆是，包括我们自己的身体其实也离不开对称。离不开对称就是离不开平衡，所以，追求系统平衡是现实世界的基本特征。在理念世界，科学是对世界最精准的描述，而数学家高斯又说"数学是科学之王"，所以，数学中的平衡是科学体系中最根本的平衡。在数学中，"＝"就是用来表示平衡的符号，等式两端同加同减或同乘同除同一数字，等式仍然成立，这与现实世界中天平两侧同加同减相同重物后，天平系统状态不变的可见现实是通一自洽的。运用乘法交换律也是如此，把杠杆两侧重物互换，力矩对应互换后，杠杆系统依然平衡。如图9-2所示。

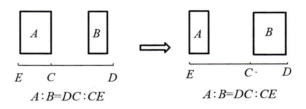

$A:B=DC:CE$　　　　　$A:B=DC:CE$

图9-2　杠杆系统平衡图示

因此，我们不禁要发问：思维为什么要追求平衡呢？这是因为现实世界离不开平衡，否则大楼会坍塌；理念世界也离不开平衡，否则形数结合、形数转换就不能成立。而这一切有序的背后都隐藏着一个"天平"，隐藏着一个"＝"，而人之思维扮演的就是这个"天平"和"＝"，它不仅把"天平"和"＝"的两端联结在了一起，更是竭力使"天平"和"＝"两端的现实世界与理念世界变得更加平衡有序。从这个角度讲，与其如黑格尔说"存在的就是合理的"，倒不如说"存在的就是平衡的"。平衡绝不意味着公平，就像杆秤绝不等同于天平一样。

### 三、通一的潜在逻辑

预设系统循环是人之思维的潜在逻辑。我们常说"太阳底下无新事"，"无新事"就意味着"有循环"，这或许和日地关系、四季轮回、昼夜交替密切相关，因为日地关系的往复变化自然会导致自然界的循环演替。恩格斯结合近代科学的发展成果，有过一段精彩的论述：

　　　　种种物理力的存在的偶然性，从科学中被排除出去了，因为它们之间的联系和转化已经得到证明。物理学和以前的天文学一样，获得了一种结果，这种结果必然表明：运动着的物质的永远循环是最终的结论。……新的自然观就其基本点来说已经完备：一切僵硬的东西溶解了，一切固定的东西消散了，一切被当作永恒存在的特殊的东西变成了转瞬即逝的东西，整个自然界被证明是在永恒流动和循环中运动着。[1]

今天的我们比以往任何时期都更加清楚，人类赖以生存的自然界被诸多守恒定律所统摄着。人类作为自然界的一部分，其思维预设着系统循环的潜在逻辑，具有循环性特征是自然而然的情理之中的特性。我们在数学的等式运算和极限法则中发现了些许端倪。在数学中，等式两端移项就要变符号，这是因为我们预先设定了 $a + (-a) = 0$，$a \times \dfrac{1}{a} = 1$ 的潜规则。正是因为这个设定，等式两端同加同减、同乘同除，等式仍会成立。

加减运算时：

$$a + b = c$$
$$(a + b) + (-a) = c + (-a)$$

$[a + (-a)] + b = c - a$，只有当式中 $a + (-a) = 0$ 成立，等式才能成立，移项变号才能成立。

乘除运算时：

$$a \times b = c$$
$$(a \times b) \div a = c \div a$$
$$(a \div a) \times b = c \div a$$

$(a \times \dfrac{1}{a}) \times b = c \div a$，只有当式中 $a \times \dfrac{1}{a} = 1$ 成立，等式才能成立，移项变号才能成立。

[1] 恩格斯：《自然辩证法》，中共中央马克思恩格斯列宁斯大林著作编译局编译，人民出版社2018年版，第17—18页。

所以，在0与1之间，也就是在加减乘除之间，有一个循环设定。所不同的是，0是加减运算即线性运算的循环平衡点，1是乘除运算也即非线性运算的循环平衡点。更为重要的是，0与1在极限运算法则中存在着以下关系：

$$\lim_{x \to 0} \frac{1}{x} = \infty, \quad \lim_{x \to \infty} \frac{1}{x} = 0$$

即0与∞互为倒数且统一于1，这便是人之思维隐设在0与1之间的系统循环。网络上有一个通过包子、馒头、肉丸三者之间关系来讲极限的视频，有趣有理且易懂：

$$\lim_{肉 \to 0} \frac{包子}{肉} = 馒头, \quad \lim_{肉 \to \infty} \frac{包子}{肉} = 肉丸$$

上式表明：当肉馅趋近于"0"时，意味着面皮趋于"∞"，即包子成为馒头；当肉馅趋近于"∞"时，意味着面皮趋于"0"，即包子成为肉丸。这一案例描述了现实世界中馒头与肉丸统一于包子的可见事实，也从侧面生动说明了0与1之间的系统循环特征。因此说，循环的特征不仅在现实世界，同样也在理念世界，而正是理念世界也隐设着系统循环的特质，才使得人之思维如此奇妙。虽然我们对这一特质难以言尽，也难以琢磨透彻，但它确实存在，它不仅深刻地影响着人类的理念世界，同时也悄然改变着我们生活的现实世界。

### 四、通一的先天断点

理念世界对现实世界的不可复制性是人之思维的先天断点。随着科学体系的不断发展，理念世界解释、表达、改造、重现现实世界的能力愈来愈强，甚至达到了真假难辨的程度，但理念世界的现实重现与客观存在的现实世界之间永远存有一丝差距。现实重现可以用来代替客观存在，但现实重现一定不是客观存在，就像 $\lim_{x \to \infty} \frac{1}{x}$ 无限接近于0，但一定不等于0，0.999……9无限接近于1，但一定不等于1，也像微积分计算出的区域面积无限接近于实际面积，但一定不完全等于实际面积一样。圆周率 π 也是如此，3.141592654……或者 $\frac{22}{7}$ 都可以用来近似表达圆周率 π，但无论其多接近 π，它都永远不等于 π 本身，这也使得计算出的圆的周长（2πr）永远都存有一个裂缝，圆的面积（πr²）永远都留有一个砂眼。而这一不可复制性特征，是因为理念世界的基石——数学，是在假定条件的基础上推演而生的，理念世界本身也是在假定条件的基础上构建而成的。因之，理念世界对现实世界的重现也一定是在假定条件基础之上的重现，它无限接近于客观存在，但永远不等同于客观存在，就如同照片、画像一样，无论多么形象逼真，它都不能代替事物本身。这即是人之思维的先天断点。也正是因为有这一断点的存在，现实世界才得以成为理念世界永远模仿的对象，才得以成为人之思维永远关注的焦点。正如日常所说的"一直被模仿，从未被超越"，事实上，理念世界是不可能完全代替现实世界本身的，超越更是无从谈起。$\sqrt{2}$ 和 π 的无限不循环属性，必然是 AI 的宿命，即机器人可以无限接近人，但却不是人，甚至可以说永远不会是人。

以上人之思维的本质性特征和普遍性规律是在勾股定理、杠杆原理和太极定理的阐释、推理、论证过程中感悟所得，这些特征与规律决定着联结现实世界和理念世界的人之思维，同时也不断推动着人之思维向更高的阶段演进发展。静思人之思维的特征与规律，会惊奇地发现，这些特征与规律都被直角三角形和圆所统摄着。对此，恩格斯早有明确的表述：

在综合几何学从三角形本身详述了三角形的性质并且再没有什么新东西可说之后，一个更广阔的天地被一个非常简单的、彻底辩证的方法开拓出来了。三角形不再被孤立地只从它本身来考察，而是另一种图形，和圆形联系起来考察。每一个直角三角形都可以看作一个圆的附属物：如果斜边=r，则两条直角边分别为正弦和余弦；如果其中的一条直角边=r，则另一条直角边=正切，而斜边=正割。这样一来，边和角便得到了完全不同的、特定的相互关系，如果不把三角形和圆这样联系起来，这些关系是绝不能发现和利用的。于是，一种崭新的三角理论发展起来了，它远远地超过旧的三角理论而且到处可以应用，因为任何一个三角形都可以分为两个直角三角形。三角学从综合几何学中发展出来，这对辩证法来说是一个很好的例证，说明辩证法怎样从事物的相互联系中理解事物，而不是孤立地理解事物。[1]

可见，辩证思维都能在杠杆原理中得以呈现，都能被太极定理所精准地表达和描述。

人之思维联通了现实世界和理念世界，太极定理联通了 $a$ 和 $b$，联通了阴和阳、联通了正和反，也联通了相反相成、偶对平衡的一切现实和理念。

人之思维追求的是系统平衡，太极定理中的 $a$、$b$ 变化就是一个找寻平衡的过程，再加上对杠杆原理这一平衡原理的推理证明，太极定理的理论落脚点就是保持系统平衡、防止系统失衡。

人之思维预设着 0、1 之间系统循环的潜在逻辑，而太极定理正是将问题置于单位长度和单位圆的系统内来讨论，在 0 与 1 之间的循环演化中推演而成，因此，太极定理本身就隐含着循环的特征。

人之思维建构的理念世界虽然对现实世界难以完全复制，存在着先天断点，但理念世界对现实世界的可知性表达是毋庸置疑的。而太极定理正是理念世界对现实世界的可知性表达，更是理念世界对人之思维的理论刻画。

总而言之，太极定理是对勾股定理的理论升华，其中 $a$ 与 $b$ 的变化此消彼长，随之而生的 $S$ 曲线更是以占比变化的形式将系统不同状态下的平衡态作出了理性刻画，可谓"变中有不变""不变蕴万变""万变不离宗""不变应万变"。它能证明杠杆原理，也能概观人之思维；它是"理一分殊"中的"理"，也是"月映万川"中的"月"，更是"道可道，非恒道"

---

[1] 恩格斯：《自然辩证法》，中共中央马克思恩格斯列宁斯大林著作编译局编译，人民出版社 2018 年版，第 197 页。

中的"道"。所以，用太极定理来重新审视自然、审视人类、审视世界，一定是基于系统观念之上的整体性把握和关联性思考，一定是以促进系统协调、可持续、高质量发展为目的的思维判断，一定是兼顾各方、站在思维之桥上的理性审视。实质上，太极定理的理论意义就在于让迷途彷徨中的思考者踏上"有名而无形"的思维之桥。

回到原点，回到初心。在"一分为二"的思维范式中，我们找到了勾股定理和杠杆原理之间的关系，找到了现实世界与理念世界之间跨越时空的桥梁，找到了人之思维与现实世界和数学之间的统一结点，而这一切都不约而同地指向了太极定理。回顾这一过程，我们在单位圆内以勾股定理为基石，在形数系统内构建了一个形数对应变化的平衡系统，在平衡系统的变与不变中推演出了太极定理，进而证明了杠杆原理，阐释了人之思维。整个过程是一个从单位长度、单位圆出发，生演万物后又统摄于单位长度、单位圆的过程，是一个揭示思维本质的过程，是一个以数明理释译中国传统文化的过程。当然，这同样是一个悟道明理的过程。

五、通一之"道"

"道生一，一生二，二生三，三生万物"。

"道"就在"一"个单位的线段长度上。一个单位长度的线段总可任意分为"二"段，只要有任意点，以点为中心，就有左、中、右"三"个区间段，而无穷个任意点，则有无穷个"三"区，而万物必在无穷个"三"区之内。

"道"就在"一"个单位圆内。圆上的任意点都可投影到线段直径上，以此分割点为基准，都对应有"二"个黑白区域；"二"个黑白区域内不同截面处的黑白占比不同，则有"三"；无穷多个分割点，则会有无穷多个不同占比的黑白对应着世间万物。

"道"就在万物中。中国传统文化中有"道器合一"之说，这个"一"不仅是理念的"一"，而且是通过具体的器物呈现的。太极定理或杠杆原理可通过具体的器物而呈现，杆秤是日常衡器中的一种呈现，自然界中的河川径流也是呈现者。河川径流依不同地形川流不息，可急可缓，宽处缓、窄处急，但流量 $Q$ 恒定不变，故而不同断面处的流速不同。如图9-3。

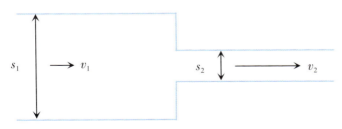

图9-3　流量恒定不变示意图

在图9-3中，$Q = sv$，其中，$Q$ 为流量，$s$ 为断面面积，$v$ 为水流速度。

$$s_1 \cdot v_1 = s_2 \cdot v_2, \quad \frac{s_1}{s_2} = \frac{v_2}{v_1} \qquad （1）$$

即：任一断面的面积与流速之乘积恒等。

如图9-4所示，其本质仍是

$$\frac{s_1}{s_2} = \frac{v_2}{v_1} = \frac{a}{b} = \frac{\dfrac{2a}{a + b}\sqrt{ab}}{\dfrac{2b}{a + b}\sqrt{ab}}, \quad a \cdot \frac{2b}{a + b}\sqrt{ab} = b \cdot \frac{2a}{a + b}\sqrt{ab}$$

或 $s = \dfrac{b - a}{a + b} \cdot \sqrt{ab}$ 的表达。

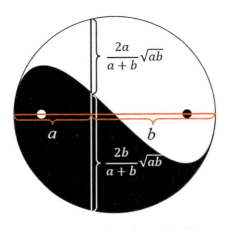

图9-4　太极定理中的流量守恒

若将式（1）置入太极图坐标内，则如图9-5所示，可以清晰地看见，当流速增大时，对应的断面则相应变小；反之亦然。

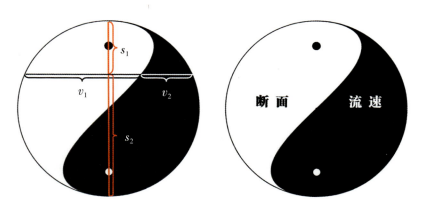

图9-5　流量守恒图示

"道"也在近代科学的相对论中。爱因斯坦相对论中有个著名的故事，是说有一对孪生双胞胎，哥哥乘坐一艘接近光速$c$的飞船飞向宇宙，一年后哥哥返回地球，发现弟弟已经老态龙钟。爱因斯坦用"钟慢尺短"来解释这一现象，即当物体以接近光速运动时，时空彼此会发生相对变化，时间会延长，即时间会"慢"起来，而空间会变小，即尺寸会"短"起来，故飞船上的哥哥用时近一年，而地球上的弟弟已经过了许多年，有点中国神话中的"天上一天、地上一年"的感觉。天地之间的相对变化关系如下：

$$\Delta t = \frac{\Delta t_0}{\sqrt{1-\left(\dfrac{v}{c}\right)^2}} \qquad (2)^{[1]}$$

$$l = l_0 \sqrt{1-\left(\dfrac{v}{c}\right)^2} \qquad (3)^{[2]}$$

〔1〕詹佑邦：《普通物理》，南京大学出版社2001年版，第351页。

〔2〕詹佑邦：《普通物理》，南京大学出版社2001年版，第352页。

式中 $t_0$ 和 $l_0$ 分别为地球上的时间和长度，$t$ 和 $l$ 分别为飞船上的时间和长度。（2）式和（3）式化简后可得：

$$l \cdot \Delta t = l_0 \cdot \Delta t_0, \quad \frac{l}{l_0} = \frac{\Delta t_0}{\Delta t} \qquad (4)$$

其本质也是 $\dfrac{a}{b} = \dfrac{\dfrac{2a}{a+b}\sqrt{ab}}{\dfrac{2b}{a+b}\sqrt{ab}}$，$\;a \cdot \dfrac{2b}{a+b}\sqrt{ab} = b \cdot \dfrac{2a}{a+b}\sqrt{ab}$ 或

$S = \dfrac{b-a}{a+b} \cdot \sqrt{ab}$ 的表达，若将式（4）置入太极图坐标内，则如图9-6所示。

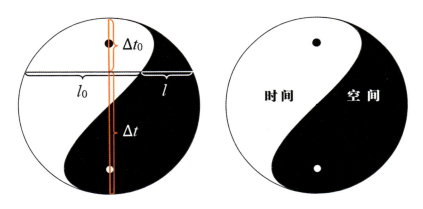

图9-6　时空守恒图示[1]

"知其雄，守其雌，为天下溪"，"知其白，守其黑，为天下式"，"知其荣，守其辱，为天下谷"，这便是"道"。它"先天地生，寂兮寥兮，独立不改，周行而不殆，可以为天下母，吾不知其名，字之曰道"。这便是人之思维，"人法地，地法天，天法道，道法自然"。

"大道之行，天下为公"。天圆地方，大道就在天地之间。"天地之间有杆秤"，秤平衡了，则有了公道，公平就是一根木杆秤上的平衡。"一根

〔1〕陈克恭、马如云：《用"新三统"统"三统"：伟大时代的理论命题》，载《甘肃社会科学》2017年第3期。

木杆秤，一页文明史"。这是中国传统文化文明史的全部缩影。

"道心惟微，人心惟危，惟精惟一，允执厥中"。道心乃平衡点，"差之毫厘，失之千里"，平衡点的一点点偏差，都可带来人心的偏差，必须把整个事物视为"一"个系统，精准地把握住系统的平衡点，才能把握住事物的中心。弹簧秤、电子秤，根本还在木杆秤，关键还在定盘星。科学越发达，愈怕忘了第一原理，没了基石；物质越丰富，愈怕忘了根本，没了精神；人的事业越辉煌，愈怕忘了初心，没了定盘星。"不忘初心，牢记使命"，就是为了守住根本，把准定盘星。

百年未有之大变局的时代，就是一个追本溯源、守正创新的时代，是一个保持系统平衡、防止发生极端、避免系统崩溃，追求人类文明新高度的时代；是"知止而后有定"的"知止"的时代；是传承弘扬"中和之道"、推动构建人类命运共同体的共命运时代。我们所说的"中和之道"，不是强调无所事事、无所作为，而是要战胜自我、克服惯性、防止极端，努力求得系统之平衡。若走向极端，原有的平衡态就会被打破，则需建立新的平衡态，这个过程就会像《诗经》中所描述的"高岸为谷，深谷为陵"那样，是极其残忍和痛苦的。俄乌冲突本质上讲，就是不知"止"的冲突，其灾难就是不知"止"、不会"止"、不善"止"的结果。

《周易》说："刚柔交错，天文也。文明以止，人文也。"可见，文化与文明是截然不同的两个概念，任何民族都是有其独特文化的，但没有"止"的文化，是绝对谈不上文明的文化。所以，保持平衡、防止因失衡而步入毁灭之境的智慧和努力是新时代人类文明所追求的新高度，也是人类文明的总和。

方圆统一论
The Theory of Square-Circle Unity

第十讲
道莅天下　贵在于"度"

"一阴一阳之谓道","道莅天下"。如前文所述,如果称《周易》的表达形式是哲理方式,二十四节气的表达方式是事理方式,那么,在勾股定理基础上发展起来的解析几何方程的表达形式可谓现代学理方式。哲理、事理、学理都以日地关系为研究对象,都以不同视域对日地关系的表达呈现。通而同之,同则统一,统则恒大。只有通于"一",方能求同,而后才有统"一"。从这个角度讲,哲理、事理、学理是通于日地关系的,是统一于"一"的,都是关于"天地位焉,万物育焉"的学说,它们殊途同归,是归一于直角三角形的;反映事物偏差程度的太极定理也是同"一"于勾股定理的,它既适用于自然界,也适用于人类社会。

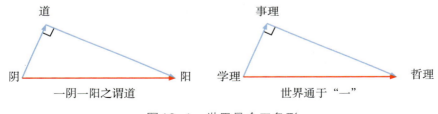

图10-1 世界是个三角形

自然是科学之法度,自然之法度是科学世界立法的根本依据。我们经过对日地系统的科学实证和对圆方关系的数学推演,证明了太极定理的存在,证明了"阴阳"概念不仅具有科学属性,而且"勾股定理"也完全可以称之为"阴阳定理",杠杆原理也完全可以称之为"阴阳消长、偶对平衡"原理。更令人惊奇的是,太极图峰值和谷值的存在,强烈反映了"过犹不及"中"度"的意义,以及"知止而后有定"中"止"的内涵,知"止"之"度"有助于理解"人与自然和谐共生"和"人类命运共同体"的内涵意义。

## 一、太极鱼眼：知"止"之"度"

中国传统文化中阴阳互补、阴阳互转的哲学思想在太极定理的$S$曲线中跃然呈现。如图10-2所示，两只鱼眼对应的$B$、$C$两个驻点，既是$S$曲线的波峰、波谷，也是从量变到质变的突变点。波峰、波谷相反相成存在于一个系统中，不仅直观呈现了量变质变规律，也直观呈现了对立统一规律和否定之否定规律。

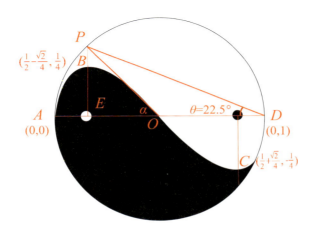

图10-2　太极定理鱼眼坐标

若没有两次否定的这个突变点，则没有循环之说，也就没有周期之说。为进一步说明突变点的内涵，这里引用邓晓芒先生在《思辨的张力：黑格尔辩证法新探》一书中的话：

　　黑格尔把这样一种自否定称为"概念运动的转折点。这个否定性是自身的否定关系的单纯之点，是一切活动——生命和精神的自身运动——最内在的源泉，是辩证法的灵魂"。……因此，向开端的回复就是另一个领域的新的开端，这就是直接存在着的自然界。列宁对此的评价是："妙不可言"，"唯物主义近在咫尺"。马克思也指出："全部逻辑学都证明，抽象思维本身是无，绝对观念本身是无，只有自然界才是某物。"即真正的开端应是自然界。[1]

《周易》说："易与天地准。"就是说，《周易》是以日地关系为准则的。为此，我们从日地系统开始，寻找那个转折点、开端之点。在日地系统这个自然实验场中，日地投影形成了直角三角形$\triangle OPE$，当$\alpha$角小于45°时，$OE$是直角三角形的长边，当$\alpha$角大于45°时，$OE$又变为短边；在45°处长短边发生了倒置，即在圆上$B$和$C$两个点处勾股倒置，出现了拐点、发生了质变。因$\alpha=2\theta$，故拐点处$\theta$角为22.5°，$S$值由单调增长变化为单调减小，出现了临界值的周期相变，这也是宏观世界中一切事物周而复始、运动不殆的根本原因。若把图10-2中从$A \to B \to D$的过程看作是事物"阳面"的发展过程，则从$D \to C \to A$的过程就是事物"阴面"的发展过程，$A$、$D$两点互以对方为各自的终点，阴阳两面的变化同步并行、互补而存，且同频同速，即一面增加时，与其相反相成的另一面必然会随之减少，以保持系统的偶对平衡。马克思主义称这一关系为"对立统一"，现代物理学的开创者之一玻尔称其为"对立即互补"，并将其设计为家族徽章。如图10-3所示。

图10-3　物理学家玻尔亲自设计的家族徽章[2]

---

〔1〕邓晓芒：《思辨的张力：黑格尔辩证法新探》，商务印书馆2016年版，第137-140页。

〔2〕廖名春：《〈周易〉经传十五讲（第二版）》，北京大学出版社2012年版，第13页。

我们常说的把握好"度"，防止"过"或"不及"，就是指要把握好事物发展的节奏和力度，防止越过 $B$、$C$ 两个突变点而发生质变。因此，把握好"度"，防止"过"或"不及"，使系统保持平衡、防止失衡，其目的是防止发生质的变化，避免发生系统性颠覆的破坏。

不仅如此，$B$、$C$ 两个质变点的定位还蕴含着极致的协调美感。太极图中两个鱼眼间的间距为 $\frac{\sqrt{2}}{2}$，其 $\sqrt{2}$ 倍正好是圆的直径为"1"。换句话讲，若鱼眼间距为"1"时，则圆的直径为 $\sqrt{2}$。妙哉！太极图的点睛之笔也是 $1:\sqrt{2}$，正是这一比例定位了鱼眼在太极图中的位置。方中有 $1:\sqrt{2}$，圆中也有 $1:\sqrt{2}$，正如王弼所说，"在方法方，在圆法圆"，然圆中有方、方中有圆，方圆统一。清华大学建筑设计专家王南教授称 $1:\sqrt{2}$ 为"东方的黄金比例""天地之和比"，此一说法也被太极图的美妙所证实。如图 10-4 所示。

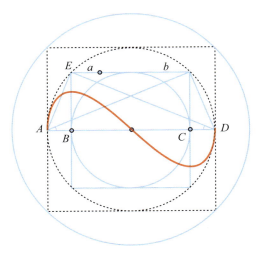

图 10-4　"在方法方，在圆法圆"

《周易》说："刚柔交错，天文也；文明以止，人文也。"[1]如果把这

---

[1]　黄寿祺、张善文译注：《周易译注》卷三，上海古籍出版社 2007 年版，第 132 页。

种"知止之境"视为人类文明的话，那么，据此我们可以在太极图中绘出
文明基准线，勾勒出文明协调区间，使文明的边界得以清晰呈现。如图
10-5所示。

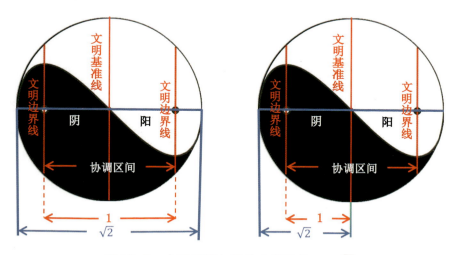

图10-5　文明区间与圆的直径比为1：$\sqrt{2}$

图10-5中，可将两条分别过鱼眼的平行线定义为"文明边界线"，两
线之间则为文明"协调区间"，过圆心与"文明边界线"相平行的线段便
是"文明基准线"。现实生活中，"文明边界线"就好比马路左右两侧的道
牙石，而"文明基准线"如同道路中线一样，以道路中线为基准车辆可以
略有偏移，但触碰道牙石后必然会酿成事故。可见，行车在1：$\sqrt{2}$的区
间内，则可行稳致远。行车如此，事物发展如此，国家治理如此，文明演
进亦如此！所以，"文明基准线"为人类划定了可持续发展的基线，而文
明边界线又如警戒线，就像当人打喷嚏时，是告诫人要防止感冒。

《道德经》中讲："天地不仁，以万物为刍狗。圣人不仁，以百姓为刍
狗。"[1]而位于天地之间万物之中的人类，之所以能从万物中跃然凸现，
就在于人有冲破丛林法则的自觉，有"知止"之恻隐之心，这便是人之为

---

〔1〕〔魏〕王弼注，楼宇烈校释：《老子道德经注校释》，中华书局2008年版，第
13-14页。

人的根本。故而，《道德经》中又讲："知足不辱，知止不殆，可以长久。"[1]《大学》中讲："止于至善""知止而后有定"，还有"适可而止""知足知止""发乎于情，止乎于礼"，等等。可以说，"止"之度，强调的不是无所事事、无所作为，而是要战胜自我、克服惯性、防止极端，努力寻求系统之平衡。极端了，便失衡了；失衡了，原有的平衡态就会被打破，伴之而来的则是"高岸为谷，深谷为陵"的颠覆性变化，以及"其兴也勃焉，其亡也忽焉"的周期性变化，于人类社会而言，则会不可避免地带来生灵涂炭，这是极其残忍和痛苦的。可见，"止"之作为不是不为，而是有智慧的大为。中国儒道传统思想中推崇的"贵柔不争""存天理，灭人欲"，其内核恰恰就是崇尚"知止"的自觉。

所有伟大的政治家，首先是伟大的人类学家。马克思、毛泽东终其一生，努力不懈地要把人类不仅从物质的奴役中解放出来，更是要把人类从自身的奴役中解放出来，就是要跳出"如刍狗"的周期率。如果说"人民监督政府"是防止发生系统性、颠覆性风险的外力，那么，"自我革命精神是党永葆青春活力的强大支撑"则是防止系统发生颠覆性风险的内力。外因是条件，内因是根据。内外相济，构建战胜自我、克服惯性、防止极端，跳出历史周期率的机制，则是中国共产党带领全国各族人民走上中华民族伟大复兴之路的根本保障。

此外，人们常说把握好"度"、掌握住"分寸""火候"，既防止"过"，也防止"不及"，是中国人基于系统的整体性、考量系统的协调性而形成的日用而不觉的习惯性表达。正如黑格尔在《逻辑学》一书中所说："比'质'和'量'更高一级的概念是'度'，'度'是'质'和'量'的统一，……'度'是'有论'中最高的概念、范畴。"[2]而防止"过"或"不及"的关键就在于"度"，度量协调、保持平衡、减少偏差的变量也在于

---

〔1〕〔魏〕王弼注，楼宇烈校释：《老子道德经注校释》，中华书局2008年版，第122页。

〔2〕〔德〕黑格尔：《逻辑学》上卷，杨一之译，商务印书馆2017年版，第3页。

"度"，只有不断地做大同心圆，在螺旋式发展中审视前行，才能防止步入死循环和"零和博弈"的陷阱。如图10-6所示。

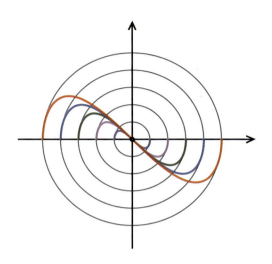

图10-6　S曲线螺旋式演进图示

从图10-6中可见，只有当同心圆的直径不断增大时，小圆中的极端点则自然落在了大圆中的协调区间内，故而格局和境界或者说"尺度"是解决博弈困境、防止极端失衡的大背景。黑格尔在《小逻辑》一书中指出："尺度是有质的定量，即尺度是质与量的统一。"[1]然而，不论是"止"，还是"度"，还是格局和境界以及"尺度"，最终都指向了"中"。

中国传统文化中关于"中"的论述数不胜数。"人心惟危，道心惟微，惟精惟一，允执厥中""中也者，天下之大本也""喜怒哀乐之未发，谓之中""虚则倾，中则正，满则覆"，等等。老子也说"多闻数穷，不若守于中"，孔子称中庸为至德，佛陀称至法为中道，中国以中为国名，中医以中为准绳，中国文化处处内化外显着"中"之妙谛。故而，以"中"为文明的基点，依中而行，走中正和合之路，是中国传统文化的重要思想内核之一。没有"中"就没有基点。"中"这一文明尺度在太极曲线上就是圆

---

〔1〕〔德〕黑格尔：《小逻辑》，贺麟译，商务印书馆2018年版，第234页。

心 $O$ 点，在太极图中就是"文明基准线"的基点，有了基点和基准线，才会看到偏差和偏心率，才能发现峰谷跌宕起伏之危险，才会协调平衡、把握好"度"的约束要求。

如图 10-5 中，$S$ 值是表达偏离基准线或中线的程度，称之为偏差；偏差在允许范围内，称其为协调区间。当偏差越过 $S$ 曲线的拐点时，表明事物将走向自己的反面。这正是《道德经》为何说"是以圣人去甚，去奢，去泰"，也如《大学》说"知止而后有定"，都强调要知"止"，不要追求极端、奢侈和过度的享受。古乐中的五音就是"去甚"之后的平和之音。由此不难理解，中国传统文化中的"止"和"中"两个字相统一，构成了系统的协调平衡，既可概言文明之内涵，也可为治国理政、推动"人类命运共同体"、构建人类文明新形态作出重要贡献。

## 二、"度"之奥妙

### （一）$S$ 曲线上诡异的拐点

$S$ 曲线的拐点诡异，具有深刻的内涵。单一在方或圆中难以考察出现拐点的原因，只有在贯通方圆的勾股定理中才能实现。

一是面积突变点。在图 5-21 中，当 $a$、$b$ 此消彼长时，边长为 $(b-a)$ 的正方形的面积也随之变化。当正方形的面积 $(b-a)^2$ 与四个矩形的面积之和 $4ab$ 恰好相等，即 $(b-a)^2 = 4ab$ 时，在 $a = \dfrac{1}{2} - \dfrac{\sqrt{2}}{4}$，$b = 1 - a = \dfrac{1}{2} + \dfrac{\sqrt{2}}{4}$ 处，$S$ 曲线产生了拐点，出现了突变。换句话讲，突变前后，$(b-a)^2$ 与 $4ab$ 的面积大小发生了倒置。突变前，$(b-a)^2 > 4ab$；突变后，$(b-a)^2 < 4ab$。

那么，问题是 $a$ 与 $b$ 变化有多大时，即加一个多大的"量"，$(b-a)^2$ 与 $4ab$ 会发生面积倒置呢？因为 $\sqrt{2}$ 的无限不循环属性，决定了这个"量"是无限不循环的"小"，这个"量"无限不循环的"小"，又决定了拐点的不确定。总之，是 $\sqrt{2}$ 的不确定导致拐点存在，存在但又不确定，是一种诡异的存在。$S$ 曲线上的拐点既从代数上证明了 $\sqrt{2}$ 是一个最大的数，也是一个最小的数，最大与最小在拐点处发生了突变、倒置；又从几何上直观呈现了戴德金分割点：

拐点之间的间距$(b-a)$为$\dfrac{\sqrt{2}}{2}$，$(b-a)$与$(a+b)$的关系恰为$1:\sqrt{2}$。

二是勾股相变点。这种诡异也发生在直角三角形的两个直角边的长边与短边的突变倒置。如图10-7，因拐点处$(b-a)^2 = 4ab$，则有：

$$\frac{b-a}{2} = \sqrt{ab} \tag{1}$$

即当$CD = OD$、$\alpha = 45°$、$\theta = \alpha/2 = 22.5°$，$\triangle ODC$为等腰直角三角形时，长边与短边发生了倒置，出现了拐点。那么，问题仍是$a$与$b$变化多少，即加一个多大的"量"时，长边与短边会发生倒置呢？原因仍是$a$与$b$中都含有$\sqrt{2}$，因$\sqrt{2}$无限不循环属性的不确定性，导致这个拐点存在而又不确定的诡异。

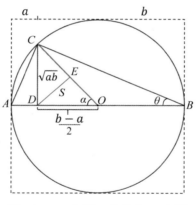

图10-7　方圆一体几何示意图

《周髀算经》将直角三角形的短边称为"勾"，长边称"股"，勾股定理的神秘之处也就蕴含在"勾""股"倒置的变化之中。当直角三角形的两条勾股边长变化时，其几何构造所承载的数学本质也随之产生微妙的演化——这种几何形态与数学内涵的共生关系，正是我们将之称为"勾股定理"而非简单叫作"毕达哥拉斯定理"的深层原因。毕达哥拉斯定理的标准代数表达式$a^2 + b^2 = c^2$只是表达其数量上的关系，却难以完全展现其蕴含的拐点的诡异。这种几何直观与代数抽象之间的辩证统一，恰恰是勾股定理至今仍令人着迷的奥秘所在。

此外，在图 10-7 中，因三角形的面积是 $\frac{1}{2}$ 的底乘高，故 $OC \times DE = OD \times DC$，根据射影定理 $DC = \sqrt{ab}$，两个三角形的高 $DC$ 和 $DE$ 则具有如下关系：

$$DE = S = \frac{b-a}{a+b}\sqrt{ab} \tag{2}$$

$$CE = \frac{2ab}{a+b} \tag{3}$$

$CE$ 恰是 $a$、$b$ 的调和平均数：$\dfrac{2}{\dfrac{1}{a}+\dfrac{1}{b}} = \dfrac{2ab}{a+b}$，$OC$ 是 $a$、$b$ 的算术平均

数：$\dfrac{a+b}{2}$，直角三角形 $ABC$ 的高是 $a$、$b$ 的几何平均数：$\sqrt{ab}$，而直角三角形 $ODC$ 的高 $S$ 则是 $DE$。$S$ 值之所以成为 $S$ 值，是因为只有保持这样一个偏差值，才能确保 $a$ 与 $b$ 之间永远保持有一个调和平均数：$\dfrac{2}{\dfrac{1}{a}+\dfrac{1}{b}} = \dfrac{2ab}{a+b}$，正是这个调和平均数控扼着偏差、调和着世界，协调着宇宙有序运行。

三是方圆一体中的黄金分割点。众所周知，当一条直线被点 $c$ 分为 $a$、$b$ 两段时，若 $\dfrac{a}{b} = \dfrac{a+b}{a} = \dfrac{\sqrt{5}+1}{2}$ 时，点 $c$ 为黄金分割点，$\dfrac{\sqrt{5}+1}{2}$ 与 $\dfrac{2}{\sqrt{5}+1}$ 互为倒数，乘积恒为 1。如图 10-8 所示。

图 10-8　直线中黄金分割图

在方圆一体中，如图 10-9 所示，当 $AD = \sqrt{2}$ 时，$BC = 1$；当 $AD = 1$ 时，$BC = \dfrac{\sqrt{2}}{2}$；$\sqrt{2}$ 与 $\dfrac{\sqrt{2}}{2}$ 也是互为倒数，其乘积恒等于 1，即 $BC : AD$ 恒等于

$$1 : \sqrt{2} \left( \frac{BC}{AD} = \frac{\sqrt{2}}{2} = \frac{1}{\sqrt{2}} \right), \ BO : AO \ 恒等于 \ 1 : \sqrt{2} \left( \frac{BO}{AO} = \frac{1}{2} : \frac{\sqrt{2}}{2} = \frac{1}{\sqrt{2}} \right),$$

正因为在方圆体系中1与$\sqrt{2}$或$\sqrt{2}$与$\frac{\sqrt{2}}{2}$都是互为倒数，发生倒置，才有了拐点；与拐点处面积发生倒置、长短边发生倒置是高度契合一致的，因此，我们也可以称S曲线为$\sqrt{2}$图，这说明拐点处就是方圆一体中的黄金分割点。可见，$1 : \sqrt{2}$这个分割点的含金量不低于$2 : (\sqrt{5} - 1)$黄金分割点的含金量，就像方圆的意义不亚于直线的意义一样。

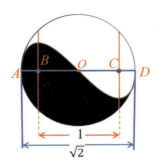

图10-9 方圆一体中黄金分割图

因为$\sqrt{2}$无限不循环的不确定性，这个黄金分割点的存在也具有诡异性。

（二）"quantum"与$\sqrt{2}$

"quantum"是现代物理的重要概念，来自拉丁语"quantus"，意为"指数量有多少"。若$a$与$b$变化"一点点"时，面积大小发生倒置、直角边的长短发生倒置，出现拐点，那么这个"一点点"到底是"多少"呢？因为$\sqrt{2}$无限不循环的不确定性，导致这个"一点点"的不确定。因此，当数学上不能确定"一点点"具体是"多少"时，物理学上便开始追问：这个"无限小"的物理量到底是什么？尺寸是多大？这种追问催生了对基本粒子的研究，催生了量子物理学的诞生。玻尔，量子物理学的奠基者之一，曾用中国太极图中的S曲线表达量子的这种不确定，

并用拉丁文 "Contraria sunt Complementa"（对立即互补）来说明这种同时性的倒置状态，并称之为并行互补，如图10-3。而爱因斯坦将此不确定的现象描述为"鬼魅"，无论是数学上的"量"，还是物理上的基本粒子，这种存在却又不确定的"东西"，在S曲线的拐点处直观呈现得明白无疑。

### （三）诡异的拐点与黄赤交角的契合

是什么决定着地球的赤道与公转轨道平面之间黄赤交角的大小呢？它是否有一个确定的基准值？图10-7是源自勾股定理几何常识的图式，图10-10是人类对日地关系黄赤交角的标式图，将图10-10中的赤道平行移动，图10-7中出现突变点的这个 $\theta$ 角（$\theta = \alpha/2 = 22.5°$）便与日地系统中的黄赤交角相吻合。目前的23.5°完全可以视为相对于基准值22.5°的一个偏差值，就像地球绕日旋转的椭圆是相对于圆的偏差一样。图10-7与图10-10的一致性，既令人惊讶，又令人信服。令人惊讶的是，几何世界中的 $\sqrt{2}$，与微观世界中的 "quantum"、与宏观世界中的黄赤交角如此契合一致；令人信服的是，只有如此契合一致，地球上才有了人类，而且，也只有人类才能创造数学，也只有基于数学的科学才可以解读自然世界。所以，也正是这一"鬼魅"的拐点赋予了人类理解自然世界的能力。

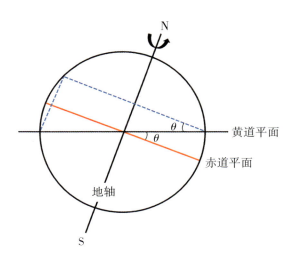

图10-10　黄赤交角示意图

因此，方圆一体中发生相变的 $\theta$ 角与日地关系中黄赤交角的一致性绝不是巧合，而是自然世界的确定性与数学的规定性二者合一的必然，是真理之为真理的必然。

首先，黄赤交角的基准值是22.5°。只有22.5°是自然之地球与理性之数学的公约存在，关键是唯一之存在。以此为基准的黄赤交角是一切图景存在的根据，是事物存在的根本法度，也是科学之为科学的根本依据。

其次，在黄赤交角处存在有勾股相变，这种相变在微观世界的凝聚态物理中具有相当的普遍性，[1]在宏观世界里，如若没有两次否定相变拐点的出现，就没有周而复始的圆周运动，也没有周期之概念。从这个角度讲，22.5°是一切事物周而复始、运动不殆的根本原因。

最后，太极定理可表达为 $\frac{b-a}{a+b}=\frac{S}{\sqrt{ab}}$，其奥秘是正方形边长的相对偏差（等式左端）和直角三角形高的相对偏差（等式右端）之间的等量关系。这从另一个侧面证明了方圆一体中方圆的相对偏差是恒等一致的。本质上看，同样的 $a$、$b$ 取值，放在方中是一个确定的有理数，放在圆中则会出现不确定的无理数，这是有理数和无理数的统一、方和圆的统一，可能也是波粒二象性的本质，这表明我们的世界是一个光域下的世界，也是一个数轴上的世界。而数轴并不仅仅是形式逻辑，更是形式逻辑与辩证逻辑的统一。

### 三、"治大国若烹小鲜"的权衡之"度"

《道德经》有云："治人事天莫若啬。"[2]"治大国若烹小鲜。以道莅天下，其鬼不神；非其鬼不神，其神不伤人。"[3]这里的"啬"，即"教民

---

[1] 于渌、郝柏林、陈晓松：《边缘奇迹：相变和临界现象》，科学出版社2016年版，第37页。

[2] 〔魏〕王弼注，楼宇烈校释：《老子道德经注校释》，中华书局2008年版，第155页。

[3] 〔魏〕王弼注，楼宇烈校释：《老子道德经注校释》，中华书局2008年版，第157页。

稼穑"的"穑","稼穑"就是种庄稼。意思是说，治理国家、敬奉天地，
就像农夫种庄稼，要处理好农作物所需水份与光照的关系，把握好土壤的
干湿程度，既不能涝也不能旱；也像烹饪小鲜一样，要处理好火力与时长
的关系，把握住火候，做到适度适中、恰到好处，此乃"以道莅天下"。
如图 10-11 所示，这种协调与《道德经》中"知其白，守其黑，为天下
式"，与《墨子》中"标本兼治，权重相衡"的表述如出一辙，突出强调
了"一阴""一阳"偶对平衡、协调而存可谓"道"。

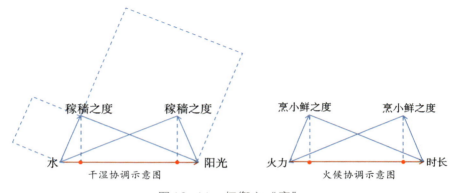

图 10-11　权衡之"度"

《论语·先进篇》中也说，"过犹不及"，"过"绝不比"不及"好，把
"过"与"不及"等量齐观，称之为"过犹不及"。奉中道，既防"过"也
防"不及"，这是中国古人最伟大的智慧所在，也是"以道莅天下"的关
键，这与"执其两端，而用其中""允执厥中"是一脉相承的。

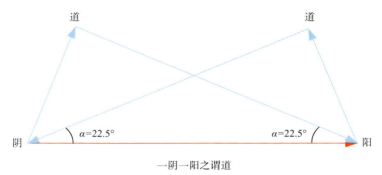

图 10-12　道之"度"

据说，毛泽东同志1958年来到武侯祠时，看到"能攻心则反侧自消，从古知兵非好战；不审势即宽严皆误，后来治蜀要深思"这副对联，曾驻足沉思良久，反复品味其中蕴意。这副对联的关键在"不审势即宽严皆误"，即凡事不在于宽或严，而是要审时度势，把握好"度"，把握不好"度"，无论宽或严都可能出差错，后代治理蜀地的人应该深思。以联观事，应当把任何事物都放在同一系统中审视，把握好"宽"与"严"的程度，协调好"过"与"不及"的关系，统筹好"力度"与"节奏"的搭配，犹如"烹小鲜"时须协调好火力与时长，就是把握好火候。

毛泽东同志在领导中国革命和建设过程中，阐述了许多关于平衡和协调的观点。就工农业协调发展问题，他始终强调"要经常保持比例，就是由于经常出现不平衡。因为不成比例了，才提出按比例的任务。平衡了又不平衡，按比例了又不按比例，这种矛盾是经常的、永远存在的。"[1]

总之，"治大国若烹小鲜""道莅天下""治人事天""教民稼穑"中蕴含的中国道统思想，即"一阴一阳之谓道""孤阴不生，独阳不长"的相反相成、阴阳消长、偶对平衡观念，蕴含着协调不失调、平衡不失衡、适度不失度的哲学智慧，正是中国传统文化绵延相传的基因所在。

"执其两端"，而"用其中"的平衡之"度"。"执其两端"，而"用其中"，是推动国家治理体系现代化的文化根基和实践指向。党的十八大以来，以习近平同志为核心的党中央将中华民族伟大复兴这一历史使命从总体上视为一个有机统一体，凝练为"中国梦"，布局在"五位一体"的恢宏系统之中统筹推进，突出系统性，强调统筹性，既有顶层设计，又有底线思维，并特别强调要防止发生系统性、颠覆性错误；同时又从战略上将解决中国问题整体布局寓于"四个全面"之中协调推进，突出整体性，强调协调性。"四个全面"战略布局，强调战略目标要清晰，突出小康社会建设；强调战略保障要坚定，突出从严治党；强调战略措施要具体，突出

---

〔1〕 中共中央文献研究室：《毛泽东文集》第八卷，人民出版社1999年版，第119页。

深化改革；强调战略方式要奉法，突出依法治国。将协调性寓于整体性之中，用整体性统揽协调性，反复强调前后两个三十年的统筹性和协调性，市场和政府作用的统筹性和协调性，力度和节奏的统筹性和协调性，既充满着唯物辩证法对立统一的哲学思想，又洋溢着中国传统文化"孤阴不生，独阳不长"、刚柔兼济、文质并存、物质和精神高度统一的哲学气息，形成了一个具有中国特色、中国风格、中国气派的当代哲学思想体系。恰如孔子所说："舜其大知也与！舜好问而好察迩言，隐恶而扬善，执其两端，用其中于民，其斯以为舜乎！"[1]与这个哲学思想体系相对应的就是能构建起"去甚，去奢，去泰"，以防止"左"和"右"两种极端的制度体系。而使这一制度体系"更加成熟、更加定型"，就需要实现国家治理体系的现代化。一句话，就是能跳出历史周期率、实现中华民族伟大复兴，为人类文明作出重大贡献的复兴体系。

"凡贵通者，贵其能用之也"。弘扬中华优秀传统文化，既非复古，也非排外，而是基于中国土壤，以"马"的思维为指导，"吸收外来"资源，通过"中"的风格来表达，将"马、中、西"融会贯通，推进马克思主义时代化、中国化、大众化。"现在，我们比历史上任何时期都更接近中华民族伟大复兴的目标，比历史上任何时期都更有信心、有能力实现这个目标"。其信心和能力来源于哪里呢？从"道统"层面来讲，来源于马克思主义唯物辩证法关于事物存在的"对立统一规律"和中国传统文化关于事物存在"一阴一阳之谓道"的哲学思想的融通，体现在"既不走老路，也不走邪路"的中国特色社会主义道路；从"学统"层面来讲，来源于东西文化的兼收并蓄与推陈出新、自然科学和社会科学的有机统一与共同繁荣，体现在中国特色社会主义理论；从"政统"层面来讲，来源于法则天理、民为根本的"为人民服务"的执政理念，体现在"党的领导、人民当家做主、依法治国"有机统一的中国特色社会主义制度。简言之，中国特色社会主义道路就是我们这个时代的"道统"，中国

---

〔1〕王文锦译解：《礼记译解》，中华书局2016年版，第694页。

特色社会主义理论就是我们这个时代的"学统"，中国特色社会主义制度就是我们这个时代的"政统"。这条道路就是理论和制度的有机统一，就是以"道统"开出"学统"、开出"政统"的伟大实践。若用中国智慧、中国气派表达它们相互之间的关系，则有如下太极模型图，见图10-13。图中 S 曲线，说明相反相成的概念范畴之间的关系，不是简单的线性关系，而是基于勾股定理的非线性关系，这种非线性关系是被方圆一体所统摄的。图中过鱼眼的两条线，说明了"过犹不及"的哲理，强调二者不可偏废，不能简单地非白即黑、非此即彼，"要把握好度"，实现二者的平衡统一，这也是对"保持定力"大义之词的理性解读、对"文明"二字的理性思考。

通过图10-13，可以认为，中国特色哲学社会科学体系是以马克思主义为指导，以中国风格呈现，将中外文化兼收并蓄、有机统一的认知体系。这一认知体系不是简单的线性逻辑体系，而是把线性逻辑与辩证逻辑统一为一体的体系。

四、道不远人，偶对平衡寓于人心

（一）道不远人，道在日常

### 晨　语

可有，可无，可去，可留，
　　取舍之间，便是人生。
可忙，可闲，可急，可缓，
　　张弛之间，便是生活。
可甜，可苦，可酸，可辣，
　　滋味之间，便是经历。
可悲，可喜，可忧，可乐，
　　情绪之间，便是心境。

中国特色社会主义道路
（理论与制度的统一）

道
（一阴一阳之谓道）

存在
（世界存在是物质和精神的统一）

人
（人是灵与肉的统一）

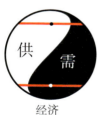

经济
（供需偶对平衡体）

社会主义市场经济
（正确发挥市场作用和政府作用）

地球村
（人类命运共同体）

马（对立统一）
（中国特色哲学社会科学体系）

图10-13 太极模型图

有位友兄发过一段早安"晨语",这段晨语中充满了相反相成的概念范畴。这位友兄既不是学者教授,更不是专业的哲学工作者,而是一位将军。其实,在中国历史上既不乏文韬武略的武将,也有不少文武兼修的文官。友兄秉持"一张一弛,文武之道"的传统,崇文尚武,文质彬彬,可谓君子也。"晨语"所表达的都是日常生活中可感可触的事情,引人深思。有与无、去与留、取与舍相反相成、偶对平衡,统一于人生;忙与闲、急与缓相反相成、偶对平衡,统一于日常生活;甜与苦、酸与辣相反相成、偶对平衡,统一于人之经历;悲与喜、忧与乐相反相成、偶对平衡,统一于人的心境。偶对平衡、相反相成渗透于中国人的生活中,泛见于建筑物、文物命名乃至人名等诸多方面。比如,在社会主义核心价值观中,"富强"与"民主"、"自由"与"法治"等都是偶对平衡的概念范畴。毛泽东同志给两位女儿取名李讷、李敏,取意"讷于言,敏于行","讷"与"敏"二者统一,这是对女儿品格的期冀,也表达了他个人的世界观和价值观。反观哲学家,如果仅仅依靠复杂的哲学语言,往往会囿于理论,无法真正触及生活的本质。所以,"道"在哪里呢?"道不远人",它存在于每个人的生活中,为人们日用而不觉。

## (二) 道不远人,同为一人

"道不远人,人无异国"。有句名言说"太阳底下无新事",寓意"道"就在我们身边,不分古今你我。对人类而言,不同国家、不同民族在认知上存在趋同性,否则,各国互设大使馆、互派大使就没意义了。各国之间互派大使是为了相互沟通,只有同为人,才有办法沟通,而这又依凭"道"的存在。正因为"道"的存在,相互之间才能沟通,才能取人之长、补己之短,这正是建设中国特色哲学社会科学体系的可能性之所在。

人之为人,是因为所有人都是日地关系偶对平衡的产物,仅有的差别只是相对于地球回归线的具体位置不同而不同。人们之间相对于回归线可以有差别,也可以用经纬度的不同相区别,但人类不可能改变回归线、经纬度本身。正像站在桥上看世界一样,我们可以有不同的站位,但绝不可能改变桥本身及其周边的景观。因此,人类的差别是个性,相一致则是共性，正所谓"道不远人，同为一人"。构建人类命运共同体，也是基于人类不分民族、种族、地域都有相通之处，"思维之桥"这个"道"之思维乃是其典型表征。

共产主义的远大理想，就其本质是消灭人剥削人，使人同为一人；就其形式特征而言，是消灭阶级、消灭国家。世界就像一个三角形，其存在源于偶对平衡的本质属性，核心在于一阴一阳的动态平衡，而这正是万物的根基。人类文明的意义在于克服惯性、防止极端，通过自我克制与知"止"调整，力求兼顾阴阳，维持系统平衡，避免走向失衡与崩溃。物"一分为二"为阴阳，后"合二为一"，我们的努力就是为了让世界这个三角形的面积最大化，从而实现生命和文明的最佳状态。正如勾股定理与太极定理所揭示的真理一样，偏差为零的等腰直角三角形，是我们心中的理想，唯有心中有此理想，直面现实中的偏差和偏心率，努力不断降低系统的偏心率，在知"止"之中把握好"度"，才能在万物之道中找到最优的平衡。

方圆统一论
The Theory of Square-Circle Unity

第十一讲
问道弱水　力平水土

- ◎ 拜水悟道
- ◎ 胡焕庸线西移与南水北调
- ◎ "几于道"的黄河"几"字弯
- ◎ 弱水何以能千里

水是生命之源。纵观人类文明的发祥地，大多与江河之流域戚戚相关。《周易》讲，"一阴一阳之谓道"。就水而言，则有"一急一缓之谓道""一堵一疏之谓道"，水急为恶水，水缓为善水，堵水水变恶，疏水水变善。人类治水史，就是变急水为缓水、变恶水为善水的历史。善恶、急缓、疏堵等都是阴阳范畴的延展，故而水之性"几于道"。

## 一、拜水悟道

从女娲"炼五色石以补苍天，断鳌足以立四极，杀黑龙以济冀州，积芦灰以止淫水"的治水传说开始，经大禹治水的记载，到至今仍造福于民的都江堰水利工程，以及西汉贾让的治水三策等，都是以"平水土"而"成水土功"的。"平水土"就是平衡水土关系，化恶水为善水、化急水为缓水，平衡旱涝，使水土偶对平衡、相互依存，水润土、土涵水，水土交融、水土互助。水土流失、土壤退化、生态脆弱、小气候异常等问题，本质上是水土关系失衡的外化表现。平衡水土关系就是顺应水之属性，围绕水之动静、急缓、善恶、疏堵、分合等偶对平衡的范畴概念展开的。其中，疏堵、分合是最常见的治水措施，也是最为基本的两对范畴概念。大禹治水的故事就说明了"治水宜疏不宜堵"的道理。都江堰水利工程正是通过鱼嘴将岷江水一分为二为内江（灌溉）和外江（泄洪），最终内外合二为一，使成都平原成为"水旱从人"的富庶之地，可谓分合治涝兴水之典范。

然而，水之道的偶对平衡关系不是简单的 $a+b=1$ 的线性关系，而是满足 $a^2+b^2=R^2$ 的非线性关系。实际上，在太极定理视域下，这些关系表现出的恰是 S 曲线。如图 9-3 中，流量 $Q$ 为断面面积 $s$ 与水流速度 $v$ 的乘积，

即 $Q = sv = s_1v_1 = s_2v_2$。当断面宽时，水流速度则缓；断面窄时，水流速度则急。线性思维预设了事物只能单向无极限地朝一个方向发展，因此，对于某一时刻，相对恒定的流量 $Q$，当断面面积 $s \to 0$ 时，流速 $v \to \infty$，甚至会超过光速，这一悖离常识的结论，又一次说明线性思维的局限性。这一局限的实质是忽视了自然界系统具有循环发展的辩证思维特质，这一特质可以基于数学大厦的基石——勾股定理予以诠释：

$$(AC)^2 + (BC)^2 = (a + b)^2 = a^2 + b^2 + 2ab = 1$$

至此，将辩证思维融入传统的线性思维，延展成为太极定理 $S = \dfrac{b - a}{a + b}\sqrt{ab}$，它表征的正是 $v_1$ 与 $v_2$、善水与恶水，$s_1$ 与 $s_2$、疏水与堵水偶对平衡的非线性关系。如图9-5所示，$S$ 曲线使"知止为善"的"度"也自然呈现。如果水流过急，其强大的冲击力会侵蚀土地、摧毁设施；而如果水流过缓，河道易于淤积，容易形成"悬河"现象。水流的急与缓是一个动态的平衡，必须以系统的视角，通过合理疏导、蓄水与分流等科学的调节才能使二者协调共生，进而使水既能在更大的范围内滋养土地，又不至于因水势过猛而引发灾难。疏堵、分合、急缓等都需要辩证施法、平衡施治，以维护系统的平衡稳定，其间的奥妙便是知止之"度"。

《史记·夏本纪》记载：

> 当帝尧之时，鸿水滔天，浩浩怀山襄陵，下民其忧。……用鲧治水。九年而水不息，功用不成。于是帝尧乃求人，更得舜。舜登用，摄行天子之政，巡狩。行视鲧之治水无状，乃殛鲧于羽山以死。天下皆以舜之诛为是。于是舜举鲧子禹，而使续鲧之业。……舜曰："嗟，然！"命禹："女平水土，维是勉之。"[1]

该段描述了尧帝时期洪水泛滥，尧任用禹的父亲鲧来治水，但鲧治水无功，代理执行天子职务的舜因此将鲧放逐至羽山，最终鲧死于此。之

---

[1]〔汉〕司马迁著，韩兆琦译注：《史记》，中华书局2010年版，第82-83页。

后，舜举荐鲧之子大禹，继承父业，继续治水，平衡水土。

《史记·夏本纪》还记载："禹乃遂与益、后稷奉帝命，……左准绳，右规矩，载四时，以开九州，通九道，陂九泽，度九山。"[1]意思是说，禹于是就和伯益、后稷一起奉行舜帝的命令去治理洪水。禹常年左手拿准绳，右手拿规和矩，用来开辟九州的土地，打通九州的道路，修筑九州的堤障，测量九州的山岳。

从上述记载可以看出，尧舜禹都把治水视为国之大者，称治水为"平水土"，可见水土关系早在远古就已被先贤视为一个系统整体。从"左准绳，右规矩"的描述中也可以看出，用规矩平衡水土是圣人的治水之道，"无规矩不成方圆""水土不平难以兴水"是天地之间、人与自然之间的基本法则。大禹治水遵循并顺应这些天地大律，才取得流芳千古之功。而关于规矩之道和大禹治水之间的关系，在《周髀算经》中有清晰的记载。

《周髀算经》说："数之法出于圆方，圆出于方，方出于矩。……故禹之所以治天下者，此数之所生也。"意思是说，数之法是出于圆和方，而圆是出于方，方是出于直角三角形。问答最后恰恰是以大禹根据勾股之法治天下而收官的。这无疑赋予了勾股之法大道至简的道统地位。

总的来说，中国传统文化的思想核心强调的是方圆之合中的阴阳之道、勾股之变，是在动静之中找寻疏堵之术、分合之措、标本兼治之策以求协调平衡，在"知其白，守其黑"的思维定力中推动事物发展，在太极定理的至理大道中统摄复杂世界，这是中华优秀传统文化给予我们的终极启示，它不仅是大禹治水"平水土"给予的实践指引，更是坚持系统观念"成水土功"的时代之需。

## 二、胡焕庸线西移与南水北调

"胡焕庸线"作为我国重要的人口地理分界线，深刻揭示了东西部地

---

[1]〔汉〕司马迁著，韩兆琦译注：《史记》，中华书局2010年版，第85页。

区在人口分布与生态环境上的系统性差异。数据显示，"'胡焕庸线'东南方43%的国土，居住着全国94%左右的人口，以平原、水网、低山丘陵和喀斯特地貌为主，生态环境压力巨大；而该线西北方57%的国土，供养大约全国6%的人口，以草原、戈壁沙漠、绿洲和雪域高原为主，生态系统非常脆弱"。[1]如图11–1所示。

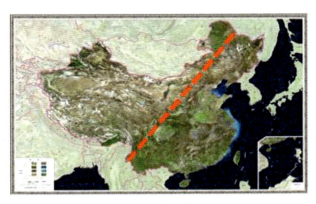

图11–1　胡焕庸线示意图

　　从国土与人口的视角来看，线东南地少人多，线西北地多人少；从生态环境的视角来看，线东南生态环境压力巨大，线西北生态系统非常脆弱。其中，国土与人口视角强调的是人地关系，生态环境视角强调的是水土关系，两个关系之间自然又隐含了人水关系。如图11–2所示，人、水、土（地）三者构建成了一个系统关系，这一系统关系揭示了人与自然是一个生命共同体，更蕴含着人与自然和谐共生的根本之道。因此，研析胡焕庸线的前世、今生以及未来，就要将人、水、土（地）视为一个整体系统。

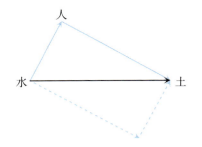

图11–2　基于水土关系的人地关系、人水关系示意图

---

〔1〕习近平：《推动我国生态文明建设迈上新台阶》，载《求是》2019年第3期。

　　胡焕庸线东南经济高速发展，城镇化水平高，人口密度大；线西北经济欠发达，城镇化水平低，地广人稀，线两侧的人口与经济成熟度形成了鲜明反差。然而，反差不代表割裂，反而是激发系统整体高质量发展的底色与根本。回望改革开放四十多年，没有胡焕庸线以西市场景深的延展，就不会有胡焕庸线以东的市场动力；没有胡焕庸线以东的经济反哺，就不会有胡焕庸线以西的开发振兴。时至今日，胡焕庸线东发展的动力仍源自线西，西煤东运、西气东输、西电东送，都如同滚滚东流的江河水汇聚线东，形成了经济高地；而经济高地的势能又源源不断地转换为市场动能向西辐射。因此，只有胡焕庸线两侧守望相助、东西一体、阴阳互补，才是中华民族复兴之根本。[1]

　　2020年，中央站在系统全局的高度，提出"两个新格局"：一是《关于新时代推进西部大开发形成新格局的指导意见》；二是在《中共中央关于制定国民经济和社会发展第十四个五年规划和二〇三五年远景目标的建议》中，明确强调要"加快形成以国内大循环为主体、国内国际双循环相互促进的新发展格局"。2024年8月，中共中央政治局召开会议审议《进一步推动西部大开发形成新格局的若干政策措施》。从胡焕庸线揭示的环境差异和蕴含的系统理念到"两个新格局"和进一步推动西部大开发，其终极目标都是解决东西部发展不平衡、不充分的问题，最终实现协调发展。要解决发展不平衡、不充分的问题，绕不开人水关系、人地关系，而人水关系、人地关系的本质则是人及其赖以生存的自然基底，即水土关系，这使得优化水土关系在新时代西部大开发的新征程中显得尤为关键。

　　在全国大系统中，胡焕庸线两侧线东南和线西北犹如杆秤两侧的重物，理应权衡协同。但就目前来看，胡焕庸线两侧协同发展的协调度、平衡性还相对较低，需统筹兼顾、全局考量、系统推进。只有让胡焕庸线西移，即让线东的人口压力和充沛的水资源向西释放，让线西广袤的土地向

---

〔1〕陈克恭、师安隆：《站在胡焕庸线上审视南水北调西线工程的新启示》，载《人民黄河》2021年第7期。

东释放，才能东西互补、互为一体。

回望历史，自秦统一后，中国历史实质上就是一部努力使胡焕庸线西移的壮阔进程，是社会力与自然力求平衡的千年博弈。人类顺其本性，自然会从西北向东南逐水而去，所以，人口流失是自然力驱使的自然而然，为稳固西北、保住人口，通常会从社会力角度出发，用社会力来平衡自然力。自西汉初期开始，从昭君出塞、汉武帝"凿通西域"，到文成公主进藏、明清大规模移民、康熙征战准噶尔，再到红军北上抗日、西迁办学成立"西北联大""支援大西北"，最后到西部大开发和当前的经济双循环，整个历史过程就是一部向西挺进的历史，是在社会力作用下推进东西协调、南北均衡的历史，是通过社会力与自然力之间的消长平衡来维护系统平衡的历史。反观东西两侧的民族团结史，历史上线西北为游牧区，形成了马背上的游牧文明，线东南为农耕区，有着悠久的农耕文明，两个文明带形成之后，其间的碰撞与交融、对话与沟通、互渗与并存从未止步，而胡焕庸线就是这一碰撞融合的界面，大多交融是围绕这一线而发生。其交融和谐时，国家安定昌盛；反之，则山河破碎。历史告诉我们，只有胡焕庸线两侧民族团结、社会和谐，才有全国的政治稳定，才有全国经济发展的环境条件和内在动力。[1]目前，我国少数民族自治区和少数民族聚居区仍集中在胡焕庸线以西。据统计，线西北少数民族人口占区域总人口的32.78%，线东南少数民族人口占区域总人口的6.74%，[2]线西北民族人口占比是线东南的近5倍之多，这也客观决定了线西北民族工作的权重与地位，更是划出了线西北地区工作的底线与使命担当。古人说"不患寡而患不均"，又说"民惟邦本，本固邦宁""凡治国之道，莫先富民"，"富民"

〔1〕陈克恭、师安隆：《站在胡焕庸线上审视南水北调西线工程的新启示》，载《人民黄河》2021年第7期。

〔2〕高向东、王新贤、朱蓓倩：《基于"胡焕庸线"的中国少数民族人口分布及其变动》，载《人口研究》2016年第3期。

与均衡的过程也是胡焕庸线西移的过程。[1]

总之，站在胡焕庸线上，无论是从自然、经济、政治哪个角度来看中国，系统视域中都会有一幅"孤阴不生，独阳不长"的图景，都能悟出"一阴一阳之谓道"的道理。线西北以线东南的存在为根据，线东南以线西北的存在为根据，二者之间是唇亡齿寒的关系，是"皮之不存，毛将焉附"的关系。东西要平衡协调，胡焕庸线就必须要西移。

胡焕庸线要西移，南水必须要北调。在南水北调东线和中线工程已有成就的基础上，加快实施南水北调西线工程，可以使国土空间布局以及东西部守望相助、阴阳互补的水土关系更加协调平衡，进而使大系统中的人水关系在更加协调的平衡态中可持续发展。因此，从胡焕庸线西移到水土关系重塑，从"平水土""成水土功"到推进西部大开发形成新格局，南水北调工程是关键。南水北调西线工程从前期论证到落地实施，意味着黄河上中游各省区将迎来实现高质量发展的重大历史机遇，同时也为加快西部大开发形成新发展格局，提升西部区域整体实力和可持续发展能力创造更多可能。尤其是如何使黄河"几"字弯的受水区域用水效益最大化，是南水北调西线工程接续工作中的重中之重，更是"平水土""成水土功"、推进西部大开发的战略性思考和根本性举措。

### 三、"几于道"的黄河"几"字弯

水"几于道"是指水最接近于道。《道德经》中讲，"水善利万物而不争，处众人之所恶，故几于道"。水"几于道"的"道"强调善水恶水、疏水堵水、远水近水的偶对平衡，但追本溯源都在"一阴一阳之谓道"的统摄之中，都是方圆之道、勾股之道，也是太极定理的外在呈现。如何让"几于道"的水发挥出最大的效益，润泽更加广袤的土地，这是黄河"几"字弯在水"几于道"的昭示下实现华丽蝶变的机遇所在和路

---

[1] 陈克恭、师安隆：《南水北调西线工程调水与用水的统一性思考》，载《人民黄河》2022年第2期。

径抉择。

（一）黄河"几"字弯的水土之忧

黄河"几"字弯贯穿甘肃、宁夏、内蒙古、陕西和山西五省（区），形成了独特的"几"字型生态区域。黄河"几"字弯大体可分为三段：一是从甘肃积石山至宁夏中卫段，这段可称为水土流失区。该段水资源丰富，但地势坡降大，水流急，因此是水土流失、河谷侵蚀极为严重的区域。二是从宁夏中卫至内蒙古托克托县，这段是河套灌区。该段地势平坦，坡降小，既是滞洪区，也是泥沙淤积区，已有形成新悬河的隐患。三是从内蒙古托克托县至陕西潼关，这段为著名的晋陕大峡谷。该段地处黄土高原核心区，受新构造运动抬升和河流强烈下切作用影响，形成了 V 型深切峡谷。壶口瀑布作为峡谷段的重要水文节点，其平均流速达 9 m/s，年输沙量约 1.6 亿 t，直观反映了流域内黄土层遭受的强烈侵蚀过程。强烈侵蚀导致该区域是我国水土流失强度最大的区域之一。

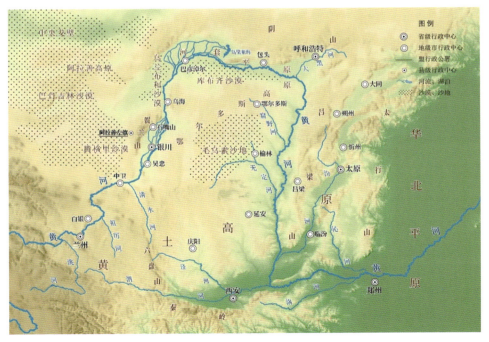

图 11-3　黄河"几"字弯区域主要沙漠、沙地分布示意图

　　黄河上游甘肃段，位于黄河"几"字弯的第一段、"几"字的第一"撇"，其在整个"几"字弯区域中具有不可替代的战略意义。该段西南高、东北低，西南硬、东北软，在河流侵蚀切割作用下，黄河趋软避硬，顺着青藏高原的东北边缘，从海拔1750 m的刘家峡水库，以1.25‰的落差，奔流400多km，至海拔1250 m甘宁交界处的黑山峡，其间下切急速穿过甘肃省会兰州，冲蚀着黄土高原，形成了"水低地高"的基本形态。[1]

图11-4　甘肃省地理区位示意

　　该区间流域面积约为2.4万km²，其中黄河西北一侧的流域面积约为1.4万km²。在西北风持续作用下，西北河西方向的沙尘被搬往东南方向的河东，造就了河西的走廊塌陷区和河东的黄土高原区，前者为风沙策源地（即巴丹吉林沙漠和腾格里沙漠），后者为尘埃落定区。中间的陇中区域干旱特征明显，植被稀疏，降雨量小且呈现季节性特征，有雨便是水蚀区，

〔1〕陈克恭：《变"水低地高"为"水高地低"　重塑黄河上游水土关系》，载《人民黄河》2020年第10期。

无雨则是风蚀区。它与西北方向的两大沙漠一道，将大量沙尘输入黄河，沉积漫流于下游宁蒙的河套地区，形成了"天下黄河富宁蒙"的喜象，同时也造成了宁蒙河段的新悬河。在这一过程中，陇中区域扮演着沙尘输送廊道和补给区的角色。据观测研究表明，甘宁两省交界处的大柳树断面每年往下游输送的1.71亿t泥沙主要来自这一区域。因此，水低地高、寒旱特征明显、水土流失严重是黄河干流甘肃段地理生态环境的基本特征。对此，古人发明了水车提灌技术，到近现代演变为电力提灌。但二者本质上都是从低处往高处提水灌溉，水低地高，一方面投资大，运行成本高，用水负担重；另一方面，毕竟是逆自然而为的权宜之计，长期提灌，土壤盐渍化严重，可持续性差。因此，亟需跳出"就水论水"的局限，在系统视域下、在"平水土"的思考中审视相关问题。

### （二）南水北调与黄河"几"字弯第一撇水土关系重塑

黄河上游甘肃段"水低地高"的水土关系切切实实影响着流域内人民生活的获得感和幸福感，南水北调西线工程的推进为改变这一现状提供了重大历史性机遇。为此，需要变"水低地高"为"水高地低"，进而推动水土关系重塑。要构建"水高地低"的水土关系新格局，就需要从水"几于道"中汲取智慧，从生态水利实践中启发思想，走与区域资源禀赋特征相适应的"高水高走，高水高用"之路，以与南水北调西线工程调水方案有效衔接，进而促使南水北调西线工程用水效益达到最大化。

按照相关规划，"南水北调西线工程形成了上下线组合调水方案，推荐一期工程年调水规模80亿m³，由上下两条独立的调水线路组成，具体方案为：上线从雅砻江、大渡河干支流联合调水40亿m³入黄河干流贾曲河口；下线从大渡河双江口水库调水40亿m³入洮河"，[1]经九甸峡、刘家峡水库后入黄河干流。如图11-5所示。

〔1〕张金良、景来红、唐梅英：《南水北调西线工程调水方案研究》，载《人民黄河》2021年第9期。

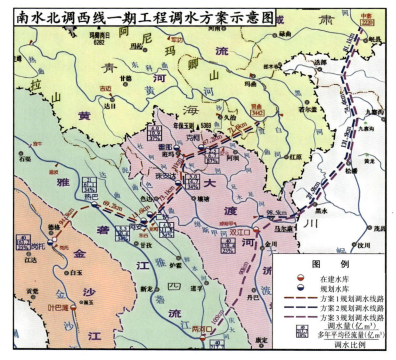

图 11-5　南水北调西线一期工程规划方案示意图（引自张金良等）

　　这意味着将有 80 亿 m³的新增水量进入黄河，也意味着处于干旱半干旱地区的黄河"几"字弯上中游各省区迎来了实现高质量发展重大历史性机遇。特别是对位于"几"字弯第一撇的甘肃来说，用好用足新增水量，对于助推"兰州—西宁"城市群和黄河"几"字弯都市圈协同发展，加快黄河上游陇中生态保护与高质量发展具有重要意义。而如何用好用足新增水量，取决于是继续维持"水低地高、扬黄用水"的格局，还是另辟蹊径，选择"水高地低、自流用水"的新格局（如图 11-6），其抉择不仅关系着"以水源涵养和水土保持为重点的黄河上游生态功能带"的建设成效，更重要的是关系着广大受水区域能否在利长远、管根本的综合考量中走出一条水土关系协调平衡发展的新质发展之路[1]。

────────────

〔1〕 陈克恭：《变"水低地高"为"水高地低"　重塑黄河上游水土关系》，载《人民黄河》2020 年第 10 期。

图11-6　"高水高走，高水高用"线路示意图

（图件来源：中国电建集团西北勘测设计研究院有限公司）

**（三）构建"高水高走、自流用水"水土关系的新格局**

"高水高走"与"高水低走"的区别表面看是用自流水还是用提灌水，究其实质，根本区别在于用善水还是用恶水。当南水北调西线一期工程调水"高水高走"，可最大限度解决黄河上中游西北侧和东南侧缺水问题，可使西线工程新增水量有效带动和辐射黄河"几"字弯区域发展成为一个更高质量的生态廊道。可预见的是，"高水高走"可开创黄河流域甘青段以及宁蒙段西岸"水高地低、自流用水"的新局面，将会对"几"字弯第一撇区域生态基底起到优化改善的决定性作用，为黄河"几"字弯全面协调可持续发展奠定良好基础。更重要的是，"高水高走"走出了干旱半干旱地区优化水土关系、人水关系、人地关系的一条新路。

从效能差异角度来看，如果让新增水量按常规思维沿黄河古道"高水低走"、奔流而下，其境况将是：高势能的水从青藏高原边缘急速下行至黄土高原，形成强大的侵蚀力，使河道越来越窄，水势越来越急；愈加固堤防，河道愈窄，水势愈急，侵蚀力愈强，会形成恶性循环。这一过程，水之势能没有产生积极作用，而后期又建坝"堵"水，提高水位，人造势能，"高水低走、扬黄用水"与"高水高走、高水高用"效能差异显著。如图11-7所示。

图11-7中，红线人工自流河道与蓝线黄河天然河道之间的用水效能差约为16倍（$\frac{s_1 + s_2}{s_1} \approx 16$），几何图形直观呈现了"高水高走"的水资源利用效率是"高水低走"的16倍。[1]为此，在十四届全国人大一次会议上，甘肃代表团以全团名义，向会议提交了《关于对南水北调西线工程甘肃段开展优化线路工作的建议》的提案，得到了水利部的积极回应。

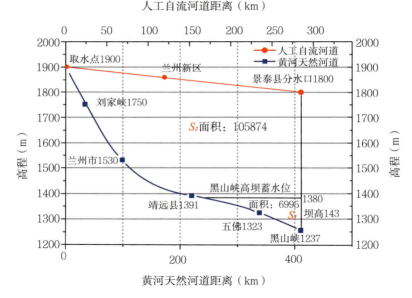

图11-7　黄河天然河道与人工自流河道用水效能差别示意图

（图件来源：中科院西北生态环境资源研究院席海洋研究员绘制）

从生态价值角度来看，"高水高走、高水高用"可实现"水高地低、自流用水"新格局。不难想象，在"弦""弧"之间自流水网的润泽下，2万km²区域内必将会水养土、土涵水，水土交融，生态环境会变得逐渐

---

[1] 陈克恭、师安隆：《问道中国传统文化，平水土助推黄河国家战略》，载《学术论丛》2023年第3期。

能够自然修复，沙尘源发地会变为水土保持涵养区，涵养能力会逐年提高，用水效能也会逐年显现，水土流失现象将会得到根本改善，下游宁蒙河段淤积形成新悬河的风险也将从根本上消除。

从粮食安全角度来看，"高水高走、高水高用"后，兰州新区、武威民勤、景泰台塬、靖远盆地等地势相对平坦的土地，稍加整理都将会变为沃土良田，都是助力国家粮食安全、生态安全的自然运化工程，可谓"功在当下、利在千秋"。同时，由于水资源有了保障，沿途区域极易构筑起大面积的林、田、草交错嵌入式的生态屏障，既可有效遏制沙漠南侵，完善生态防线，又可"藏粮于地、藏粮于技"，为粮食安全、防洪防汛、乡村振兴创造出广阔的战略余地，可谓是惠及甘、宁、蒙三省共同大保护和协同大发展的综合性项目，也是构建回汉蒙藏稳定脱贫、促进民族团结的民生项目，更是强化"一带一路"区域节点、构建西部内循环的基础性工程。

从治水兴水特征来看，"高水高走、高水高用"方案以黄河流域生态保护和高质量发展为核心出发点和最终落脚点，把黄河上中游用水区域视为一个系统整体，统筹兼顾受水区域各省区的不同利益诉求，既重视受水区域生态功能建设，又重视区域经济社会发展，是一条更符合流域特征的高质量发展之路。

总之，黄河"几"字弯关系着国家生态安全，影响着国运国脉。以"几于道"的水在"几"字弯书写擘画，必将会使西线工程新增水量顺水而治，沿线区域依水而兴、因水而盛，在新时代成就"平水土""成水土功"的新高度，更能让黄河真正成为造福亿万人民的幸福河。

### 四、弱水何以能千里

黑河，古称弱水，最早见于《尚书·禹贡》：大禹治水，"导弱水，至于合黎，余波入于流沙"[1]。由于河西走廊地势平坦，相对落差小，河水

---

[1] 王世舜、王翠叶译注：《尚书》，中华书局2012年版，第467页。

平泛，随处漫溢，难以载舟，故为弱水。它是我国第二大内陆河，发源于祁连山北麓，干流全长约821 km，以莺落峡和正义峡为界，将流域分为上、中、下游，流域总面积约14.29万 km²，流域内总人口142.5万。上游莺落峡多年平均径流量为15.80亿 m³，流经甘肃、内蒙古，最终汇入巴丹吉林沙漠西北缘的戈壁洼地，形成东、西居延海两大湖泊。在生态功能上，黑河流域是我国重要的生态安全屏障，流域内生态产品种类丰富、数量可观，水源涵养、生物多样性等生态功能突出，但流域自然生态脆弱、多民族交融、欠发达格局交织、中下游地区水土矛盾十分突出。黑河流域是典型的山地—绿洲—荒漠生命共同体，其本质是以水为主线，由山地涵养水源、流水化育绿洲、荒漠消解水流构成的复合生态系统。在这一系统中，水是促进系统偶合的关键因素。水源自上游的冰雪融水、山区降水，在中下游有水则为绿洲，无水则为荒漠。因而，对于相对恒定的流域总面积，绿洲面积大了，荒漠面积自然会减小；反之，绿洲面积小了，荒漠面积自然会增大。

　　实际上，黑河流域的农耕文明就是围绕着水的博弈而徐徐展开的。清雍正年间，川陕总督年羹尧曾采取"均水制"并施行军管来平息地区间用水纷争。20世纪90年代，在中游"再造河西"背景下，流域中下游之间工农业发展、生态环境保护的用水矛盾加剧，造成土地荒漠化日趋严重，下游尾闾湖西居延海、东居延海先后干涸，沙尘暴频发，成为我国沙尘暴的重要策源地。为协调中下游用水矛盾，于2001年开始实施黑河流域"分水"制度，采取"全线闭口，集中下泄"的措施向下游调水，有效缓解了黑河断流、居延海干涸问题。

　　流域水量调度涉及流域中下游、多要素、多目标等，关系结构复杂，决策变量众多，传统单一的"全线闭口，集中下泄"等调度措施容易陷入类似"公地悲剧"$a+b=1$的线性思维的局限之中。因此，流域水量的调度亟需突破$a+b=1$的直线思维，应融入辩证思维，用太极定理$S=\dfrac{b-a}{a+b}\sqrt{ab}$来进行表征。因为太极定理是偶对平衡概念范畴中非线性关系

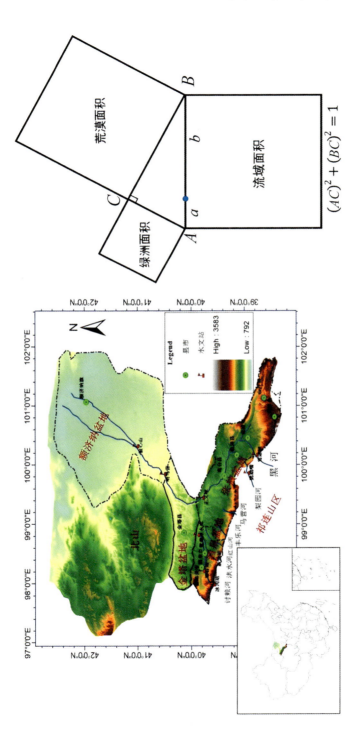

图11-8　黑河流域中下游水系与绿洲、荒漠消长变化图示

的数学表达，有助于从本质上把握黑河流域中下游水量调配的偶合协调差异，可为揭示流域取水用水相互作用机制和一般规律，促进区域水资源可持续利用给予指引、提供方法。

### （一）"全线闭口，集中下泄"的调水措施

历史上，黑河中下游地区用水矛盾就十分突出。20世纪60至90年代，因为黑河中游人口增多、经济社会发展、气候变化等因素，进入下游的水量锐减，加之下游额济纳旗人口增多，流域内水事矛盾突出，造成了尾闾河道断流、湖泊干涸、林木死亡、草场退化，土地荒漠化和沙漠化日趋严重。西居延海、东居延海先后于1961年和1992年干涸，造成沙尘暴频发，波及西北和华北地区，成为我国沙尘暴的重要策源地。

图11-9　土地荒漠化景象

为协调中下游地区的用水矛盾，自2001年开始实施干流水量的统一调度，依据《黑河流域水量分配方案》（简称"97方案"）平行线原则，针对不同的莺落峡径流量，确定相应的正义峡下泄水量目标。为保障下泄正义峡河道的分水目标，采用"全线闭口，集中下泄"措施，集中向下游调水，以确保水流能够流入居延海。"全线闭口，集中下泄"的调水措施，指在特定时段关闭中游地区的所有取水口，集中向下游地区输水，以确保下游地区的用水需求得到满足。如2024年第4次调水，是黑河实施水量调度23年来第47次成功调水进入东居延海，为东居延海连续20年不干涸提供重要的水量保障。

图 11-10　大墩门水闸枢纽

在持续加强的水资源节约集约利用举措下，黑河尾闾东居延海连续20年不干涸。2000年前，黑河下游狼心山断面年均断流250天，近10年降至75天，减少了175天，断流问题得到有效缓解。2000—2021年，进入下游额济纳旗绿洲年均水量6.54亿m³，较90年代增加3.01亿m³，东居延海周边地下水水位回升，额济纳旗沙尘暴次数减少50%，有力遏制了西北、华北地区沙尘暴的发生。东居延海水域面积维持在40 km²左右，成为候鸟重要栖息地，鸟类多达133种，栖息候鸟10万多只，生物多样性明显改善。

图 11-11　居延海风光

### （二）基于太极思维，统筹推进黑河流域系统治理

山水林田湖草沙是生命共同体。在生态文明背景下，应以生命共同体的内在统一性为逻辑基点，通过整体视野和系统思维实现人与自然的和谐。推进黑河流域生态保护与治理，要按照生态系统的整体性、系统性及其内在规律，统筹考虑自然生态各要素、地上地下、流域上下游，增强流域系统协同性，"知止为善""知止而后有定"，防止"过犹不及"，是黑河流域生命共同体得以永续发展的核心要义。

《中共中央关于进一步全面深化改革　推进中国式现代化的决定》指出，要"推动重要流域构建上下游贯通一体的生态环境治理体系"。实际上，在太极定理的昭示下，这一战略考量的提出也不难理解。多年来，从莺落峡流入黑河流域中下游的水量是相对恒定的，中游张掖市及其周边区域取用水量多了，向下游居延海下泄水量自然会减小；反之，中游取用水量少了，向下游下泄水量自然会增加。这一消长相生的循环发展状态犹如直角三角形中变化着的两条直角边，其在斜边上的投影 $a$ 和 $b$（图11-12），不但刻画出它们各自的内在特征，而且在无声的变化过程中书写着复杂世界的简单法则即太极定理，同时也勾勒出了辩证唯物主义思想的几何图示，即中国太极图S曲线。

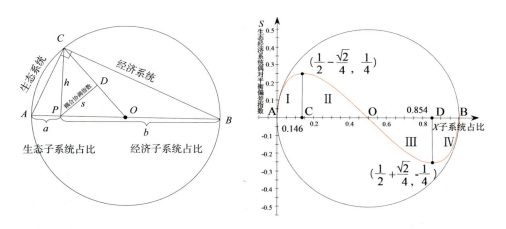

图 11-12　太极定理中的治水之道

20世纪60年代以来，黑河中游人口迅猛增长、耕地大幅扩张、水资源过度开发，致使进入下游额济纳旗的水量锐减，中下游用水矛盾凸显，取水用水的相对偏差较大，全流域系统偶合协调性较差。多年来，向下游的分水调水措施有效实施，加之中游节水型社会建设提高用水效率，有效缓解了下游的用水需求，减少了中下游取水用水的相对偏差，全流域系统偶合协调性明显提升。但需要注意的是，从系统演化发展的角度看，太极S曲线表征的偶合协调性形成了波峰和波谷两个拐点，系统在峰谷之间此消彼长、偶对平衡。在看到流域系统偶合协调性从"不及"的波谷单调上升的同时，也要注意到波峰的存在。单调增长的曲线，在达到波峰的拐点后，就会开始单调下降。从偶对平衡的角度看，流域系统偶合协调性的波峰和波谷是同时出现的。中游视角下流域系统偶合协调性达到波峰的同时，下游视角下流域系统偶合协调性必然达到波谷；反之亦然。也就是说，中游"过"，必然要导致下游"不及"；反之，下游"过"，则必然导致中游"不及"。中下游的"过"与"不及"都会使系统出现波峰或波谷。就如北半球是夏至时，南半球则为冬至一样。因此，要从流域系统的整体性出发，科学把握未来"全线闭口，集中下泄"这一措施延续的力度和节奏，"知止为善""知止而后有定"，防止全流域取水用水偶合协调性达到波峰拐点后的下降，同时防止流域中游或下游取水用水过犹不及，保证对偶面不达到波峰，另一面不到达波谷，不容许任一对偶面最大化或者最小化。

多年来，从莺落峡流入黑河流域中下游的水量是相对恒定的，向下游居延海下泄水量增加的过程，必然是中游张掖市及其周边区域用水量下降的过程（根据水利部黄河水利委员会数据，张掖地区用水总量下降了23%）。为满足用水需求，黑河中游张掖市大力发展现代节水农业，建成我国首个节水型社会试点，累计建成高效节水灌溉面积约21.23万公顷，年节水量超过3亿m³，农田灌溉水利用系数从0.42提高到0.60。但我们知道，流域治理不是中游节约用水越多越好，下游调水越多越好，中下游用水简单满足于 $a+b=1$ 的直线过程，它强调全流域系统内集约用水，以效益最大化为原则，兼顾各方，通过优化水资源配置提高系统用水的偶合协调性，中下游用水满足 $a^2 + b^2 = R^2$ 的曲线过程。实际上，在太极定理视域下，中下游用水的协调性呈现出的是S形演化过程。

图11-13　张掖市北部的巴丹吉林沙漠

图11-14　巴丹吉林沙漠中的湖泊群（蓝色为湖泊）

　　基于S形演化过程，以系统整体效益最大化为原则，既要关注居延海的规模变化，也要看到黑河中游张掖市北部巴丹吉林沙漠中湖泊群的变化。黑河流域形成的地下水是这些湖泊群的主要补给源。巴丹吉林沙漠多年平均降水量为50 mm，多年平均蒸发量为3000～4000 mm，反差极大，但在这大片的沙丘之间，却分布着144个湖泊，湖泊总面积共达23 km²，分布在丘间低洼地内。由于高大沙山和湖泊共存的典型性，2024年7月，第46届联合国教科文组织世界遗产委员会会议上，"巴丹吉林沙漠—沙山湖泊群"顺利通过评审，成功列入世界遗产名录，成为我国拥有的15项世界自然遗产之一。

　　湖泊群的存在为许多动植物提供了繁殖场所，也是迁徙鸟类的重要栖息地，维持了沙漠地区的生态平衡，促进了物种多样性的发展。湖泊群作为沙漠区地表水的重要载体，对改善当地居民生活发挥了不可替代的作用。同时，研究表明，湖泊通过提供地下水补给、增加沙层含水量等作用维持沙丘稳固。在强烈蒸发之下，巴丹吉林沙漠湖泊群构成地下水的汇，吸引周边降水入渗形成的浅层地下水，组成局部流动系统，并在一定程度上吸引深层承压水向上越流。[1]同时，湖泊群蒸发的水汽以土壤吸附水汽或凝结水等形式逐渐运移至沙层内，对沙山的稳定发挥了重要作用，[2]因为当沙丘的含水量超过4%时，抵抗风蚀的能力会大大增加。

　　此外，由于起沙等级和作用时间相对较高，沙漠区风能环境较高，而湖泊处，沙漠和水体表面反射率、比热容相差很大，风能环境较弱，[3]湖泊的存在对于维持沙漠生态环境、防止沙漠扩展具有重要作用。但研究发现，在年际尺度上，巴丹吉林沙漠湖泊群面积整体呈减小趋势。金晓媚等

〔1〕　王旭升、胡晓农、金晓媚等：《巴丹吉林沙漠地下水与湖泊的相互作用》，载《地学前缘》2014年第4期。

〔2〕　牛震敏、王乃昂、温鹏辉等：《巴丹吉林沙漠湖泊对浅层沙含水量的影响》，载《中国沙漠》2022年第2期。

〔3〕　张克存、奥银焕、屈建军等：《巴丹吉林沙漠湖泊-沙山地貌格局对局地小气候的影响》，载《水土保持通报》2014年第5期。

图 11-15　湖泊旁的生态环境适合许多动植物生存

指出，1990—2010 年巴丹吉林沙漠湖泊面积减少了 0.59 km²。[1]张振瑜等（2012）认为，2000—2010 年间，湖泊进一步萎缩，湖泊数量减少了 16个，面积减少了 0.49 km²。[2]曹乐等认为，近几十年沙漠中湖泊萎缩程度高，沙漠干旱化趋势明显。[3]王丽娟等认为，湖泊群加速萎缩受当地气候暖干化突变控制，但降水量变化不是湖泊变化的主控因素。[4]

　　当前，为满足用水需求，黑河中游张掖市全面推进节水型社会建设，取得了显著的经济社会效益。但黑河中游渗漏等过程形成的地下水是张掖市北部沙漠中湖泊群的主要补给源。若黑河中游张掖市节水过多，通过人

〔1〕 金晓媚、高萌萌、柯珂等：《巴丹吉林沙漠湖泊遥感信息提取及动态变化趋势》，载《科技导报》2014 年第 8 期。

〔2〕 张振瑜、王乃昂、马宁等：《近 40 年巴丹吉林沙漠腹地湖泊面积变化及其影响因素》，载《中国沙漠》2012 年第 6 期。

〔3〕 曹乐、申建梅、聂振龙等：《巴丹吉林沙漠降水稳定同位素特征与水汽再循环》，载《地球科学》2021 年第 8 期。

〔4〕 王丽娟、王哲、刘敏等：《近 60 年间巴丹吉林沙漠气温和降水变化及其对湖泊的影响》，载《地质通报》2023 年第 4 期。

工措施，过度修建渠道，防止水的下渗和外泄，从局部看，解决了跑冒滴漏的问题，提高了张掖市用水效率，是人为之"功"。但过度衬砌会影响地下水的系统循环，以至于影响沙漠中湖泊群自然补给和沙山的水份供给，从系统整体来看，会出现"合成谬误"。因此，要有系统观念，将"人工节水"置于全流域系统中加以考量，防止"合成谬误"将人为之"功"变成人为之"祸"。

黑河下游有尾闾湖居延海，中游有沙漠湖泊群。表面上看，它们分别处于流域中游和下游，是此消彼长的矛盾关系。但实质上，它们亦此亦彼共同决定着全流域系统的协调平衡。黑河流域是由自然生态各要素组成的区域面，具有整体性，而不是一个以居延海为代表的点。在这个区域面上，当前张掖市北部巴丹吉林沙漠中湖泊群呈现干旱化、萎缩趋势，与"全线闭口，集中下泄"措施下东居延海的碧波荡漾，二者形成了明显的反差。但与此相反的是，人们更多关注了居延海的变化，而忽视了沙漠湖泊群的变化。因此，不能以点带面，将看到的居延海的碧波荡漾作为黑河流域系统整体效益的总画面，要防止进一步采用工程建设措施分水，进而顾此失彼导致严重的生态灾害。

弱水能千里，贵在于度。既要防止中游的"过"导致下游的"不及"，又要防止中游的"不及"导致下游的"过"。中游和下游节水用水"过"犹"不及"，都不利于全流域系统协调性的提升，都会使系统出现勾股相变、质量互变的拐点；从流域系统偶合协调性出发，应未雨绸缪，科学把握未来"全线闭口，集中下泄"这一措施延续的力度和节奏，避免"节水"旗帜下的集约失衡，形成"合成谬误"，以至于破坏系统的协调性。

方圆统一论

The Theory of Square-Circle Unity

第十二讲
守正创新　赓续发展

- 文脉赓续的源流之理
- "宅兹中国"的探源之问
- 文化碰撞的融合之旅
- 兼容并蓄的"一""多"之思
- 中国传统文化的现代化之路

现代化是一个多层次、多维度的关于人类社会文明进程的概念。"中国式现代化是物质文明和精神文明相协调的现代化"。相协调就是彼此偶对平衡，不失衡。作为人类文明发展新阶段，中国特色社会主义以人的全面自由发展为目标，不仅追求物质上的富裕，更注重实现精神上的富足，而精神富足的重要源泉之一就是中国传统文化。[1]当下，实现中国传统文化创造性转化和创新性发展的根本任务就是"创新马克思主义理论研究和建设工程，实施哲学社会科学创新工程，构建中国哲学社会科学自主知识体系"；[2] "让马克思主义成为中国的，中华优秀传统文化成为现代的，让经由'结合'而形成的新文化成为中国式现代化的文化形态"。[3]因此，中国传统文化的现代化是一个时代命题，更是关乎未来发展的根本命题。

中国传统文化何以要现代化，首先需要思考中华文明何以能够成为世界上唯一没有中断、延续至今的文明，其中重要一点就是中国传统文化是一种海纳百川、兼容并蓄的包容性文化，其发展历程是一个不断接纳和吸收不同民族、不同宗教和不同文化并融合发展的过程。这种兼收并蓄的包容性的特质，使得中国传统文化呈现出突出的连续性，并始终保持着旺盛的思想活力，进而推动了中华文明绵延不绝、赓续发展。

关于兼容并蓄，AI给出的定义（AI输出）是：

---

〔1〕 本文所言"中国传统文化"，仅指"宅兹中国"中以汉字为开端的文化。

〔2〕 习近平：《中共中央关于进一步全面深化改革　推进中国式现代化的决定》，载《人民日报》2024年7月22日。

〔3〕 习近平：《高举中国特色社会主义伟大旗帜　为全面建设社会主义现代化国家而团结奋斗——在中国共产党第二十次全国代表大会上的报告》，载《求是》2022年10月17日。

兼容并蓄是指一种开放的态度，愿意接受和容纳不同的思想、文化、观点等，强调的是在保持自身特色的同时，也能够吸收和融合其他文化和观点，以达到共同发展和进步。这一概念在中国文化和历史中有着深远的影响，体现了对多样性的尊重和欣赏。中国文化从佛教东传、"伊儒会通"到近代的"西学东渐"、新文化运动，再到改革开放以来的全方位对外开放，中华文明始终在兼容并蓄中历久弥新。

关于中国传统文化的学习，清末学者杭辛斋曾讲到："周秦诸子，其子各有本末。一名一象，皆有法度。故读唐以后之书百卷，不如得汉人书一卷。得汉人书一卷，不如得周秦诸子一章一节也。"[1]这说明，在学习过程中，知识虽然在不断增长，但并不意味着智慧在增长，正如《老子》四十八章所言"为学日益，为道日损"[2]，讲的是学习得越多，也许距离第一原理越远、距离事物的本源越远。因此，本源的东西才是最根本的，只有在继承本源的基础上才能吸收新鲜的东西，以固其根本、浚其源流，保持旺盛生机活力。如同保存脐带血，以"新生之我"救"衰老之我"；反之，"扦插老枝"，虽然苗子看似小，实则岁数大，生命周期已接近尾声；近亲繁殖，也只能使生命的传递越来越弱。动植物之所以能够繁衍发展，是因为在具有共同属性的基础上，不断地杂交新种、嫁接新枝，纳入新的活力。生物的繁衍生息是如此，文化的赓续发展也是如此。

由此可见，中国传统文化何以要现代化这一命题，从本质上讲，是中国传统文化赓续发展的内在需要。中国传统文化要赓续发展，必须与现代化的元素相衔接、相融合。

---

[1]〔清〕杭辛斋著，张文江点校：《学易笔读·读易杂识》，辽宁教育出版社1997年版，第256页。

[2]〔魏〕王弼注，楼宇烈校释：《老子道德经注校释》，中华书局2008年版，第127-128页。

### 一、文脉赓续的源流之理

中国传统文化要赓续发展，必须保持兼容并蓄的特质。我们用类比的方法，以黄河来比拟中国传统文化，来思考其源远流长与赓续发展的问题。黄河要源远流长，仅有源头活水还不够，必须中途不断有支流汇入，它在甘肃有洮河汇入，在陕西有洛河汇入，在山西有汾河汇入，正是有源源不断的支流汇入，黄河才能奔流不息、永续不断。

黄河流域

长江流域

图12-1　黄河流域与长江流域

黄河自西向东汇入大海，正如李白《将进酒》所言："黄河之水天上来，奔流到海不复回。"长江也是如此。那么，水从何来？青藏高原巴颜喀拉山脉，那里气温常年处于低位，积雪量大于消融量，形成了巨大的冰川。黄河、长江的源头主要由冰川融水构成。在由西向东奔流的过程中，大气降水、地下水、湖泊等构成了二级支流和一级支流，进而汇聚成为干流。由小到大、由细到粗、不断壮大，干流越多，江河越长，直至奔流到海。正如荀子所言："不积小流，无以成江海。"如图12-2左图所示。

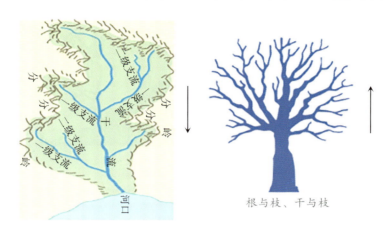

图12-2 源流图与干枝图

"源"和"流"的关系也好比"干"和"枝"的关系。如图12-2右图所示，干上形成枝，枝上再生枝，一级比一级细化，家谱也是以这种干、枝形式来反映家族史的，西方称family tree。文化是如此，各种事物的分类亦是如此。比如，动植物的分类有"纲""目""科""属""种"等，图书目录有篇、章、节、目，虽然名称不同，但分类的思路是一样的，中国传统文化称此思路为通类思维，有时也称类比推理。《周髀算经》将此定义为"问一类而以万事达者，谓之知道"[1]，这句话的深邃精妙之处在于其同时定义了何谓"知道"。

实际上，源流图和干枝图如小孔成像，正好成为相反相成的映射关系，一个为由"多"变"一"，一个为由"一"变"多"；一个是自上而下，一个是自下而上；前者是总结归纳，后者是推理演绎。

〔1〕程贞一、闻人军译注：《周髀算经译注》，上海古籍出版社2012年版，第32页。

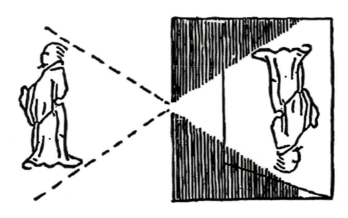

图12-3　小孔成像与相反相成

就自然界而言（如图12-4），光、热、水、土是动植物存在的基本条件，光、热、水、土是自上而下运动的，而植物在接受了光、热、水交互作用后向上开枝散叶，这些现象反映的关系是相反相成的。天地关系、昼夜关系，均是相反相成的一对对自然范畴。

| 自上而下（多与一） | | 自下而上（一与多） |
|---|---|---|
| 总结归纳 | 天地间（地平线） | 推理演绎 |
| 光热水土 | | 动植物 |
| 天 | 相反相成构成世界 | 地 |
| 赋能（黄帝曰：夫自古通天者，生之本，本于阴阳。天地之间……皆通乎天气（炁）。） | | 生发 |
| 日（昼） | | 月（夜） |
| 乾 | | 坤 |
| 日 | | 地 |
| 宗谱 | | family tree |

图12-4　偶对平衡的自然范畴

就天地而言，自上而下是一个赋能的过程，自下而上是赋能之后的一个生发过程，赋能和生发在某种意义上也是相反相成、相互作用的，赋能没有承载者、受力者，就好比拳头打出去没有承受者一样，没有意义；反之，没有能量，何来生发，二者在"孤阴不生，独阳不长"的哲学理念中必然呈现出共存的相互作用状态。《黄帝内经》认为，"炁"是"通乎天地之间"的一种基本能量，是维持生命活动的根本。复旦大学哲学系王德峰教授就这个字做过专门解释，他认为这个字是一个综合术语，英文无法翻译，不能简单理解为"gas"，最后就用粤语的"Chi"来表示了。

日月之间也是相反相成的。这里的"日月"指代一种天象，即昼夜天象，太阳指代白昼，月亮指代夜晚。中国传统文化中的"日月"关系，不同于今天科学意义上的"日月"关系，它主要指日地之间的昼夜变化。《周易》就是把宇宙万物的变化放到日地之间即乾坤之间去观察，以六十四卦考察其变化，这实际上就是一个乾坤之序。因此，中国人特别崇尚"理一分殊""天人合一"[1]。

"理一分殊"是一种类比推理的思维方式，即依不同的环境条件而有不同的应用，突出强调事物的关联性，这是中国传统文化的一个显著特点。中国共产党把马克思主义视为真理，就是因为它对于本根事物的认识与中国传统文化有很多契合之处，也就是说，它在中国有着生根发芽的深厚土壤。正如马克思所讲的"世界是普遍联系的、相互作用的"，在中国人看来就是"天人合一"的。由此可见，马克思的理论可以视为人学理论，他在《资本论》中得出的结论是：因资本否定了人之为人的存在，即人的精神价值，故而资本主义社会必然走向解体。也因此，马克思一直强调，我们的出发点和落脚点乃是为了人的全面自由发展。需要特别指出的是，中国传统文化中以人为基点是为了构筑与社会发展相适应的社会秩序，这在前文已作论述。

毛泽东的《矛盾论》就是基于国际共产主义运动和思想，以中国思维表达马克思主义基本原理，解决本国具体矛盾的著作。矛盾中蕴含了"一"与"多"、"多"与"一"的关系，就好比"源"与"流"、"干"与"枝"的关系一样，不仅直观，而且易于理解。用河流的"源"与"流"

---

[1] 李学勤：《〈周易〉与中国文化》，载《周易研究》2005年第5期。

类比中国传统文化可清晰地发现，类比推理是中国人的思维特质，与同一律有一定的区别。逻辑体系中的"同一律"可以表述为："A是A"，意味着一个事物不能同时既是自身又是非自身，这确保了思维的一致性和可预测性。"同一律"更多地强调事物的确定性，表达的是事物的个性，而"理一分殊"则像卡尺上的游标一样是可以移动变化的，表达的更多是事物的通类性即共性，这其中包含着辩证法的思想。因为"天人合一"是类比推论，与同一律要求的"A是A"的初始设定相矛盾，所以"天人合一"常常因此而被质疑。这种质疑的本质是个性对共性的质疑，是具体对一般的质疑，延展开来便是物质对意识的质疑。

总而言之，总结归纳和推理演绎是相反相成、相互作用的，只有相反，才能"合二为一"相成，而构成这个世界。这是人类所共有的，中西方古代哲学家概莫能外。确切地讲，关于"多"与"一"、"一"与"多"的关系问题，中西方哲学家都有过丰富的论述，但各有所倾向。中国人大多喜欢"总结归纳"，例如对"日月""昼夜""乾坤""天地"等等的类比归纳，西方相对而言更侧重于推理或演绎，就像中国人的左撇子没有西方多一样。中国人常用右手，并且成为一种约定俗成的习惯，所以当小孩子用左手拿筷子或拿笔时，父母一定会强制要求回归到右手。

因此，可以得出一个简明的结论：中国传统文化要赓续发展，就必须要汇入现代元素。这就是为什么要有支流汇入，要推陈出新发新芽，要嫁接优化、杂交优化的基本理由。守正创新是指在保持源头基因的同时，不断地汇入新元素。"守正"与"创新"是一对相反相成、互为根据的概念范畴，它们之间形成了赓续发展的张力，而这一张力恰是人类社会发展的动力。"守正"并非因循守旧，而是要坚守文化本源，固本培元。克隆要留脐带血，读书要读元典，研究自然科学要追问其第一原理。唯有如此，中国传统文化才能如树木一般，其枝叶越茂盛则根越深，根越深则枝叶越茂盛，它们相反相成支撑起了一棵根深叶茂、蓬勃向上的参天大树。

中国传统文化的兼容并蓄，不仅仅以外来文化为对象，而且自身内部通过由里及外、由近及远的交流与碰撞而愈益博大深邃，恰似无数支流汇入干流形成江河，又如由杆到枝形成参天大树，中国传统文化就是在这样不断生发与不断赋能的交互作用中守正创新、赓续发展。

### 二、"宅兹中国"的探源之问

习近平考察陕西宝鸡青铜器博物院时，面对国宝文物何尊说："中华文明五千年，还要进一步挖掘，深入研究、阐释它的内涵和精神，宣传好其中蕴含的伟大智慧，从而让大家更加尊崇热爱，增强对中华文明的自豪感，弘扬爱国主义精神，把中华优秀传统文化一代一代传下去。"[1]新华社对此报道说："器以藏礼，字以弘文，实物与文献共同书写着中华文明的清晰历史，是今人钩深致远的坚实依托。"[2]这说明中国传统文化的现代化尤其需要从历史文化遗迹中挖掘优秀元素，这应是"钩深致远"一词的题中之义。

图12-5　何尊及铭文（拓片）

---

〔1〕 习近平：《【理响中国】把中华优秀传统文化一代一代传下去》，载《求是》2024年9月14日。

〔2〕 新华社第一工作室：《在这些文化遗存前，总书记停下脚步仔细察看》，载《第一观察》2024年11月5日。

国宝青铜器何尊铭文原文：

唯王初壅（迁）宅于成周，复稟武王礼福自天。在四月丙戌，王诰宗小子于京室曰："昔在尔考公氏，克逑（仇）文王，肆文王受兹大命。唯武王既克大邑商，则廷告于天，曰：'余其宅兹中或（国），自兹乂民。'呜呼，尔有唯小子亡识，视于公氏，有庸于天，彻命敬享哉！助王恭德裕天，临我不敏。"王咸诰何，赐贝卅朋，用作□公宝尊彝。唯王五祀。[1]

铭文大意是：周成王五年四月，周王开始在成周营建都城，对武王做丰福之祭。周王于丙戌日在京宫大室中对宗族小子何进行训诰，讲何的先父公氏追随文王，文王受上天大命统治天下。武王灭商后则告祭于天，以此地作为天下的中心，统治民众。周王赏赐何贝 30 朋，何因此作尊，以作纪念。

"余其宅兹中国，自兹乂民"，意为要以中原之地为中心定国都，开始治理天下之民。由"宅兹中国"而知，自西周开始，以洛邑为中心，形成了北狄、南蛮、西戎、东夷的天下格局，这也是"中国"二字的最早出处。

《周易·系辞上》说："备物致用，立成器以为天下利，莫大乎圣人；探赜索隐，钩深致远，以定天下之吉凶，成天下之亹亹者，莫大乎蓍龟。"[2]备物致用、探赜索隐、钩深致远，是为了天下苍生的利益。同样，毛泽东"问苍茫大地，谁主沉浮"之"问"，绝非出行问卦，而是追问天下苍生之根据，是对人类的终极关怀。什么是"学问"？学问不单单是"学"，更重要的是"问"；什么是"思"？"思"只有成为追求根据之"思"

---

〔1〕上海博物馆商周青铜器铭文选编写组：《商周青铜器铭文选》第一卷，文物出版社 1986 年版，第 21 页。

〔2〕〔宋〕朱熹著，廖名春校：《周易本义》，中华书局 2009 年版，第 240—241 页。

才可称为"思"。这个"问"与"思"，需要追溯于中国传统文化的根和魂，铺展于这一优秀文化形态的演进脉络，联系于它在当下的创造性转化和创新性发展。唯有如此，才能有益于中国传统文化的现代化这个时代命题。

### 三、文化碰撞的融合之旅

"宅兹中国"铭文中所述的地方也是甲骨文出土的地方，说明夏商时期洛邑（今河南洛阳）这个地方已经很兴盛了。这里实际上是中原文化的发祥地，随着历史的发展，孕育出了黄河文化和长江文化，由此使中原文化辐射到更广阔的地域。中国传统文化正是在这样一个大格局之下，出现了六次大的文化碰撞与交融。

第一次大碰撞：自东周礼崩乐坏至汉武帝罢黜百家、独尊儒术。这一时期，礼崩乐坏，春秋战国诸侯争霸，社会动荡如"高岸为谷、深谷为陵"[1]，导致生灵涂炭；也因此，各种救世济民的学说应运而生，形成了先秦诸子百家争鸣、百花齐放的繁荣景象。孔子周游列国时，拥有三千弟子、七十二贤者，足以说明儒家的应时发展。孔子晚年归鲁，发现没人接受他的思想，转而学《周易》，发愤忘食，乐以忘忧，不知老之将至云尔[2]，他将全部身心又投入到一种新的文化理念和精神追求之中。这也说明了文化本身的交融碰撞和兼容并蓄。这一时期与古希腊文明共轭、交相辉映，有学者称之为"轴心时代"。在中国，这一时代最终以秦统一六国、实现了"书同文，车同轨，度同制，行同伦"而告一段落。期间，战国末年赵武灵王曾推行胡服骑射，在向外学习、兼容并蓄的过程中，一度使赵国国力振兴，成为与齐秦并列的强国。梁启超称赵武灵王为皇帝以后的"中国第一雄主"，以区别于始皇帝嬴政。

---

〔1〕程俊英、蒋见元：《诗经注析》，中华书局1991年版，第575页。

〔2〕〔清〕程树德撰，程俊英、蒋见元点校：《论语集释》，中华书局1990年版，第479页。

秦王朝短暂的历史证明，秦虽然统一了国度，但却没有处理好国家治理的道统、学统和政统等重大文化问题，没有处理好君与臣、父与子、社稷与百姓之间的关系。秦，虎狼之师，"焚书坑儒""其兴也勃焉，其亡也忽焉"[1]的悲剧表明"其表在政，其里在学"[2]。汉承秦制，汉武帝"罢黜百家，独尊儒术"，基本完成了第一次大碰撞后的文化塑型，奠定了汉王朝长达四百多年的统治基础，其基本的文化形态传承至今。两千多年后的今人，当阅读甘肃陇南西狭壁上的《西狭颂》（东汉时期）时，并无太多理解障碍，就充分说明了这一点。清王朝能统治中国二百六十多年，与乾隆主导编纂《四库全书》，承袭中国传统文化的文化理念不无关系。

图 12-6　甘肃陇南西狭壁《西狭颂》（拓片）

第二次大碰撞：魏晋南北朝时期。这是中国历史上最为黑暗和漫长的三百多年。东汉末年，黄巾起义拉开了魏晋南北朝的序幕，其间战乱不断，天灾人祸接踵而至，民不聊生，人口剧减。作为蜀汉失败了，曹魏夺

<hr />

[1] 杨伯峻编著：《春秋左传注》，中华书局1990年版，第188页。
[2] 张之洞著：《张文襄公全集》，中国书店1990年版，第544页。

得了天下，政局的动荡使"独尊儒术"的董仲舒之策在道统、学统、政统上的统治地位受到了严峻挑战，玄学、佛教、道教与儒学相互碰撞渗透，形成了儒、释、道互注互证、相互融合发展的局面。漫长的融合与不定型，则意味着思想的混乱与黑夜的漫长。

在此期间，北魏孝文帝拓跋宏在其祖母冯太后的影响下，与战国时代赵武灵王推行胡服骑射的做法刚好相反，但思路是一致的，他强力推行鲜卑汉化，从吏制到婚俗，全面实行彻底的汉化，发展了生产，扩大了北魏疆域，巩固了政权。但因改革过急、力度过猛，忽视了对鲜卑文化的继承，加之其英年早逝，宫廷内讧，致使改革失败，但其改革的意义和影响却极为深远。

第三次大碰撞：隋、唐、宋时期。这一时期，朝代更迭基本属于宫廷政变，涉及的社会面较少，对文化传承的影响也相对较小。隋之后，以唐太宗李世民抄写《周易》、唐玄宗李隆基抄写《孝经》为标志，迎来了盛世开放包容、兼收并蓄的文化交融发展新格局。唐宋两朝以开放者的大度和自信，面向世界，包容多元文化，使中国文化达到了耀眼的顶峰。

这期间，有两点值得说明：一是隋炀帝从兰州经西宁，穿过祁连山扁都口进入河西走廊，在张掖焉支山下接受西域各城邦国的朝觐，史称"万国博览会"，这可谓现今"世界博览会"的前身。二是唐朝的长安盛世，鉴真东渡、玄奘西行、遣唐使等国际交往活动，都展现出文化的繁荣盛况。如长安古都互市商贸的繁荣，有诗可证："九天阊阖开宫殿，万国衣冠拜冕旒"；[1]"长安大道连狭斜，青牛白马七香车"；[2]"长安一片月，万户捣衣声"。[3]隋、唐、宋历时六百多年，经济文化高度发达，一张《清明上河图》以及秦淮河上文人墨客的风流逸事足以说明当时之繁荣。但宋王朝重文抑武，风花雪月，偏安一隅，却难善终，直到南宋赵昺小皇

〔1〕中华书局编辑部点校：《全唐诗》，中华书局1990年版，第1296页。

〔2〕中华书局编辑部点校：《全唐诗》，中华书局1990年版，第518页。

〔3〕中华书局编辑部点校：《全唐诗》，中华书局1990年版，第264页。

帝崖山跳海，印证了孔子"文胜质则史"的预言，有学者称此为"盛世的平庸"。也有学者戏称，当时的文化精神就是文人才子的闺房文化，之所以说"崖山之后无中国"，就因缺少了阳刚血性而导致阴阳失衡，阴阳失衡便没有了中国之气韵。

清明上河图（局部）

**泊秦淮**
唐·杜牧
烟笼寒水月笼沙，
夜泊秦淮近酒家。
商女不知亡国恨，
隔江犹唱后庭花。

图 12-7　秦淮夜泊

第四次大碰撞：明朝时期。如果说第一、二两次碰撞是因政局的混乱，天下士子为救世济民、谋求太平之策而形成的思想碰撞，第三次是自信者的开放交流，那么，第四次碰撞则是游牧文化与农耕文化的碰撞。北部游牧民族充满血性，讲求率性而为，部落与部落之间的关系及其相互间的稳定性相对较弱。游牧民族带着草原的血性横扫欧亚大陆后，以征服者的姿态、以统治者的站位对待农耕文化，农耕文化与游牧文化交融汇聚，其结果是征服者被征服，你诛我身、我诛你心，野蛮体魄与风花雪月碰撞交融，碰撞后的版图更大了，文化更加多元了。凤凰涅槃、浴火重生的后裔充满阳刚血性，面对统治者的简单残暴，大元帝国的气数自然不会太久，大明朝的诞生尽在自然之中。历史发展是曲折复杂的，但"否定之否定"的基本脉络却是清晰可见的。

　　明朝是中国历史上思想禁锢极为严重的朝代，皇权特权甚嚣，大搞"文字狱"，可以说，大明朝除了个别类似于王阳明这样的思想家外，在历史文化中值得歌颂的人物和事迹不多。郑和下西洋除了弘扬皇恩浩荡外收获甚少，恰恰是徐霞客因科举不成而漫游天下，写下了《徐霞客游记》；李时珍科举失败，随父学医，写下巨著《本草纲目》；王阳明也因被贬龙场、宁王叛乱才得以悟道"心"学。明朝对工商业实施遏制和打压，《大明律》明文规定商人不可穿绫罗绸缎，否则就会被以"僭越"罪处以重刑；一些腐朽没落文化死灰复燃，殉葬规模至大、残酷至极，宦官乱政、无奇不有，危害极深。而在当时，西方迎来了文艺复兴，从哥白尼、伽利略到之后的牛顿、笛卡尔等科学巨匠不断涌现，现代科学的雏形基本形成；哥伦布发现了新大陆，美欧一体的格局基本形成。中国则与世界之潮流背道而驰，一正一反、一进一退，使中国自此开始与西方拉开了距离。特别需要指出的是，16世纪的哲学家、数学家笛卡尔构建了直角坐标系，通过直角坐标系将数形结合，使几何问题成为代数方程，并且导入了微积分，这成为中西之间拉开差距的重要标识。在历史长河中看，这可能也是明崇祯皇帝煤山上吊之根据。

　　第五次大碰撞：明末清初至辛亥革命前后。这一时期，在现代科学技术迅速发展背景下的西方列强开始在全球探险寻宝，在殖民疆域版图急速扩展的同时，自然科学、宗教文化也开始输出。欧美人来到了中国，其中不乏像利玛窦一样的传教士，带来了现代数学、天文和地理学等方面的知识。明末大学士徐光启自此开始翻译由利玛窦带来的古希腊数学家欧几里得的《几何原本》，徐光启对于几何之真理性的论述，至今看来仍然熠熠生辉。《几何原本》突出强调逻辑关系，从"五大公设"开始，有200多条定理，勾股定理是其中的第47条。按《几何原本》的"逐一推演"逻辑，未经证明第46个命题时，第47个命题是不可以出现的，因为没有前提，这与中国证明勾股定理的直观呈现方式截然不同。需要说明的是，《几何原本》的翻译整整时跨200多年，与此同时中国经历满人入关、王朝更替，清王朝以更加封闭和禁锢的思想大搞"文字狱"、实施禁海令、闭关锁国直至鸦片战争的爆发。鸦片战争本质上是清政府腐败残暴的统治与清王朝科学技术的落后交织重叠、双重变奏所导致的，列强觊觎之外因是基于其内因而成的，这一次的文化碰撞是在血腥与耻辱中展开的。

清乾隆皇帝曾对英国人写道：

奉天承运，皇帝敕谕，英吉利国王知悉：

……天朝抚有四海，唯励精图治办理政务，奇珍异宝并无贵重。尔国王此次赍进各物，念其诚心远献，特谕该管衙门收纳。其实天朝德威远被，万国来王，种种贵重之物，梯航毕集，无所不有，尔之正使等所亲见。然从不贵奇巧，并无更需尔国制办物件。是尔国王所请派人留京一事，于天朝体制既属不合，而于尔国亦殊觉无益。特此详晰开示，遣令贡使等按程回国。尔国王唯当善体朕意，益励款诚，永久恭顺，以保全尔友邦共享太平之福。

——1793年乾隆皇帝敕谕（现存于大英博物馆）[1]

马戛尔尼在其访华日记中对清王朝如此评价：

至少在过去的150年没有发展和进步，甚至在后退，而我们科技日益前进时，他们和今天的欧洲民族相比较，实际变成了半野蛮人。

英文原文：but not having improved and advanced forward, or having

---

[1]〔英〕马戛尔尼：《龙与狮的对话：英使觐见乾隆记》，刘半农译，天津人民出版社2006年，第148-149页。

rather gone back, at least for these one hundred and fifty year past, since the conquest by the northern or Manchu Tartars; whilst we have been every day rising in arts and the sciences, they are actually become a semi-barbarous people in comparison with the present nations of Europe.

——《1793 乾隆英使觐见记》[1]

很多时候，我们总是以为华盛顿是现代人，乾隆是古人，但实际上他们都死于 1799 年。乾隆做皇帝的时候，美国独立，法国爆发了大革命，西方开始轰轰烈烈地步入工业革命时期。这其中揭示的道理至今依然是值得深思的。这次文化大碰撞中折射出的中国科学技术的落伍无疑成为中国在世界现代化进程中一度落后的一个关键变量，而造成这种"落伍"的根源无疑又与自身的文化发展有关。由此可见，弘扬和如何弘扬中国传统文化同等重要，甚至后者更为重要。

第六次大碰撞：辛亥革命前后到百年未有之大变局。百年未有之大变局，本身意味着百年之前还有一次大变局，而两个大变局之间的关系和异同又是什么呢？

关于第一次大变局，这里可以借用 1872 年李鸿章奏折中的话："臣窃维欧洲诸国百十年来由印度而南洋，由南洋而东北，闯入中国边界、腹地，几前史之所未载，亘古之所未通……此三千余年一大变局也。"[2] "历代备边多在西北，其强弱之势、客主之形皆适相埒，且犹有中外界限。今则东南海疆万余里，各国通商传教，来往自如，聚集京师及各省腹地，阳托和好之名，阴怀吞噬之计，一国生事，诸国构煽，实为数千年来未有之变局。"[3]

---

〔1〕 *The Macartney Mission to China 1792-1794*，Edited by ROBERT A.BICKERS.

〔2〕 顾延龙，戴逸编：《李鸿章全集·奏议》，安徽教育出版社 2008 年版，第 109 页。

〔3〕 顾延龙，戴逸编：《李鸿章全集·奏议》，安徽教育出版社 2008 年版，第 139 页。

文史学者李泽厚说，这次大变局是启蒙与救亡的双重变奏。就文化层面而言，启蒙主要集中在经学与科学的选择上，在此之前，中国的文化知识体系是以经学为主线的科举考试制度；在这之后，以京师大学堂为开端，选择了以研究自然之物的学问为主线的自然科学体系。就社会制度而言，启蒙更是反思中国数千年封建史的病灶，鲁迅在《狂人日记》中写道："我翻开历史一查，这历史没有年代，歪歪斜斜地，每页都写着'仁义道德'几个字。我横竖睡不着，仔细看了半夜，才从字缝里看出字来，满本上都写着两个字'吃人！'"[1]纲常伦理文化中伴生着很多灭绝人性的行为，而这些行为却在以"仁义"为核心、以儒家文化为主流的国度中存在了两千多年，更为奇怪的是，这些行为并非发生在乡野荒蛮之地，而是在高高在上的朝堂之上。陈寅恪先生说，是几千年的"公权私用"助长了人性的恶。可见，以陈寅恪先生之见，"吃人"是因公权私用，而并非完全归咎于仁义道德。不难理解，"新文化运动"何以在高擎"科学"和"民主"旗帜的同时，又喊出"打倒孔家店"的口号。

自鸦片战争开始，清政府受列强威逼，接二连三地签下不平等条约，使得民族救亡成为新的历史使命。在启蒙与救亡的双重变奏中，二者孰轻孰重、如何选择似乎等而次之，关键是反帝与反封建交织于清政府，反封建必要反清政府，反帝必要依靠清政府，清末民初各种政治势力都难以将二者统一。这是"戊戌变法"必然要失败的根本原因，也是"辛亥革命"要推翻清王朝统治的根本原因。

俄国十月革命和"五四运动"加速了马克思主义在中国的传播，以马克思主义为指导纲领的中国共产党，高举反帝反封建反官僚资本主义的旗帜，推翻了三座大山，经过建设、改革、发展，使中国成为世界第二大经济体，把中国从"东亚病夫"变成了奥运强国，实现了从站起来、富起来到强起来的伟大飞跃。启蒙与救亡双重变奏，二者交互作用、相互成就。需要指出的是，那次大变局催生了一批卓越的马克思主义思想家和卓越的

---

[1] 鲁迅：《狂人日记》，人民文学出版社2022年版，第5页。

政治家，以毛泽东同志为核心的中国共产党第一代领导集体就诞生在这一时期。与此同时，这一时期中西文化交汇、文化大家辈出。历史经验再次告诉我们，在当下这个百年未有之大变局中，"两个结合"必然会再次催生文化的大复兴。

### 四、兼容并蓄的"一""多"之思

中国传统文化在兼容并蓄中赓续发展、历久弥新。推进中国式现代化，就是将现代化之共性与中国之个性有机统一，即处理好"源"与"流"的关系，亦即古人所说的"一"与"多"的关系、今人所讲的"根"与"枝"的关系。

**（一）何谓"一"**

"一"是最简单的汉字，然而内涵却极为丰富，凝聚着厚重的哲学思想。中国古代哲学关于"一"的论述有很多，在论及宇宙之最究竟时，称之为"本根"，事物都是由"本根"产生。《淮南子·诠言》中说："一也者，万物之本也，无敌之道也。"[1]这里所说的"一"，就是指万物的"本根"，抓住"一"就抓住了事物存在变化之"道"。"一"是人类主观认识客观世界"通一"的规定性。相对于"多"而言，它是指整体、普遍和一般，如同身体和身体某一部分是整体和局部的关系，又如人类社会发展的基本规律和不同社会制度的发展规律是普遍和特殊的关系，也如人和各类肤色的人是一般和具体的关系，诸如此类。

"一"是"多"的本根。老子在《道德经》中说"道生一，一生二，二生三，三生万物"，强调万物源于"一"。"一"是"多"的基础和前提，没有"一"就没有"多"；"一"决定"多"的产生，决定"多"的发展方向，决定"多"的本质属性。

**（二）何谓"多"**

"多"是现实世界中千变万化的繁杂事物，这些事物被赋予个别、特

---

[1]　何宁撰：《淮南子集释》，中华书局1998年版，第1012页。

殊、多样和流变的规定性。《荀子·富国》中说"万物同宇而异体"，[1]万物虽同在一个宇宙中，但相互之间是有差别的，不同形、不同体。"多"的差异性表明了事物的多样性，"多"就是"差异""具体"和"流变"。相对于"一"而言，"多"是派生的，是从事物根本属性中衍生出来的多姿多彩的现象，是事物的局部、特殊和具体，是事物外在的相对独立性，带有偶然性，如同枝叶是从根上派生的一样。

"多"是"一"的结果。《庄子·天地》里说"通于一而万事毕"，[2]《管子·内业》中说"执一不失，能君万物"，[3]都体现了"一"的重要性。只要把"一"做好了，"多"就是必然结果；没有"一"的"多"，是不可能存在的。古人讲"术业有专攻"，强调的是，做事要专心、专注、专一，如果一个人一生能坚持不懈地做好一件事，那将会取得非常了不起的成就，随之而来的将会是更多的收获。这是因为"多"蕴含在"一"中，"一"中包含着不同的"多"，"多"的发展也必然会进一步巩固"一"的核心地位，赋予"一"更大的影响力和厚重感。

（三）"多"蕴含在"一"之中，"一"包含有"多"

董仲舒说"天之道，有序有时，有度有节，变而有常"，深刻表述了"一"和"多"的关系，规律寓于事物的变化之中，事物的变化则体现了内在的规律。《庄子·则阳》中说"合异以为同，散同以为异"，[4]差异的统一即为"同"，而"同"的分散即为"异"，也体现了"一"和"多"的关系。马克思主义哲学认为，在世界的物质统一性基础上，"一"与"多"是辩证统一的关系，任何割裂二者有机联系的观点都是片面的，都不能正

---

[1] 〔清〕王先谦撰，沈啸寰、王星贤点校：《荀子集解》，中华书局1988年版，第175页。

[2] 〔清〕王先谦、刘武撰，沈啸寰点校：《庄子集解·庄子集解内篇补正》，中华书局1987年版，第99页。

[3] 李山译注：《管子》，中华书局2016年版，第272页。

[4] 〔清〕王先谦、刘武撰，沈啸寰点校：《庄子集解·庄子集解内篇补正》，中华书局1987年版，第233页。

确地认识和改造世界。

《淮南子·诠言》中说"同出于一，所为各异"，[1]万物虽各具差异，但都寓于"一"之中。世界异彩纷呈，事物千变万化，总让人有"乱花渐欲迷人眼"之感，但不论怎样变化和发展，每个事物都有其本质属性，其运动都是受一定规律支配的。只有透过纷繁复杂的现象认识事物的本质，掌握事物运动的基本规律，才能把握认识和改造世界的主动权，才能更好地定位发展方向和目标。

总之，"一"是前提和基础，"多"是结果和必然；"多"在"一"中，"一"中有"多"；"一"决定和支配着"多"，"多"丰富和支撑着"一"；如果没有"一"这个主导，也就没有"多"的产生、变化和发展。中国传统文化的"源"与"流"，如同"一"与"多"、"根"与"枝"的关系一样，也是辩证统一的关系。只有把握好它们之间的内在关系，厘清每个对立范畴的内涵和要旨，找到它们之间相互转化和内在融通的路径与方法，才能更好地推进中国传统文化的现代化。

## 五、中国传统文化的现代化之路

### （一）中国传统文化的"变"与"不变"

中国传统文化源远流长、博大精深，一般认为涵盖儒、释、道三家。就其主流之学、正统之学的儒家思想来说，其代表人物孔子也有很多个"面孔"：有董仲舒笔下的孔子，有朱熹笔下的孔子，也有康有为笔下的孔子；有"黜周王鲁""素王改制"的汉儒公羊学的孔子，也有"半部《论语》治天下"的孔子，还有宋明理学中"人心惟危，道心惟微"的孔子。近代以来，有过胡适之与钱穆的孔子三辩，起因是胡适写了一篇《说儒》的文章批判了孔子，钱穆又写了一篇文章《驳胡适之〈说儒〉》来驳斥胡适的说法。20世纪70年代，还有过"批林批孔"运动，就是把孔子和林彪放在一起批，还加周公，称"批林批孔批周公"。1978年，我国恢复高

---

[1] 何宁撰：《淮南子集释》，中华书局1998年版，第991页。

考以后，面对西方先进科学技术的扑面而来，年轻人群体中又再次出现一股批孔子的思潮，说五千年中国传统文化就像懒婆娘的裹脚布一样"又臭又长"，阻碍了科学技术的发展。当前，随着我国经济社会发展水平的提高，面对社会上出现的种种新问题，人们似乎又认识到中国传统文化博大精深，以孔学为标识的国学热又开始兴起。由此可见，不同时代、不同时期孔子的"面孔"差别很大，每个人心目中的孔子是不一样的。虽然孔子的"面貌"随时代、阶级不同而有所变化，与孔子"原型"确乎大有差距或偏离，但是有两点是基本没变的：

第一，就其形式而言，仁义之学的母体结构没有变。在中国传统文化绵延的历史长河中，儒家乃至儒家之外诸家眼中的儒家，"仁义"二字这一基本的母体结构没有变，包括"批林批孔"时期，批的也是孔子的"仁义"之学。鲁迅先生曾写道："满篇的仁义道德，背后却是'吃人'二字。"他批判时提及的"仁义"二字，说的就是"仁义"之学这样一个一直没有发生根本变化的母体结构。

第二，从功能上来讲，佐君治民、服务帝王的主旨没有变。儒家的思想是"助人君，顺阴阳，明教化者也"[1]，其思想核心在于辅佐君主治理国家，并在此基础上顺应阴阳之道，以阴阳为学理基础来教化民众。恰恰因为这样一个功能，历代君主都奉孔子为圣人，甚至比一般帝王的身份还要高。我们知道，帝王过去叫天子，换句话来讲是天的使者、天的代言人，已经超出人域的范围，而孔子的地位高于帝王，为万世之表，是因为以孔子为代表的儒家思想有助于历代帝王构建社会秩序。西汉董仲舒之后所确立的纲常伦理，成为历代帝王巩固统治最好的思想工具，这正是儒家思想之所以源远流长、成为一统独大的文化力量的原因所在。加之儒家开放包容的文化特质，无论是佛家还是道家的思想，最终都选择与儒学思想相融合，或是在其基础上进行补充或调整，这如同学习物理、化学、生物

---

[1]〔汉〕班固撰，〔唐〕颜师古注：《汉书》卷三十，中华书局1953年版，第1728页。

等学科时，最终都需要依托数学来构建和理解它们的理论体系一样。正因如此，儒家文化在数千年的历史长河中几乎没有给任何否定力量留有空间和余地，包括《周髀算经》这部纯粹专注于自然科学的著作，也只能是依附于《周易》，以解读者的身份而传世。《周髀》所叙为"周公问商高"之事，因此至少源于西周，所述之事若发生在西周之前或更早时期，则需另作考量。但无论如何，其时间下限至少可确定为西周。而《周髀》这样一部对于事物进行客观陈述的传世之作为什么也得依附于《周易》呢？因为《周易》是儒家思想的经典。其实，"仁义"二字也源于《周易》"立天之道曰阴与阳，立地之道曰刚与柔，立人之道曰仁与义"[1]。因此，理解中国传统文化，不仅要对儒释道分流而析之，而且要追根溯源、探求根与魂，因为根与魂是具有道统地位的东西，是最原生、最原点的东西，而不是后天衍生出来的东西。

那么，中国传统文化的根和魂是什么？我们认为，"阴阳"二字就是中国传统文化的根和魂，或者说，中国传统文化就是以"阴阳"二字为概念属性构建的一个话语体系。这个话语体系源自六经之首的《周易》。尽管后来发展有儒释道或更多的一些学派，但是"阴阳"这样一种概念属性谁都无法摆脱。比如说，佛家以"虚实""色空"作为概念范畴，构建了一种话语体系；道家针对宇宙中"有"和"无"，又构建了一种话语体系；以孔子为代表的儒家以"仁"和"义"为概念属性，构建了另一种话语体系。这些概念属性都源于《周易》的阴阳话语体系和概念范畴，只是它们的表现形式有所不同而已。因此，在中国传统文化中，阴阳是主根，其余都是阴阳的延展，如天地、乾坤、牝牡、刚柔，以及"好坏""我和他""国内国外"等等这样一些概念属性体系，都是阴阳范畴的延展。

（二）中国传统文化的两重境遇

就目今而看，中国传统文化面临两重境遇，而这两重境遇令人尴尬：

---

[1] 黄寿祺、张善文译注：《周易译注》卷十，上海古籍出版社2007年版，第428页。

一是今人之语境难以进入传统文化当时之境遇。我们现在说的白话文，很难进入文言文的语境。如《周易》里面的"钩深致远"这个词，其字面意思就是有个东西够不着，拿长一点的东西把它拽出来；但如果仅是字面意思这么简单，就没有必要写进《周易》了。实际上，勾股定理中的"勾"字，在《九章算术》里面就是"钩"这个字。"钩"是指什么？立竿为表，太阳照射之后竿在地面上会有投影，这个投影就是"钩"，通过观察测量这个投影的长度，就可以知道天有多高。故宫里面的日晷就是通过投影长度的变化来观象授时的。"深"是长的意思，有多深有多长，通过勾股推演可以"致远"。因此，我们不得不承认中文和语文是有本质区别的。中文是中国人独有的语言系统，语文则是语言的应用与文化的综合体现，而且语文中的主谓宾等这样一些概念属性源于西学。《周易》上的"大衍之数"，千余年来争论不休；《论语》中"夫子之文章，可得而闻也；夫子之言性与天道，不可得而闻也"，[1]许多学者人言人殊、见仁见智。人类的语言永远不能完全表达它所要表达的全部思想，因此，以语言去解释语言，总有言不尽意之处。比如，《周易·说卦传》中，同时有"乾，健也。坤，顺也。震，动也。巽，入也。坎，陷也。离，丽也。艮，止也。兑，说也"和"乾为马，坤为牛，震为龙，巽为鸡，坎为豕，离为雉，艮为狗，兑为羊"的表达，金景芳论文中"前者是八卦的性质，后者是八卦的取向"[2]，自王弼开始，就主张"得意忘象，得象忘言"。可见，中国传统文化追求的是意象中的意境，是雾里看花中的意境之美，如同"诗与远方"是标配一样，意象与意境也是标配，这同时又清晰地暴露出这种意境之美的表述与逻辑学中的同一律相悖，这也许是中国传统文化屡受质疑的原因之一。又如，"河图""洛书"中上南下北是一个说法，上北下南又是一个说法；阿拉善左旗和右旗，按照现在上北下南、

---

〔1〕〔清〕程树德撰，程俊英、蒋见元点校：《论语集释》，中华书局1990年版，第318页。

〔2〕金景芳：《关于〈周易〉研究的若干问题》，载《烟台大学学报（哲学社会科学版）》1989年第2期。

左西右东的地图方位，恰恰是左右相反的。因此，在很多情况下，今天的思维难以进入当时的语境。

二是传统文化又难以带入现代科学语境。有一段北京高能物理所张双南研究员关于"什么是科学"视频中的文字[1]：

> 我是张双南，摩羯座，天文学家，物理学家。我平时所做的事情是研究黑洞，还有宇宙的演化，但是我今天给大家带来的题目是"什么是科学"。上个月2月25号有一场大辩论，是关于阴阳五行是否应该写入《中国公民的科学素养基准》里面去，那为什么有这么一场辩论？那么，故事又要回到一年以前。2016年4月份，科技部、中宣部等多个政府部门联合推出了《中国公民的科学素养基准》，在里面明确地把天人合一、阴阳五行作为中国公民提高科学素养需要学习的东西。我看到这个，在我的朋友圈里面写，我的内心是崩溃的，崩溃的，崩溃的……

张双南研究员是我国改革开放之后中外联合培养的一位科学家，他研究的是最前沿的黑洞理论。当听到他连续说"崩溃"的时候，我也为他崩溃了。他的状况，不仅是他个人，也是我们这个时代一批人所面临的窘境。当下的认知体系是以科学为主导的，中国传统文化"孤阴不生，独阳不长"的道统地位难以确立，把知识过早地分为文科、理科，把学生过早地分为文科生、理科生，从而导致现在的学生难以成为一个完全意义上现代的兼具文理素养的中国人。学生对单一专业的特定方向知道得多而深，而对事物整体的普遍常识又知道得少而浅；具体而言，理科生对传统文化的根脉了解不够，文科生对现代科学的常识了解不够。所以，不难理解：张双南研究员在他的演讲中提到，"他回答不了什么是科学"。估计，并不

---

[1] 转引自《一席演讲》：张双南——什么是科学，https://www.yixi.tv/#/speech/detail?id=144

是他没有研究科学，而是没有研究中文语境，不理解科学背后更深层次的东西。科学是研究自然之物的学问，而自然之物之所以成为自然之物的存在依据是什么呢？是形而上学的道，二者是相互统一的。文、理是两种相反相成的思维，需要文理兼顾，不知"文"的时候不知道"理"之理，不能理解"理"的时候也难以全面理解"文"。所有这些现象的出现，反映出确实存在一种倾向，即忽视了人是"活生生"的人，忽视了灵肉一体这一人之为人的根本，没有了对世界之为世界底层逻辑的追问，忘却了对人类何以能解读世界的沉思。这些现象是社会化大生产、大分工思维下以工具理性视人为物的结果，它把人看作像凳子、桌子一样来划分功能，命名为人力资源，并予以优化、训练和管理。这种思维一直延伸到教育和医疗领域。教育和医疗一个是育心、一个是育身，它们过度商业化，实际上是无视人的灵魂之存在。就像用感情、灵魂去换馒头吃，用物的东西去换精神，让灵魂的拥有者感觉受到了欺骗。交易应该是物与物之间的，灵魂是不可以被交易的，交易灵魂就是被出卖，因为人的灵魂是人之为人的根据。究其根本原因，这些现象都是由于对"文质彬彬"、文理协调共生于一体的道统思维理解不够，没有把古人的语境与科学的语境统一于道统语境，没有把西学中本体意义上的"存在"与现代科学意义上的"存在者"统一于形而上学之道。

简言之，知识可以分文理，但并不意味着事物本身是割裂的。我们绝不能以文理分科为由，也将事物机械地划分为文、理，这种简单二分的思维方式只会割裂事物内在的统一性。能够被称之为"家"者的，一定是能以专业之视角看世界，同时又能从世界之视角看专业问题，并形成为"一家之言"者。

（三）中国传统文化现代化的哲学省思

中国传统文化的现代化是大变局中的哲学觉悟，哲学之觉悟是最后觉悟之觉悟，大变局中人们渴望中国古人的智慧能贡献并滋养今日之现代化，以照亮我们前行的路。

近百年来，有不少学者对中国传统文化寄予厚望和期待：

盛则俱盛，衰则俱衰，风气既开，互相推助。且居今日之世，讲今日之学，未有西学不兴而中学能兴者，亦未有中学不兴而西学能兴者。[1]

——王国维：《王国维全集》

我们今日的学术思想，有这两个大源头：一方面是汉学家传给我们的古书，一方面是西洋的新旧学说。这两大潮流汇合以后，中国若不能产生一种中国的新哲学，那就真是辜负了这个好机会了。[2]

——胡适：《中国哲学史大纲》

东方哲学固须赖西方哲学的科学方法为之启发传播；而西方哲学则正须东方哲学的精神补足调摄。[3]

——丘镇英：《丘镇英先生哲学史讲稿》

人类的未来在东方，中华文明会成为世界的引领。[4]

——汤因比：《展望21世纪：汤因比与池田大作对话录》

目前，我们面临着一个百年未有之大变局，百年之前经学与科学之间的选择今天依然存在。当下，除了有一批雷同于张双南研究员的主张之外，还有一种复古思潮，这种思潮客观上也具有广阔的存在空间。就国际社会而言，俄乌战争、中东战乱导致生灵涂炭，而所有这些灾难的蔓延，都伴随着科学技术的发展而蔓延，如核武的扩散、生化武器的威胁、病毒肆虐的风险，等等。这些都是因为人的心性颓废管控不了心智的发达，尤其是随着AI和生物工程的日新月异发展，人类对其自身的未来越来越担忧。就国内社会而言，科学技术在提高农业生产水平的同时，也出现了农药超量以及各种催生、速生和膨大剂的滥用现象，从而导致食品安全存在

〔1〕王国维：《王国维全集》卷十四，浙江教育出版社2010年版，第131页。

〔2〕胡适：《中国哲学史大纲》，商务印书馆2011年版，第6-7页。

〔3〕丘镇英：《丘镇英先生哲学史讲稿》，中信出版社2022年版，第297页。

〔4〕〔英〕汤因比、〔日〕池田大作：《展望21世纪：汤因比与池田大作对话录》，国际文化出版公司1997年版，第279页。

一些隐患。科学技术在治病的同时，的确存在致病的现象，为了防止步入一个科学技术治病与致病并行的死循环，人们自然开始向往中国传统文化中"天人合一"的世界观、顺应自然的生态观。随着科学技术给人类带来的可能威胁进一步扩大，这种向往会越来越强烈，似乎中国传统文化早有预设在此等候一样。梁漱溟先生说过，中国文化是一种早熟的文化。一言以蔽之，人类的心性与心智的失衡可能会越来越严重。在这种情况下，如何防止在经学与科学之间再度发生"左右之争"的选边站，是目前这一大变局中我们所面对的重大问题。防止极端，防止步入简单的彼此否定的死循环、前后否定的死循环，保持心性与心智的偶对平衡，是这一大变局中的不变所在，是防止人类步入自残自裂的定力所在。

当中西文化表现于经学与科学发生碰撞时，在两次变局中，不同的境遇有不同的选择。第一次是在消亡边缘处的选择，第二次是在复兴之路上的选择。前者是自卑中的选边站，后者是自信中的理智判断；前者是刚性碰撞，费正清称之为"冲击—反应论"；后者是兼收并蓄、融通为一。按照中国人的世界观和方法论理解这种融通，是心性与心智要统一，文与质要统一，人文与科学要统一，丰富人生的科学与救赎人性的人文要同一，最终让人成为一个真正意义上的现代中国人。而这个真正意义上的现代中国人，应有"知止为善"的自觉，既能够理性地认识到人的罪恶与资本的罪恶同罪，又能够协调好人的能动作用与市场的基础性作用，在"结合"与"复兴"的双重变奏中，体悟方圆之道，把好方正之法度，融通人之情理，走好中华民族自己的文明之路。

在这一次百年未有之大变局中，我们将面临着一个"结合"与"复兴"双重变奏的历史时刻，如同过去没有"启蒙"就没有"救亡"、没有"救亡"就没有"启蒙"一样。今天，在中国传统文化的现代化进程中，没有"结合"就没有"复兴"，没有"复兴"就没有"结合"。"结合"与"复兴"交互作用、互相成就，是中国未来之希望。对世界而言，世界将进入一个"平衡"与"和平发展"双重变奏的历史阶段，没有"平衡"就没有"和平发展"，没有"和平发展"就没有"平衡"。未来的未来将会是东西结合、天下大同。我们的所有探索与尝试，正是基于日地关系这一原点背景，融杠杆之事理、《周髀》之学理、《周易》之哲理为一体，于"文"意欲助力中国传统文化的现代化，于"理"意欲构建偶对平衡理论，以彰显中国传统文化对人类、对世界的终极关怀，也是对"我是谁、从哪里来、到哪里去"的新的哲学省思。

# 参考文献

## 著 作

［1］黎凤翔.管子校注［M］.北京：中华书局，2004.

［2］黄曙辉点校.尸子［M］.上海：华东师范大学出版社，2019.

［3］吴毓江.墨子校注［M］.北京：中华书局，2006.

［4］柯劭忞.春秋谷梁传注［M］.北京：中华书局，1982.

［5］〔汉〕司马迁.史记［M］.北京：中华书局，1982.

［6］〔汉〕班固.汉书［M］.〔唐〕颜师古，注.北京：中华书局，1962.

［7］〔汉〕许慎.说文解字［M］.北京：中华书局，2013.

［8］〔汉〕刘向.说苑校证［M］.向宗鲁，校.北京：中华书局，1987.

［9］〔魏〕王弼.周易校注释［M］.楼宇烈，校释.北京：中华书局，2019.

［10］〔魏〕王弼注.老子道德经注［M］.楼宇烈，校.中华书局，2008.

［11］〔魏〕刘徽.九章算术汇校［M］.郭书春，校.沈阳：辽宁教育出版社，1990.

［12］徐元诰.国语集解［M］.北京：中华书局，2002.

［13］〔魏〕徐干.中论解诂［M］.孙启治，解诂.北京：中华书局，2014.

［14］〔北魏〕贾思勰.齐民要术［M］.石声汉，译.北京：中华书局，2015.

［15］〔南朝梁〕刘勰.文心雕龙注［M］.范文澜，注.北京：人民文学出版社，1958.

［16］〔南朝梁〕顾野王.玉篇［M］.北京：中华书局，1987.

［17］〔唐〕房玄龄等.晋书［M］.北京：中华书局，1974.

［18］〔唐〕李吉甫.元和郡县志［M］.北京：中华书局，1983.

［19］〔唐〕张九龄.唐六典全译［M］.袁文兴，潘寅生，编.兰州：甘肃人民出版社，1997.

［20］中华书局编辑部点校.全唐诗［M］.北京：中华书局，1990.

［21］〔宋〕吴曾，刘宇.能改斋漫录［M］.郑州：大象出版社，2019.

［22］〔宋〕朱熹.周易本义［M］.廖名春，校.北京：中华书局，2009.

［23］〔宋〕朱熹.四书章句集注［M］.北京：中华书局，1983.

［24］〔明〕胡应麟.少室山房笔丛［M］.北京：中华书局，1958.

［25］〔清〕李光地.周易折中［M］.北京：中华书局，2009.

［26］康熙字典［M］.成都：汉语大字典出版社，2017.

［27］〔清〕胡煦.周易函书［M］.程林，点校.北京：中华书局，1982.

［28］〔清〕张志聪.黄帝内经集注［M］.北京：中医古籍出版社，2015.

［29］〔清〕杭辛斋.学易笔谈·读易杂识［M］.张文江，校.沈阳：辽宁教育出版社，1997.

［30］〔清〕焦循.孟子正义［M］.沈文倬，校.北京：中华书局，1987.

［31］〔清〕孙星衍.尚书今古文注疏［M］.陈抗，盛冬铃，点校.北京：中华书局，1986.

［32］〔清〕孙希旦.礼记集解［M］.沈啸寰，王星贤，点校.北京：中华书局，1989.

［33］〔清〕苏舆.春秋繁露义证［M］.钟哲，点校.北京：中华书局，1992.

［34］〔清〕王先谦.荀子集解［M］.沈啸寰，王星贤，点校.北京：中华书局，1988.

［35］〔清〕王先谦，刘武.庄子集解·庄子集解内篇补正［M］.沈啸寰，点校.北京：中华书局，1987.

［36］〔清〕孔广森.大戴礼记补注［M］.北京：中华书局，2013.

［37］〔清〕陈立.白虎通义疏证［M］.北京：中华书局，1994.

［38］〔清〕李鸿章.李文忠公（鸿章）全集［M］.吴汝纶，编.台湾：文海出版社，1969.

［39］〔清〕张之洞.张文襄公全集［M］.北京：中国书店，1990.

［40］〔清〕程树德.论语集释［M］.程俊英，蒋见元，点校.北京：中华书局，1990.

［41］〔清〕段玉裁.说文解字注［M］.上海：古籍出版社，1981.

［42］〔古希腊〕欧几里得.几何原本［M］.张卜天，译.北京：商务印书馆，2020.

［43］〔古希腊〕阿基米德.论平面图形的平衡［M］.〔英〕T.L.希思，译.剑桥大学出版社，1897.

［44］〔古希腊〕柏拉图.柏拉图全集［M］.王晓昭，译.北京：人民出版社，2000.

［45］〔古希腊〕柏拉图.蒂迈欧篇［M］.谢文郁，译.上海：上海人民出版社，2005.

［46］〔法〕笛卡尔.谈谈方法［M］.王太庆，译.北京：商务印书馆，2000.

［47］〔法〕笛卡尔.哲学原理（全译本）［M］.北京：商务印书馆，2024.

［48］〔法〕笛卡尔.笛卡尔哲学著作选集［M］.伦敦：剑桥大学出版社，1985.

［49］〔荷兰〕斯宾诺莎.伦理学［M］.王荫庭，洪汉鼎，译.北京：商务印书馆，1980.

［50］〔英〕牛顿.自然哲学之数学原理［M］.王克迪，译.北京：北京大学出版社，2006.

［51］〔瑞士〕莱昂哈德·欧拉.欧拉全集［M］.〔希腊〕康斯坦丁·卡拉西奥多里，编.莱比锡：Teubner出版社，1952.

［52］〔英〕马戛尔尼.龙与狮的对话：英使觐见乾隆记［M］.刘半农，译.天津：天津人民出版社.2005.

［53］〔德〕康德.纯粹理性批判［M］.邓晓芒，译.杨祖陶，校.北京：人

民出版社，2017.

[54]〔德〕康德.自然科学的形而上学基础［M］.李秋零，译.北京：中国人民大学出版社，2003.

[55]〔德〕黑格尔.小逻辑［M］.贺麟，译.北京：商务印书馆，2018.

[56]〔德〕黑格尔.逻辑学［M］.杨一之，译.北京：商务印书馆，2017.

[57]〔德〕黑格尔.哲学史讲演录［M］.贺麟，王庆太等，译.北京：商务印书馆，2013.

[58]〔美〕阿尔伯特·爱因斯坦.爱因斯坦文集［M］.北京：商务印书馆，1976.

[59]〔美〕阿尔伯特·爱因斯坦.爱因斯坦文集增补本［M］.许良英等，编译.北京：商务印书馆，2009.

[60]〔英〕路德维希·维特根斯坦.逻辑哲学论［M］.南昌：江西教育出版社，2014.

[61]〔德〕马克思，恩格斯.马克思恩格斯选集［M］.北京：人民出版社，2012.

[62]〔德〕马克思，恩格斯.马克思恩格斯全集［M］.北京：人民出版社，1973.

[63]〔德〕恩格斯.自然辩证法［M］.北京：人民出版社，2009.

[64]〔英〕伯特兰·罗素.数理哲学导论［M］.晏成书，译.北京：商务印书馆，1982.

[65]〔法〕拉法格.回忆马克思［M］.北京：人民出版社，1954.

[66]〔德〕马丁·海德格尔.世界图像的时代［M］.孙周兴，译.上海：上海译文出版社，2008.

[67]〔德〕海森堡.物理学和哲学［M］.范岱年，译.北京：商务印书馆，1981.

[68]〔美〕托马斯·S.库恩.科学革命的结构（新译精装版）［M］.北京：北京大学出版社，2022.

[69]〔英〕李约瑟.中国科学技术史［M］.北京：科学出版社，1990.

［70］〔英〕汤因比，〔日〕池田大作.展望21世纪：汤因比与池田大作对话录［M］.北京：国际文化出版公司，1997.

［71］〔美〕卡普拉.物理学之"道"：近代物理学与东方神秘主义［M］.朱润生，译.北京：北京出版社，1999.

［72］〔美〕李政道.对称与不对称［M］.朱允伦，柳怀祖，译.北京：中信出版社，2021.

［73］许维遹.吕氏春秋集释［M］.梁运华，点校.北京：中华书局，2009.

［74］程贞一，闻人军.周髀算经译注［M］.上海：上海古籍出版社，2012.

［75］胡适.中国哲学史大纲［M］.北京：商务印书馆，2011.

［76］梁漱溟.东西文化及其哲学［M］.济南：山东人民出版社，1989.

［77］汤可敬.说文解字今释·译注［M］.长沙：岳麓书社，2019.

［78］程俊英，蒋见元.诗经注析［M］.北京：中华书局，1991.

［79］黄怀信.鹖冠子汇校集注［M］.北京：中华书局，2004.

［80］何宁.淮南子集释［M］.北京：中华书局，1998.

［81］张慧楠译注.幼学琼林［M］.北京：中华书局，2013.

［82］顾延龙，戴逸.李鸿章全集［M］.合肥：安徽教育出版社，2008.

［83］王国维.王国维全集［M］.杭州：浙江教育出版社，2010.

［84］鲁迅.鲁迅全集［M］.北京：人民文学出版社，2005.

［85］丘镇英.丘镇英先生哲学史讲稿［M］.北京：中信出版社，2022.

［86］金岳霖.论道［M］.北京：商务印书馆，2015.

［87］钱穆.周官著作时代考·两汉经学今古文评议［M］.北京：商务印书馆，2001.

［88］钱穆.中国学术思想史论丛［M］.北京：九州出版社，2011.

［89］毛泽东.毛泽东选集［M］.北京：人民出版社，1991.

［90］吴文俊.九章算术与刘徽［M］.北京：北京师范大学出版社，1982.

［91］陈遵妫.中国天文学史（上）［M］.上海：上海人民出版社，2016.

［92］刘政.人民代表大会工作全书（1949—1998）［M］.北京：中国法制出版社，1999.

［93］韩玉涛. 中国书学［M］. 北京：东方出版社，2000.

［94］吴正. 风沙地貌与治沙工程学［M］. 北京：科学出版社，2003.

［95］王德峰. 寻觅意义［M］. 山东：山东文艺出版社，2022.

［96］李泽厚. 中国现代思想史论［M］. 天津：天津社会科学院出版社，2003.

［97］冯时. 中国天文考古学［M］. 北京：社会科学文献出版社，2001.

［98］詹佑邦. 普通物理［M］. 南京：南京大学出版社，2001.

［99］彭林. 中国古代礼仪文明［M］. 北京：中华书局，2013.

［100］刘学富. 基础天文学［M］. 北京：高等教育出版社，2004.

［101］韩雪涛. 数学悖论与三次数学危机［M］. 长沙：湖南科学技术出版社，2007.

［102］姜忠喆. 中华对联［M］. 沈阳：辽海出版社，2015.

［103］徐梓. 中国传统文化［M］. 北京：北京师范大学出版社，2020.

［104］吴为山. 熊秉明雕塑艺术［M］. 北京：人民美术出版社，2011.

［105］廖名春. 《周易》经传十五讲（第二版）［M］. 北京：北京大学出版社，2012.

［106］人民教育出版社课程教材研究所. 义务教育教科书·物理（八年级下册）［M］. 北京：人民教育出版社，2012.

［107］袁运开. 义务教育教科书·科学［M］. 上海：华东师范大学出版社，2013.

［108］上海博物馆商周青铜器铭文选编写组. 商周青铜器铭文选［M］. 北京：文物出版社，1986.

［109］陈克恭. 转型张掖：生态经济之路［M］. 兰州：甘肃文化出版社，2012.

［110］胡锦涛. 坚定不移沿着中国特色社会主义道路前进 为全面建成小康社会而奋斗——在中国共产党第十八次全国代表大会上的报告［M］. 北京：人民出版社，2012.

［111］习近平. 决胜全面建成小康社会 夺取新时代中国特色社会主义伟大胜利——在中国共产党第十九次全国代表大会上的报告［M］. 北

京：人民出版社，2017.

［112］陈传席.中国山水画史［M］.北京：人民美术出版社，2013.

［113］于渌，郝柏林，陈晓松.边缘奇迹：相变和临界现象［M］.北京：
科学出版社，2016.

［114］邓晓芒.思辨的张力：黑格尔辩证法新探［M］.北京：商务印书馆，
2016.

［115］王南.规矩方圆　浮图万千——中国古代佛塔构图比例探析［M］.
北京：中国建筑工业出版社，2016.

［116］王南.规矩方圆　天地之和——中国古代都城、建筑群与单体建筑
之构图比例研究［M］.北京：中国建筑工业出版社，2020.

［117］潘家铮.西北地区水资源配置生态环境建设和可持续发展战略研究：
重大工程卷［M］.北京：科学出版社，2004.

［118］袁亚湘.数学漫谈［M］.北京：科学出版社，2021.

［119］吴国盛.什么是科学［M］.北京：商务印书馆，2023.

期　刊

［1］习近平.辩证唯物主义是中国共产党人的世界观和方法论［J］.求是，
2019（1）.

［2］习近平.在黄河流域生态保护和高质量发展座谈会上的讲话［J］.求
是，2019（20）：4-11.

［3］习近平.推动我国生态文明建设迈上新台阶［J］.求是，2019（3）：
4-19.

［4］习近平.高举中国特色社会主义伟大旗帜　为全面建设社会主义现代
化国家而团结奋斗——在中国共产党第二十次全国代表大会上的报告
［J］.求是，2022（01）.

［5］习近平.在全国生态环境保护大会上的讲话［J］.求是，2023（07）.

［6］习近平.在文化传承发展座谈会上的讲话［J］.求是，2023（17）.

［7］郭沫若.马克思进文庙［J］.洪水，1926（7）.

［8］周向宇.中国古代数学的贡献［J].数学学报（中文版），2022，65（4）.

［9］李学勤.《周易》与中国文化［J].周易研究，2005（05）：5-9.

［10］金景芳.关于《周易》研究的若干问题［J].烟台大学学报（哲学社会科学版），1989（02）：1-7.

［11］冯时.祖槷考［J].考古，2014（8）：81-96.

［12］蒋洪力.太阳直射点纬度的数学推导和分析［J].数学通报，2007（09）：39-40.

［13］陈克艰.从康德的观点看数学［J].社会科学，2006（03）：56-66.

［14］李学思.读马克思数学手稿［J].北京大学学报（自然科学版），1974（1）：4-9.

［15］陈克恭.论阴阳概念的科学属性及其对人类的终极关怀［J].西北师大学报（社会科学版），2022，59（04）：5-19.

［16］陈克恭，马如云，孙小春.勾股定理与太极图的内在联系［J].西北师范大学学报（自然科学版），2016（5）：1-4.

［17］陈克恭，师安隆.戈壁农业是生态文明背景下的农业革命探索［J].农业经济问题，2019（5）：130-137.

［18］陈克恭，马如云.中国太极图理论的数学模型及应用［J].西北师范大学学报（自然科学版），2015（5）：1-3.

［19］陈克恭，马如云.用"新三统"统"三统"：伟大时代的理论命题［J].甘肃社会科学，2017（03）：1-5.

［20］陈克恭，师安隆.南水北调西线工程调水与用水的统一性思考［J].人民黄河，2022，44（2）：7-11.

［21］陈克恭.变"水低地高"为"水高地低"　重塑黄河上游水土关系［J].人民黄河，2020（10）：1-5.

［22］陈克恭，师安隆.问道中国传统文化　平水土助推黄河国家战略［J].学术论丛，2023（3）：104-114.

［23］陈克恭，马如云，孙小春.天衢通理　大道之行——以数理逻辑思维观照"马中西"融通问题［J].西北师大学报（社会科学版），2018，

55（02）：5-9.

［24］陈克恭，师安隆.在方圆中融通元典　在开端处沉思未来［J］.西北师范大学学报（自然科学版），2023，59（1）：1-11.

［25］陈克恭，师安隆.站在胡焕庸线上审视南水北调西线工程的新启示［J］.人民黄河，2021，43（7）：1-6.

［26］关增建.中国古人发现杠杆原理的年代［J］.郑州大学学报（社会科学版），2000（02）：109-111.

［27］方创琳，蔺雪芹.武汉城市群空间扩展的生态状况诊断［J］.长江流域资源与环境，2010，19（10）：1211-1218.

［28］侯经川.如何破解"胡焕庸线"魔咒？："大黄河"南水北调方案构想［J］.中国软科学，2017（增刊）：190-199.

［29］高向东，王新贤，朱蓓倩.基于"胡焕庸线"的中国少数民族人口分布及其变动［J］.人口研究，2016，40（3）：3-17.

［30］张金良，景来红，唐梅英.南水北调西线工程调水方案研究［J］.人民黄河，2021，43（9）：9-13.

［31］牛震敏，王乃昂，温鹏辉，等.巴丹吉林沙漠湖泊对浅层沙含水量的影响［J］.中国沙漠，2022（2）：042.

［32］张克存，奥银焕，屈建军，等.巴丹吉林沙漠湖泊-沙山地貌格局对局地小气候的影响［J］.水土保持通报，2014，34（05）：104-108.

［33］金晓媚，高萌萌，柯珂，等.巴丹吉林沙漠湖泊遥感信息提取及动态变化趋势［J］.科技导报，2014，32（8）：7.

［34］席海洋，陈克恭，鱼腾飞，等.南水北调西线一期工程调水新增水资源利用［J］.中国沙漠，2021，41（4）：160-168.

［35］王毓红，冯少波.甲骨文"立中"与阴阳观念的起源［J］.宁夏师范学院学报，2015，36（02）.

［36］Hardin G. The Tragedy of the Commons[J]. Science,162:1243-1248.

［37］Robert A. Bickers. RITUAL ＆ DIPLOMACY:The Macartney Mission to China 1792-1794[J]. The British Aaaociation for Chinese Studies,1993.

报　　纸

[1] 毛泽东.体育之研究［N］.新青年，1917-04-01（3）.

[2] 习近平.共创中韩合作未来　同襄亚洲振兴繁荣——在韩国国立首尔大学的演讲［N］.经济日报，2014-07-05（1）.

[3] 习近平.在哲学社会科学工作座谈会上的讲话［N］.人民日报，2016-5-19.

[4] 习近平.中共中央关于进一步全面深化改革　推进中国式现代化的决定［N］.人民日报，2024-07-22.

[5] 陈克恭，马如云.太极图的数学表达［N］.光明日报，2016-10-17（16）.

[6] 陈克恭.站在桥上看世界——哲学桥梁与三种思维方式［N］.光明日报，2017-06-10（11）.

[7] 陈克恭，周兴福，张勤和，等.改变地高水低格局　重塑新型水土关系［N］.甘肃日报，2020-07-07（005）.

电子文献

[1] 新华社.习近平主持召开推进南水北调后续工程高质量发展座谈会并发表重要讲话［EB/OL］.［2021-05-14］.https：//www.gov.cn/xinwen/2021-05/14/content_5606498.html

[2] 习近平.尊崇热爱中华文明，把中华优秀传统文化一代一代传下去［EB/OL］.［2024-09-11］.https：//www.gov.cn/yaowen/liebiao/202409/content_6973920.htm.

[3] 甘肃省水利厅景泰川电力提灌管理局.景电工程概况［EB/OL］.［2020-06-01］.http：//slt.gansu.gov.cn/jdglj/jdjj_915/gcgk/.

[4] 新华网.第一观察·瞬间丨在这些文化遗存前，总书记停下脚步仔细察看［EB/OL］.［2024-11-05］.https//www.news.cn/politics/leaders/20241105/859e5d67199b41ebb9f07c66756ef6bf/c.html.

# 后　记

　　"士以弘道"，是士者的意义；士者入仕，追求行为之根据，则是仕者的意义。

　　1985年，我在中国科学院兰州冰川冻土研究所攻读硕士学位研究生时，就面对了一个基本事实和一个基本概念。基本事实是，在高寒山区背阴的北坡发育有冰川，向阳的南坡则没有，向阳背阴是日地关系中的自然现象，具有不证自明的客观性；基本概念是，一条冰川的面积虽是相对恒定的，但其积累区的面积 $a$ 和消融区的面积 $b$ 却有着此消彼长的线性关系,满足 $a + b = 1$。基于这些认识和思考，我的硕士论文就是在这一基本事实和基本概念背景下完成的。当然，那时我还不知道，《周易》中"一阴一阳之谓道"的说法，也不知道 $a + b = 1$ 式中已隐含有形式逻辑的三大规律。

　　2008年初，我有幸赴河西走廊的绿洲城市张掖市任职时才知道，在有水则为绿洲、无水则为荒漠的张掖，其绿洲面积也是相对恒定的，人工绿洲面积 $a$ 和天然绿洲面积 $b$ 也是此消彼长、满足 $a + b = 1$ 的。问题是，当人们期待通过扩大人工绿洲面积以增加收入时，却发现当天然绿洲面积缩小到一定程度时，沙漠戈壁则会反噬人工绿洲。潜意识感觉到，人工绿洲与天然绿洲的关系既符合 $a + b = 1$ 的约定，又不完全符合，似乎更像非线性的太极图 $S$ 曲线。因太极图上有一个变异的突变点，人们便时常说要把握好"度"，防止走向极端。于是，又出现了新的问题：$S$ 曲线可以科学化吗？突变的临界之"度"可以精准确定吗？其实，早在

1968年，*Science*杂志上就已将类似疑惑称为"哈定悲剧"，并因此而备受关注。

2014年底，我又有幸来到发端于京师大学堂的百年老校西北师范大学任职，这为我探究太极图是否具有科学性提供了机会。在学校数学与统计学院院长马如云教授鼎力帮助下，获得了表达偏差程度的S曲线的数学表达式：

$$y = \frac{1}{2} + (1 - 2x)\sqrt{\frac{1}{4} - (x - \frac{1}{2})^2} \quad x \in [0, 1]$$

我们称此式为太极图的标准方程，并发表在《西北师范大学学报（自然科学版）》和《光明日报（国学版）》上。时任《光明日报（国学版）》的主编梁枢老师为慎重起见，特邀我国著名的易学名家、清华大学历史系教授廖名春先生为文章写导语；廖先生也为慎重起见，又邀请长期从事数学与《周易》研究的数学家欧阳维诚先生复核肯定后才写了导语。我们之所以称其为标准方程，是因为太极图除有一些美工图外，也还有不少是通过数学模型来表达的，但这些模型都有一些近似条件或假设条件，而此式是由偏差概念的定义直接推导出来的。尽管如此，对称其为标准方程仍有一些不同意见。当吴娜同学做博士论文时，我们有机会认识了用几何平均值与算术平均值之比表达生态系统协调度的$C = 2\frac{\sqrt{ab}}{a + b}$的表达式（C式），这启发我们开始了将方程表达式转化为定理式的努力。师安隆同学为此做了不少努力，我们最终得到了$S = \frac{b - a}{a + b}\sqrt{ab}$的表达式（S式）。因S式是从勾股定理中直接推导出来的，又形似太极图，所以称此式为太极定理应无异议。S式与C式的最大区别是，C式是等比例的，而S式是由等比例逆袭异化为反比例，出现了突变的S大拐弯，这一突变在数学上直观呈现了无理数$\sqrt{2}$的存在，也直观呈现了太极思维中"过犹不及"的那个"度"，以及辩证唯物主义否定之否定规律的哲理。我们应用S式于生态领域，并将学术成果首次发表于《农业经济问题》期刊，吴娜同学也在她的博士论文中首次大胆试用S式，以替

代既往通用的 $C$ 式。

继吴娜同学之后，师安隆、杨殿锋、许承琪三位同学也先后从文理两个视角，将此式应用于他们的博士论文中。吴娜同学更在此基础上，同时获得了国家自然科学基金项目和教育部人文社科基金项目的支持。在与同学们教学相长的过程中，我自己也结合甘肃省人大环保督察的工作，应用此式之理念于黄河流域系统中水润土、土涵水的水土关系，并承担了中国南水北调集团公司委托的"南水北调西线工程甘肃段水土关系的协调研究"课题。感悟大禹在疏与堵的张力中辩证施策、治水兴土的奥秘，生发了化恶水为善水，以协调人水关系；化急水为缓水、化远水为近水，以协调人地关系的生态保护意见，形成了三份调研报告，并在《人民黄河》期刊上发表了三篇封面文章，以求从学理上推动黄河流域的生态保护。

将数十年实践基础上的感悟整理成讲义，传授给同学们，是我多年的心愿，退休之际贡献"银发力量"便是水到渠成之时。为此，在学校地理与环境科学学院和研究生院的精心组织下，我们开设了研究生荣誉课程，师安隆、吴娜助教支撑，用24个课时完成了"数理视域下感悟中国传统文化"的课程讲授。讲授注意了三个方面的结合：一是把太极 $S$ 曲线的产生置于方圆之中，将 $\sqrt{2}$ 和 $\pi$ 之方圆常数与算术平均值、几何平均值、加权平均值等数学常识贯通授之，为学生在数理思维支撑下理解太极图奠定了基础；二是把我国古代典籍中专注于勾股定理的《周髀算经》与六经之首的《周易》之哲理贯通授之，使其互释互注、文理融通，引导学生在数理视域下加深对中国传统文化的理解；三是把日地关系中地球公转和自转的自然事实与方圆统一中的数学常识互联互证，在 $S$ 曲线的异化点位与黄赤交角的契合中引申出 $1:\sqrt{2}$ 的确定性，以启发学生追问科学的根据，追问数学究竟是发现的还是发明的，引导学生树立尊重自然、顺应自然、保护自然的自然科学观。

授课结束之际，我们研学周向宇院士的讲座时，发现中国科学院数学与系统科学研究院院徽弦方图应是 $S$ 曲线的源发地，其中内含的异化突变点，则可消解"哈定悲剧"的悲情，化解 $a+b=1$ 直线思维的困境，并可直观呈现事物循环发展的根据。该弦方图说明世界不仅是 $a+b=1$ 视域下的世界，也是 $(a+b)^2=a^2+b^2+2ab=c^2+2ab=1$ 视域下的世界，前者可谓是必要条件，后者是充要条件；前者是形式逻辑，后者是辩证逻辑。世界是两式联立视域下的世界，没有前者就没有后者，但仅有前者而没有后者的世界又是不完备的世界，两式联立的内控要素是联立方圆的勾股定理，而太极定理正是表达联立过程中偶对平衡之状态偏离中线的偏差程度。

授课结束后，学校文学院希望整理讲义成册，使其成为一个推进传统文化现代化的文理通识类的教学辅助材料。百余名听课的同学及相关客串老师以不同方式，程度不同地参与了整理。兰州大学出版社张国梁编审提议用"方圆统一论"为书名，并围绕"方圆"主题，做了结构上的整塑和文字上的润通，这一整塑进一步呈现了勾股定理的思想性以及方圆孪生的天元性，既还原本来，又启智增慧。

书中所涉数理内容，没有超出中学教材范围。然文史哲方面，为避免有负读者，请名师把关则是非常必要的。廖名春先生以其数十年的学养之功与崇高的学术声望，慨然作序，不仅包容了书中与自己学术观点不一致的内容，还用赏识的眼光与鼓励的口吻为一个后学者决疑发微、指点迷津，为我等直观呈现了一代大家之风范。

我之所以如此冗长地叙说这一过程，一是想说明从中科院到张掖、再到师大，最后到省人大，期间得到了许多相缘人士难以忘怀的支持，这里虽不能一一致谢，但我深知，若有任何一个环节的缺失，《方圆统一论》都难以成册，尤其是几位学生的"反哺"和数学学院孙小春教授在数学上的咨询保障，包括后来李景全、李意霞同学以及潘桂平同志；其二，是想说明这一切都是从一个视角看世界的尝试，视角一定是有相对偏差的，人类一切的努力只是希望这种偏差愈来愈小，沧海一粟般的我们只是去努力顺应这一趋势而已，偏差和失误是在所难免的。好在，还有天元法度的校准和读者的批评指正，故在内容的最后设有二维码，敬请读者提出建设性意见，以备吸收而使内容臻于完善。

最后，不得不感谢这个时代，互联网的信息时代和哲学社会科学界贯彻落实习近平"在哲学社会科学工作座谈会上的讲话"精神的大环境，以及我家人十多年鼓励、支持和包容的小环境，为我营造了一个具体真实得以开展这一尝试的氛围。

哲学家说，存在是存在者之存在；生态环境学者说，存在是环境之存在。

真诚地感谢和祝福这个时代环境！

乙巳年仲春于金城

读者意见反馈 　电子版下载二维码